高职高专水利工程类专业“十二五”规划系列教材

水利工程CAD

主　编　晏孝才　黄宏亮

副主编　沈蓓蓓　欧阳红　李毓军

参　编　余周武　贺荣兵

华中科技大学出版社

中国·武汉

内容提要

本书是介绍使用AutoCAD绘制工程图的基础教材，适用于水利、建筑及相关专业。作者根据长期的教学与工程设计实践经验精心组织内容，不仅介绍了软件本身的基本功能（适用于AutoCAD 2009～AutoCAD 2014各版本），而且结合实例介绍了应用AutoCAD绘制水利工程图和建筑图的方法与技巧。

教育部、财政部决定2011—2012年实施“支持高等职业学校提升专业服务能力”项目，重点支持高等职业学校专业建设，提升高等职业教育服务经济社会能力。本教材的编写得到中央财政项目的支持，突出了当前职业教育关于课程改革的新理念，增强了应用性和实用性。

图书在版编目(CIP)数据

水利工程CAD/晏孝才，黄宏亮主编．—武汉：华中科技大学出版社，2013.8(2024.7重印)
ISBN 978-7-5609-9035-4

Ⅰ.①水… Ⅱ.①晏… ②黄… Ⅲ.①水利工程-工程制图-AutoCAD软件-高等职业教育-教材
Ⅳ.①TV222.1-39

中国版本图书馆CIP数据核字(2013)第113669号

水利工程CAD 晏孝才 黄宏亮 主编

策划编辑：谢燕群 熊 慧
责任编辑：余 涛
封面设计：李 嫚
责任校对：朱 霞
责任监印：周治超
出版发行：华中科技大学出版社(中国·武汉) 电话：(027)81321913
武汉市东湖新技术开发区华工科技园 邮编：430223
录 排：武汉金睿泰广告有限公司
印 刷：武汉市洪林印务有限公司
开 本：787mm×1092mm 1/16
印 张：13
字 数：312千字
版 次：2024年7月第1版第12次印刷
定 价：36.00元

高职高专水利工程类专业“十二五”规划系列教材

编审委员会

前　　言

AutoCAD是美国Autodesk公司的产品，它广泛应用于机械、建筑、水利等领域，是目前最常用的计算机辅助设计（CAD）软件。AutoCAD改变了传统的设计与绘图方式，成为现代工程技术人员的重要工具。

《水利工程CAD》和《水利工程CAD实训》是一套讲授如何使用AutoCAD绘制工程图的基础教材，适用于水利、建筑等土建类专业。本书作者长期从事AutoCAD的教学与应用，有着极其丰富的教学和工程应用的实践经验，对AutoCAD的功能、特点及其应用有较深入的理解和体会。本套教材按照“以应用为目的，以必须、够用为度”、“加强针对性和实用性”的原则，精心组织教学内容，不仅介绍了软件本身的基本功能（适合于AutoCAD 2009～AutoCAD 2014各版本），更重要的是讲授了软件在工程上的应用方法，传授了作者教学研究与工程应用的经验和技巧。教材图文并茂、深入浅出、层次清晰、通俗易懂，使初学者能在较短时间内掌握AutoCAD的基本使用方法，并能绘制、打印出符合制图标准和行业规范的工程图。

教材的实例内容涉及水利工程图和建筑图的绘制、标注与打印输出，不同专业的读者可选择性地阅读。

本书由晏孝才、黄宏亮任主编，沈蓓蓓、欧阳红、李毓军任副主编。其中项目1由湖北水利水电职业技术学院余周武、贺荣兵编写，项目2由湖北水利水电职业技术学院沈蓓蓓编写，项目3、5、6分别由长江工程职业技术学院黄宏亮、欧阳红、李毓军编写，项目4、7、8由湖北水利水电职业技术学院晏孝才编写。全书由湖北水利水电职业技术学院晏孝才统稿。

限于编者的水平，书中不足或错误在所难免，恳请广大读者批评指正。

编　者

2013年7月

目　　录

项目 1　AutoCAD 基础 …………………………………………………… (1)
任务 1　初始 AutoCAD …………………………………………………… (1)
模块 1　AutoCAD 概述 …………………………………………………… (1)
模块 2　AutoCAD 工作界面 ……………………………………………… (2)
任务 2　AutoCAD 命令的操作方法 ……………………………………… (8)
模块 1　命令的输入方式 ………………………………………………… (8)
模块 2　命令的交互响应 ………………………………………………… (10)
模块 3　点的输入方法 …………………………………………………… (11)
任务 3　AutoCAD 的文件操作 …………………………………………… (14)
模块 1　创建新图形文件 ………………………………………………… (14)
模块 2　打开图形文件 …………………………………………………… (16)
模块 3　保存文件 ………………………………………………………… (17)
任务 4　AutoCAD 绘图环境 ……………………………………………… (17)
模块 1　对象的基本特性 ………………………………………………… (17)
模块 2　创建样板文件 …………………………………………………… (20)
思考题 ……………………………………………………………………… (20)
项目 2　绘图辅助工具 ………………………………………………… (22)
任务 1　精确绘图工具 …………………………………………………… (22)
模块 1　栅格与捕捉 ……………………………………………………… (22)
模块 2　正交与极轴 ……………………………………………………… (23)
模块 3　对象捕捉 ………………………………………………………… (24)
模块 4　对象追踪 ………………………………………………………… (26)
模块 5　动态输入 ………………………………………………………… (30)
任务 2　视图的缩放和平移 ……………………………………………… (33)
模块 1　视图的缩放 ……………………………………………………… (33)
模块 2　视图的平移 ……………………………………………………… (35)
任务 3　查询对象的几何特性 …………………………………………… (36)
任务 4　使用帮助系统 …………………………………………………… (40)
思考题 ……………………………………………………………………… (41)
项目 3　创建图形对象 ………………………………………………… (42)
任务 1　直线类对象的绘制 ……………………………………………… (42)
模块 1　直线与多段线 …………………………………………………… (42)
模块 2　矩形与多边形 …………………………………………………… (46)
模块 3　多线 ……………………………………………………………… (51)

任务 2 曲线类对象的绘制 …… (54)
模块 1 圆与圆弧、圆环 …… (54)
模块 2 椭圆与椭圆弧 …… (58)
模块 3 样条曲线 …… (59)
任务 3 点与等分 …… (60)
模块 1 点与点样式 …… (60)
模块 2 等分 …… (61)
任务 4 图案填充 …… (63)
思考题 …… (68)
项目 4 编辑图形对象 …… (69)
任务 1 构造选择集 …… (69)
任务 2 复制类操作 …… (71)
模块 1 复制 …… (71)
模块 2 镜像 …… (72)
模块 3 偏移 …… (73)
模块 4 阵列 …… (74)
任务 3 改变对象的位置和大小 …… (77)
模块 1 移动、旋转、缩放与对齐 …… (77)
模块 2 修剪与延伸 …… (82)
模块 3 拉伸 …… (85)
模块 4 使用夹点编辑对象 …… (86)
任务 4 边、角、长度的编辑 …… (87)
模块 1 打断与合并 …… (87)
模块 2 圆角与倒角 …… (88)
任务 5 编辑复杂对象 …… (92)
模块 1 编辑多段线 …… (92)
模块 2 编辑多线 …… (93)
模块 3 编辑图案填充 …… (94)
模块 4 分解 …… (95)
任务 6 修改对象特性 …… (96)
模块 1 使用对象特性选项板 …… (96)
模块 2 特性匹配 …… (97)
思考题 …… (98)
项目 5 图纸注释 …… (99)
任务 1 文字 …… (99)
模块 1 文字样式 …… (99)
模块 2 文字标注 …… (102)
任务 2 尺寸 …… (106)
模块 1 尺寸样式 …… (107)

模块 2　尺寸标注 …… (113)
模块 3　控制标注要素详解 …… (118)
任务 3　表格 …… (129)
模块 1　表格样式 …… (129)
模块 2　创建表格 …… (131)
思考题 …… (134)
项目 6　块 …… (135)
任务 1　块的创建与使用 …… (135)
模块 1　块的创建 …… (136)
模块 2　块的插入与编辑 …… (138)
任务 2　属性块 …… (146)
模块 1　属性定义 …… (146)
模块 2　属性编辑 …… (148)
思考题 …… (149)
项目 7　绘制专业图 …… (150)
任务 1　绘图环境 …… (150)
模块 1　水工图绘图环境 …… (150)
模块 2　建筑图绘图环境 …… (152)
任务 2　水利工程图 …… (154)
模块 1　水工图常见符号 …… (154)
模块 2　水工图常见曲面 …… (155)
模块 3　钢筋图 …… (157)
模块 4　溢流坝横剖视图 …… (161)
模块 5　水闸设计图 …… (165)
任务 3　建筑施工图 …… (171)
模块 1　绘制建筑平面图 …… (171)
模块 2　绘制建筑立面图 …… (174)
模块 3　绘制建筑剖面图 …… (177)
思考题 …… (179)
项目 8　图纸布局与打印 …… (180)
任务 1　模型空间打印 …… (180)
模块 1　模型空间与图纸空间 …… (180)
模块 2　在模型空间打印图纸 …… (182)
任务 2　图纸空间打印 …… (184)
模块 1　创建布局 …… (184)
模块 2　创建视口 …… (187)
模块 3　注释性尺寸标注 …… (189)
模块 4　打印布局 …… (191)
思考题 …… (193)
参考文献 …… (195)

项目 1　AutoCAD 基础

项目重点

初识 AutoCAD（AutoCAD 2009～AutoCAD 2014 各版本）操作界面，正确使用 AutoCAD 命令。

教学目标

理解 AutoCAD 命令的交互操作过程，正确响应命令提示。初步认识图层以及基本特性的设置；初步认识 AutoCAD 绘图环境及样板文件。

任务 1　初始 AutoCAD

知识目标

理解 CAD 的含义，了解 AutoCAD 软件的发展概况及其作用；认识 AutoCAD 界面。

能力目标

熟悉功能区、命令面板的组成及其操作；能根据需要切换工作空间。

模块 1　AutoCAD 概述

CAD 是计算机辅助设计的英文缩写。AutoCAD 是美国 Autodesk 公司从 1982 年开始推出的一种工程设计软件，目前已经成为集计算机辅助设计、三维建模、数据库技术及 Internet 技术于一体的计算机辅助设计和绘图软件。它为工程设计人员提供了强有力的二维和三维工程设计绘图功能。其主要功能如下。

1. 基本绘图功能

- 提供绘制各种二维图形的工具，并根据所绘制的图形进行测量和标注尺寸。
- 具有对图形进行修改、删除、移动、旋转、复制、偏移、修剪、圆角等多种强大的编辑功能。
- 缩放、平移等动态观察功能，方便用户查看图形全貌及局部，并具有透视、投影、轴测、着色等多种图形显示方式。
- 提供栅格、正交、极轴、对象捕捉及对象追踪等多种辅助工具，保证精确绘图。
- 提供块及属性等功能，提高绘图效率。对于经常使用到的一些图形对象组，可以定义成块并附加上从属于它的文字信息，需要的时候可反复插入到图形中，甚至仅仅修改块的定义便可以批量修改插入进来的多个相同块。
- 使用图层管理器管理不同专业和类型的图线，可以根据颜色、线型、线宽分类管理图线，并可以方便地控制图形的显示或打印。
- 可以对图形区域进行图案填充，从而轻松实现工程图中剖面符号的绘制。
- 提供在图形中书写、编辑文字的功能。
- 创建三维几何模型，并可以对其进行编辑修改或提取几何物理特性。

2. 辅助设计功能

AutoCAD 软件不仅具有绘图功能，而且提供有助于工程设计和计算的功能。

- 可以查询绘制好的图形的长度、面积、体积、力学特性等。
- 提供三维空间中的各种绘图和编辑功能，具有三维实体和三维曲面造型的功能，便于用户对设计有直观的了解和认识。
- 提供多种软件的接口，可方便地将设计数据和图形在多种软件中共享，进一步发挥各种软件的优势。

3. 开发定制功能

针对不同专业的用户需求，AutoCAD 都提供强大的二次开发工具，让用户定制或开发适用于本专业设计特点的功能。

- 具有强大的用户定制功能，用户可以方便地将软件进行改造以适合自己使用。
- 具有良好的二次开发性，AutoCAD 提供多种方式以使用户按照自己的思路去解决问题；AutoCAD 开放的平台使用户可以用 LISP、VBA、ARX 等语言开发适合特定行业使用的 CAD 产品。
- 为体现软件易学易用的特点，新界面增加了工具选项板、状态栏托盘图标、联机设计中心等功能。工具选项板可以让用户更加方便地使用标准或用户创建的专业图库中的图形块，以及国家标准的填充图案；状态栏托盘图标提供了对通信、外部参照、CAD 标准、数字签名的即时气泡通知支持，是 AutoCAD 协同设计理念的最有力的工具；联机设计中心可以使互联网上无穷无尽的设计资源方便地为用户所用。

模块 2　AutoCAD 工作界面

从 AutoCAD 2009 开始，工作界面有了很大的变化，但从 AutoCAD 2009 到 AutoCAD 2014，各版本的界面风格大致相同，是一种称为 Ribbon（功能区）的界面。以下以 AutoCAD 2010 版为蓝本，分别介绍 AutoCAD 全新的 Ribbon 工作界面（默认工作界面）和传统的菜单式工作界面（经典工作界面）。两种工作界面（工作空间）的切换参考图 1-1。

1. AutoCAD 经典界面

图 1-1 所示的是 AutoCAD 2010 的 AutoCAD 经典工作界面，各组成部分如下。

1)菜单栏

各菜单项的主要功能如下。

- 文件：主要用于图形文件的相关操作，如打开、保存、打印等。
- 编辑：完成标准 Windows 程序的复制、粘贴、清除、查找，以及放弃、重做等操作。
- 视图：与显示有关的命令集中在这里。
- 插入：可以插入块、图形、外部参照、光栅图、布局和其他文件格式的图形等。
- 格式：进行图形界限、图层、线型、文字、尺寸等一系列图形格式的设置。
- 工具：软件中的特定功能，如查询、设计中心、工具选项板、图纸集、程序加载、用户坐标系的设置等。
- 绘图：包括 AutoCAD 中主要的创建二维、三维对象的命令。
- 标注：标注图形的尺寸。

- 修改：工程设计中，图形不全是使用绘图命令画出来的，而是通过结合修改和创建等系列编辑命令来完成的。常用的命令有复制、移动、偏移、镜像、修剪、圆角、拉伸以及三维对象的编辑等。
- 窗口：从 AutoCAD 2000 版开始，在一个软件进程中可以同时打开多个图形文件，在“窗口”下拉菜单中可对这些文件进行切换显示。
- 帮助：AutoCAD 的联机帮助系统，提供完整的用户手册、命令参考等。
- Express：附加的扩展工具集，可选择安装。

下拉菜单把各种命令分门别类地组织在一起，使用时可以对号入座进行选择，并且包括了绝大部分 AutoCAD 的命令。也正是由于它的系统性，每当使用某个命令选项时，都需要逐级选择，略显烦琐，效率不高。

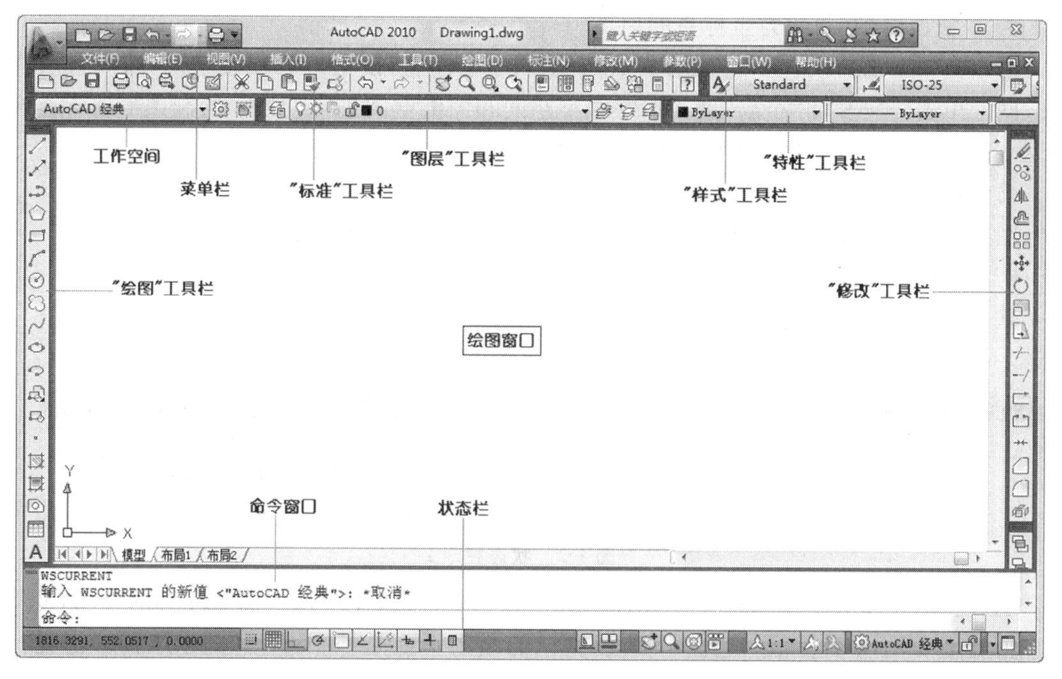

图 1-1　AutoCAD 2010 的经典工作界面

2)工具栏

工具栏由带有直观图标的命令按钮组成，每个命令按钮对应一个 AutoCAD 命令。

除 AutoCAD 2008 显示“面板”之外，其他各版本默认的工作界面上显示了几个常用的工具栏，如“标准”、“图层”、“对象特性”、“样式”、“绘图”和“修改”工具栏。

- 标准：这里汇集了“文件”、“编辑”、“视图”下拉菜单中的常用的命令，如“打开”、“保存”、“复制”、“粘贴”、“缩放”、“平移”等。
- 样式：包括文字样式、尺寸样式和表格样式。
- 图层：显示当前层的名称及状态，显示图层列表及切换当前层。
- 对象特性：该工具栏主要用于对图形对象的图层、颜色、线型和线宽等属性进行设置。
- 绘图：主要由各种绘图命令组成，包含了“绘图”下拉菜单中常用的绘图命令。
- 修改：主要由各种编辑命令组成，包含了“修改”下拉菜单中的二维编辑命令。

在工具栏上单击鼠标右键，在弹出的快捷菜单中单击工具栏名称，可以显示或关闭该工具栏。

3）绘图窗口

软件界面中的最大区域是绘图窗口。它是绘图工作区域，就像绘制图形的图纸一样，用户可以在上面进行设计、创作。

绘图区域可以任意扩展，在窗口中可以显示图形的一部分或全部，可以通过缩放、平移命令来控制图形的显示。

移动鼠标，在绘图区可看到一个十字光标在移动，这就是图形光标。绘图时它显示十字形状，拾取编辑对象时显示为拾取框。

绘图窗口左下角是 AutoCAD 直角坐标系图标，它指示水平从左至右为 X 轴正向，从下向上为 Y 轴正向，左下角为坐标系的原点。

绘图窗口底部有“模型”、“布局 1”、“布局 2”三个标签，模型代表模型空间，布局代表图纸空间。单击“模型”和“布局”就可以在模型空间和图纸空间进行切换。绘制图形通常是在模型空间中进行的，图纸空间用于图形注释与打印排版。

4）命令窗口

图形窗口下面是一个输入命令和反馈命令参数提示的区域，默认显示 3 行。

5）状态栏

状态栏是界面最下边的一个条状区域，如图 1-2 所示。

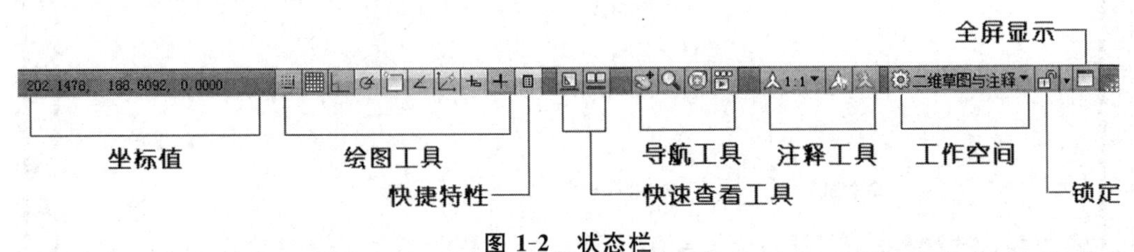

图 1-2　状态栏

状态栏的最左边显示当前十字光标所处位置的坐标值（X，Y，Z），随着光标的移动，X、Y 坐标值随之变化，Z 坐标值一直为 0，所以默认的绘图平面是一个 Z＝0 的水平面。当光标指向菜单的命令项或工具栏的命令按钮时，坐标显示切换为该命令的功能说明。

2. AutoCAD 默认界面

首次启动 AutoCAD，就会自动进入“二维草图与注释”工作空间，如图 1-3 所示。

1）快速访问工具栏

使用快速访问工具栏（见图 1-4）显示常用工具，如“新建”、“打开”、“保存”等命令。点击右侧下拉按钮，可选择添加或移除快速访问工具栏上的工具，选择“显示菜单栏”可以显示下拉菜单。

2）功能区

功能区由许多面板组成，它为与当前工作空间相关的命令提供了一个单一、简洁的放置区域。它取代了传统界面的下拉菜单和工具栏。功能区包含了设计绘图的绝大多数命令，只要点击面板上的按钮就可以激活相应的命令。图 1-3 中的功能区对应“常用”选项卡，切换功能区选项卡上不同的标签，AutoCAD 会显示不同的面板。图 1-5 所示的为“注释”标签对应的功能区面板。

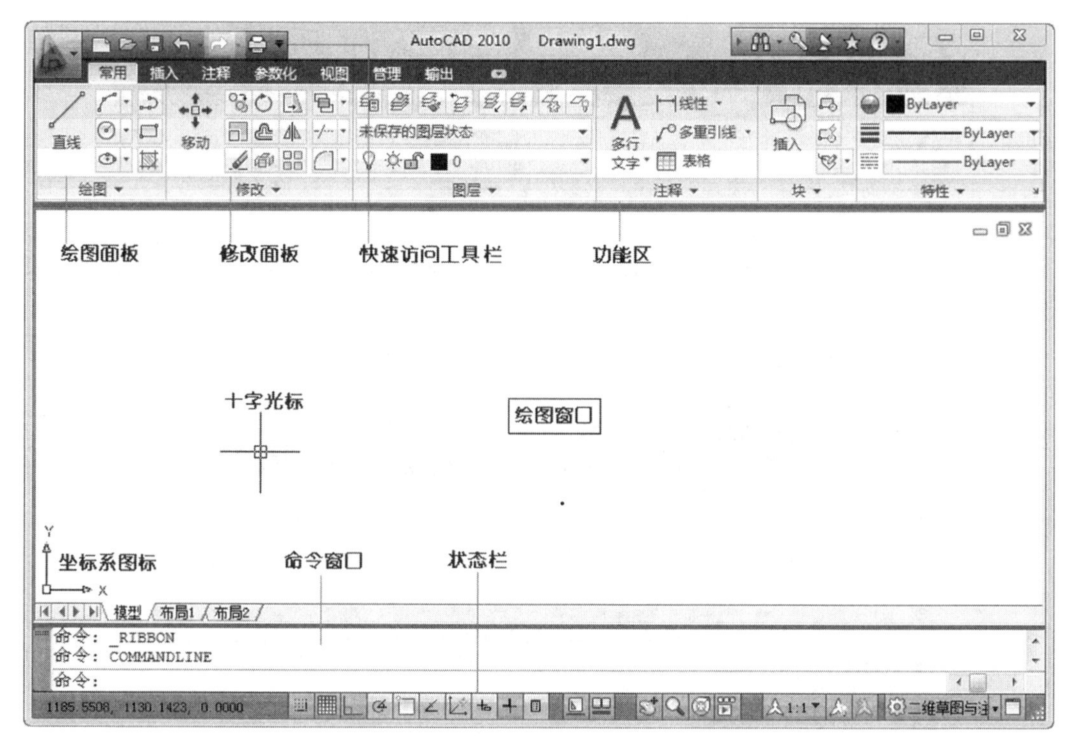

图1-3 AutoCAD 2010的默认工作界面

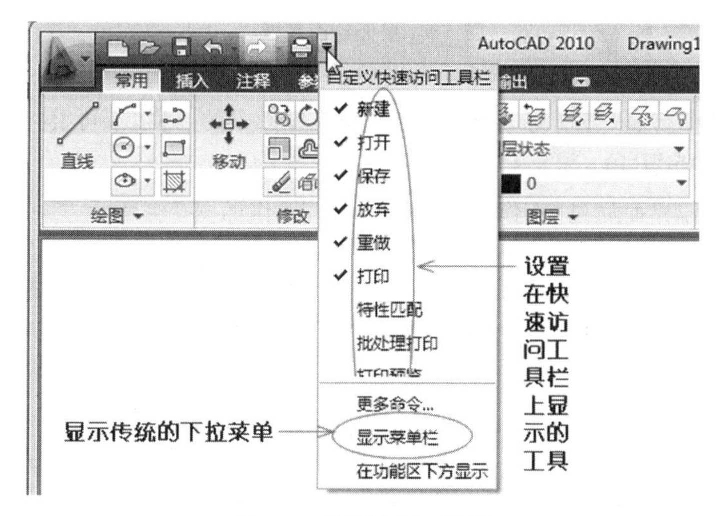

图1-4 快速访问工具栏

“常用”标签对应的几个面板介绍如下。

- 绘图:主要由各种绘图命令组成,类似经典界面的“绘图”工具栏。
- 修改:主要由各种编辑命令组成,类似经典界面的“修改”工具栏。
- 图层:用于设置图层并显示当前层的名称及状态,显示图层列表及用于切换当前层的操作。
- 注释:由常用的文字标注和尺寸标注相关命令组成。
- 特性:主要对图形对象的图层、颜色、线型和线宽等属性进行设置。

图 1-5　“注释”功能区面板

点击面板名称右侧的黑三角图标，将展开对应的全部命令按钮，如图 1-6 所示。

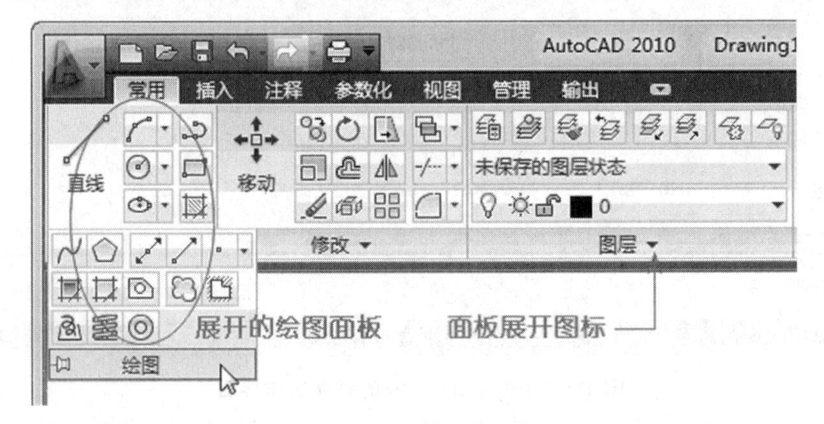

图 1-6　展开绘图面板

3）其他

绘图区域、命令行、状态栏与 AutoCAD 的经典界面中的一样，不再赘述。

3. 工作空间的切换

AutoCAD 工作界面通过“工作空间”进行切换，操作如图 1-7 所示。

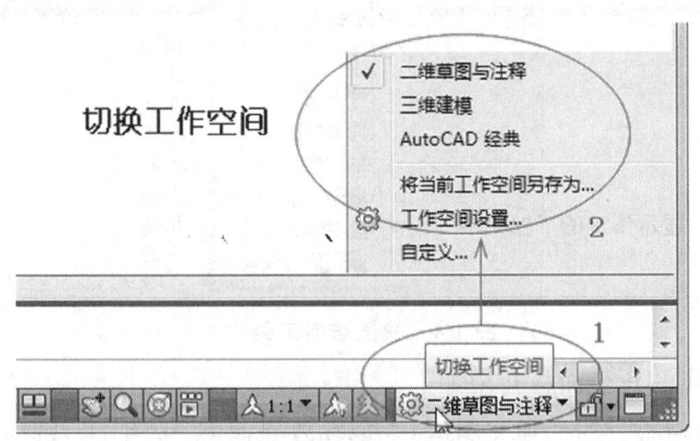

图 1-7　切换工作空间

从 AutoCAD 2009 到 AutoCAD 2014 各版本的工作界面大致相同，参见图 1-8、图 1-9 和图 1-10。从 AutoCAD 2012 版本开始，功能区命令按钮添加了命令的中文名称。

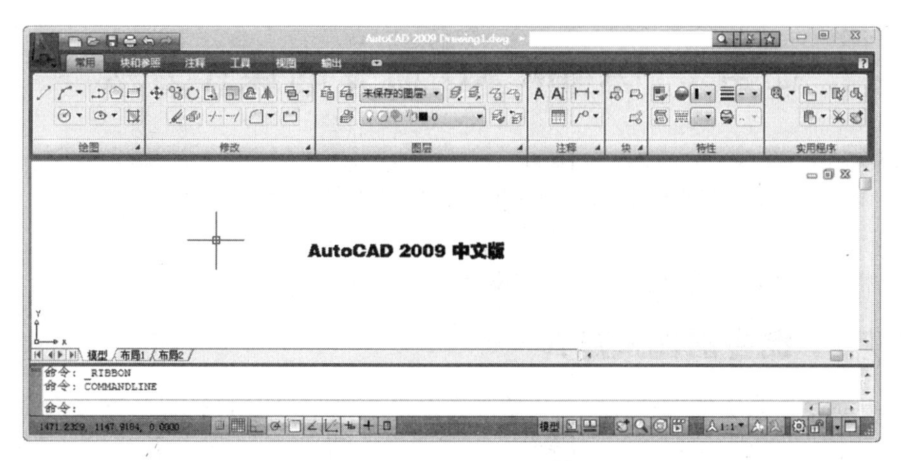

图 1-8　AutoCAD 2009 界面

图 1-9　AutoCAD 2013 界面

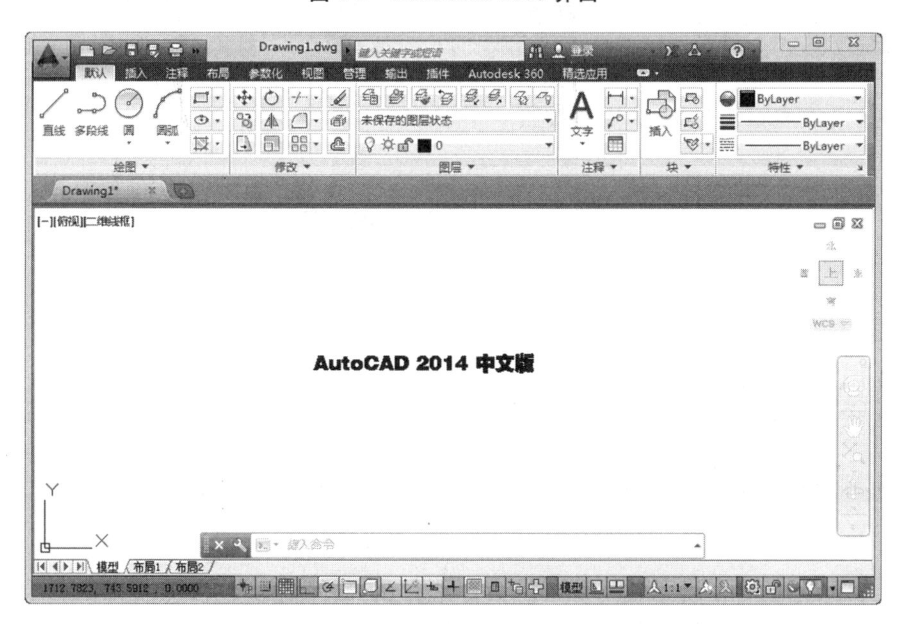

图 1-10　AutoCAD 2014 界面

任务2 AutoCAD命令的操作方法

知识目标

熟悉命令提示的显示格式；理解 AutoCAD 绝对坐标、相对坐标的概念。

能力目标

学会根据命令提示进行操作；能正确输入点的坐标。

模块1 命令的输入方式

在 AutoCAD 系统中，输入命令后，系统在命令行显示命令的执行状态或命令选项，待用户正确选择后，系统再执行下一步操作，直至完成。所以，命令的执行过程是人机交互的过程，命令行就是人机交互的窗口。初学者一定要关注这个区域，随时查看系统提示，以便做出正确的选择。

1. 默认界面的命令输入

输入命令的基本方式有以下几种。

- 在功能区命令面板上单击命令按钮(用鼠标操作)。
- 在命令行输入命令的英文名称(用键盘操作)。

图 1-11 所示的是用鼠标输入“直线”命令的方法，点击绘图面板上“直线”命令按钮，再依次指定直线的端点绘制直线。

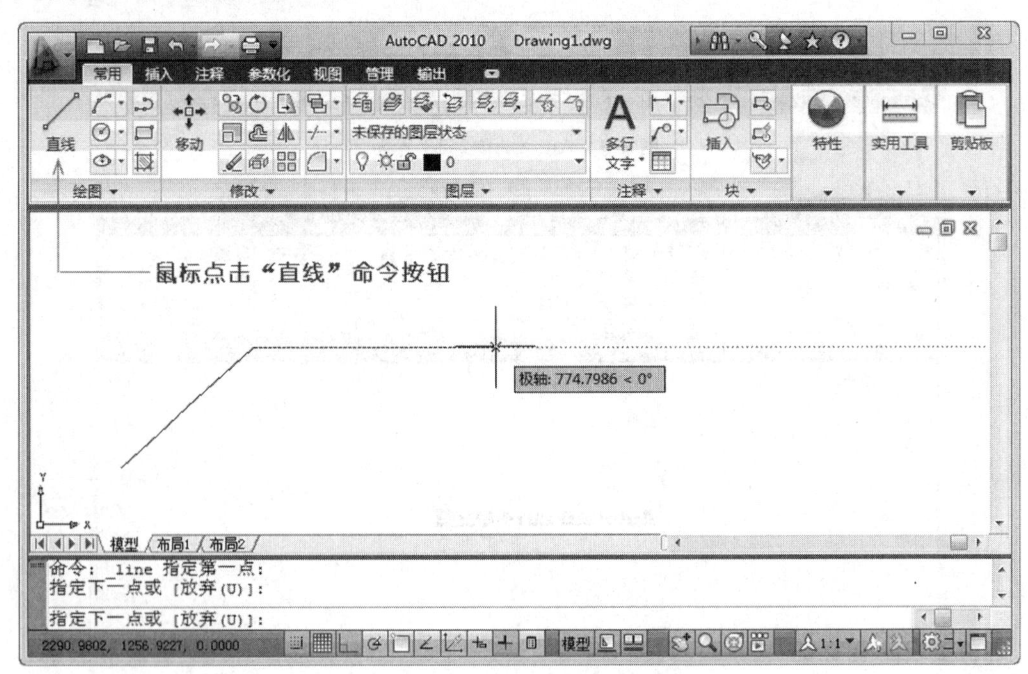

图 1-11 鼠标输入“直线”命令

图 1-12 所示的是用键盘输入“直线”命令的方法，输入“直线”命令英文名 Line(大小写无区别)回车，再依次指定直线的端点绘制直线。

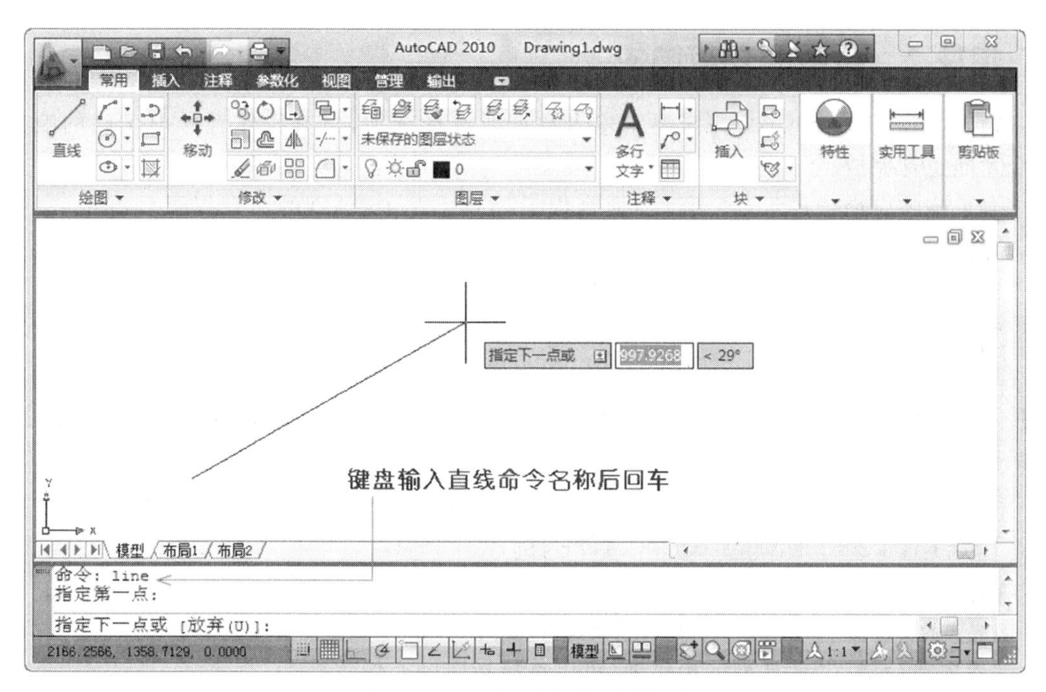

图 1-12　用键盘输入“直线”命令

2.经典界面的命令输入

图 1-13 所示的是 AutoCAD 的经典界面输入“直线”命令的方法。

图 1-13　在经典界面输入“直线”命令的方法

使用鼠标输入命令，不需要记命令名称，这是初学者易于接受的操作方式。但熟记一些常用命令名称，在命令行输入也是值得提倡的方法。一些常用命令都有 1～3 个字符的简化名称(称为命令别名)，熟记常用命令的别名，在命令行输入时便会得心应手。

注意：键盘输入命令后必须回车(空格键可代替回车键)，用鼠标输入无需回车。

模块 2 命令的交互响应

输入命令后，AutoCAD 系统要求输入数据或选择选项，只有操作者做出正确的响应，命令才能正常完成。

要正确响应命令提示，必须读懂命令提示信息。AutoCAD 的命令提示具有统一的格式，其格式为

当前操作或［选项］＜当前值＞：

“当前操作”是默认的响应项，可直接响应，不必选择。

选项显示在方括号中，有多个选项时，用斜线分隔各选项。需要选择某选项的功能时，直接从键盘输入该选项后小括号内的字母，或者按键盘上的向下方向键，打开选项列表之后用鼠标选择。

“当前值”是默认值，当欲输入的值与该值相同时，不必重复输入，回车即可。

1. 通过命令行来响应 AutoCAD 的提示

例如，输入画圆的命令，提示行的信息显示为

指定圆的圆心或［三点(3P)/两点(2P)/相切、相切、半径(T)］：

“指定圆的圆心”就是当前操作项，可以直接指定圆心位置坐标。

“三点(3P)/两点(2P)/相切、相切、半径(T)”就是三个命令选项。如果要使用三点方式画圆，从键盘输入“3P”(大小写无区别)后回车，接着指定三个点即可。

下面以绘制正五边形为例，说明命令交互响应的操作方法(见图 1-14)。

命令：polygon ；输入正多边形命令
输入边的数目 ＜4＞：5 ；从键盘输入边数
指定正多边形的中心点或［边(E)］： ；鼠标拾取中心点
输入选项［内接于圆(I)/外切于圆(C)］＜I＞：；回车接受默认值，即绘制内接于圆的正五边形
指定圆的半径： ；鼠标拾取确定外接圆半径，或键盘输入半径值

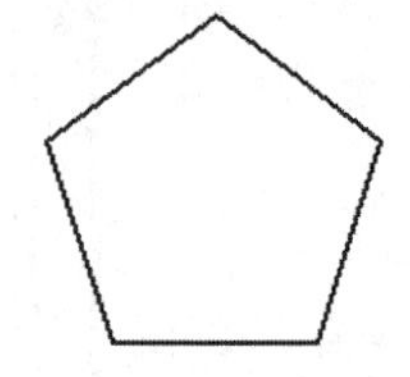

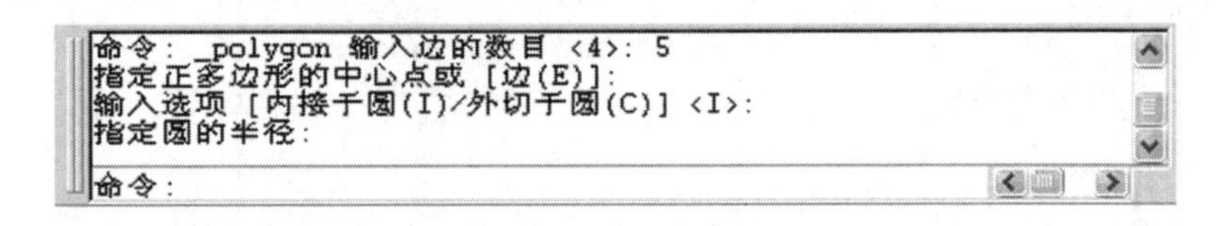

图 1-14 在命令行输入数据和选项

2. 通过动态输入来响应 AutoCAD 提示

如果使用 AutoCAD 2006 及其以上版本，开启“动态输入”(默认为开启)。从键盘输入时屏幕上会出现动态跟随光标的提示，其中也显示了命令的提示信息。

例如，输入画圆的命令后，屏幕光标附近出现“指定圆的圆心或”的动态提示，如图 1-15 所示。移动鼠标时可以看到两个小窗口内的数值在变化，那是光标所在位置的坐标。在绘图窗口适当位置点击，即指定了圆心。

接着，又出现“指定圆的半径或”的提示，如图 1-16 所示，并且显示半径(标注形式)动态变化的小窗口，这时在小窗口中直接输入半径值后回车即完成圆的绘制。

又如，按“圆心-直径”画圆，指定圆心后，在“指定圆的半径或”提示下按键盘的向下方向

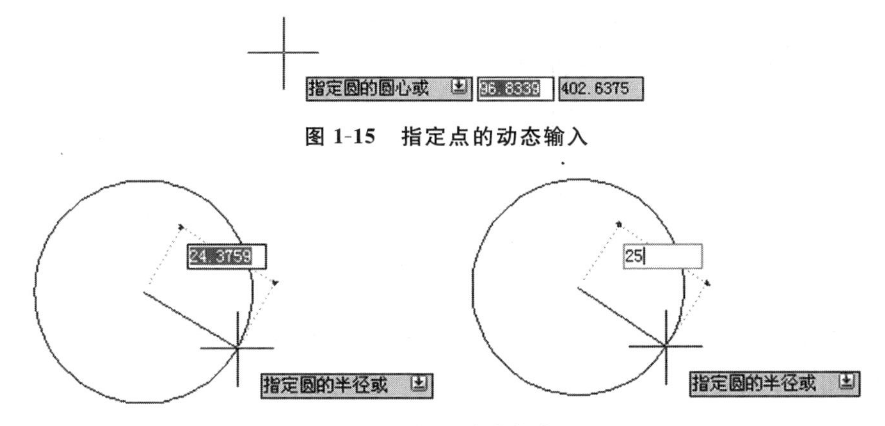

图 1-15　指定点的动态输入

图 1-16　数值的动态输入

键，弹出命令选项，用方向键选择(也可以用鼠标选择)“直径(D)”并回车，在小窗口输入直径即可，如图 1-17 所示。

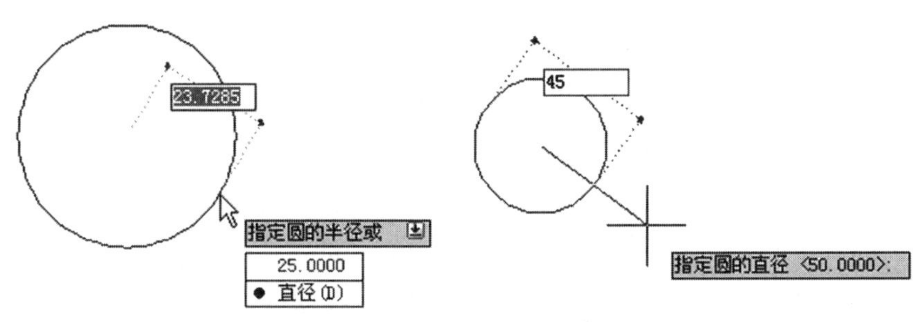

图 1-17　命令选项的动态输入

模块 3　点的输入方法

使用很多命令时都需要指定点，如使用“直线”命令要指定端点，使用“圆”命令要指定圆心，使用“矩形”命令要指定角点等。AutoCAD 指定点的方法(以下简单介绍下，项目 2 中有详细介绍)有如下几种。

1. 用鼠标拾取点

AutoCAD 提示指定点的时候就可以用鼠标在绘图区域内点击，点击一个点即输入了这个点的坐标。图 1-18 所示的各点的坐标均可用鼠标点击来输入。

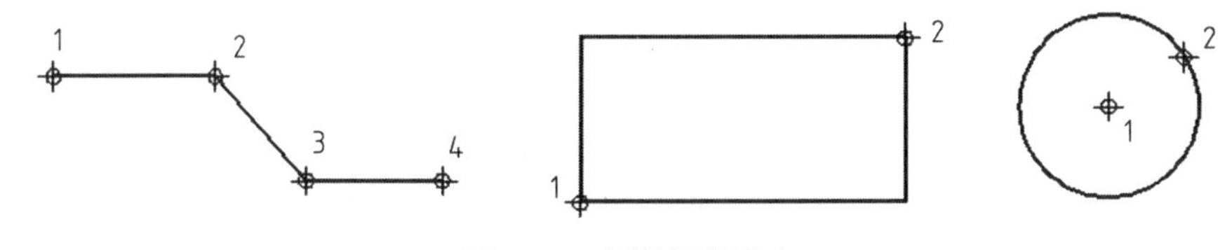

图 1-18　用鼠标拾取点

画直线：

```
命令：line                    ;输入直线命令 line 回车
指定第一点：                  ;点击点 1
指定下一点或[放弃(U)]：       ;点击点 2
指定下一点或[放弃(U)]：       ;点击点 3
```

指定下一点或［闭合(C)/放弃(U)］：;点击点 4

指定下一点或［闭合(C)/放弃(U)］：;回车或按空格键，结束命令

画矩形：

命令：_rectang ;单击工具栏矩形命令按钮

指定第一个角点或［倒角(C)/标高(E)/圆角(F)/厚度(T)/宽度(W)］：;单击点 1 确定一个角点

指定另一个角点或［尺寸(D)］： ;单击点 2 确定对角点

画圆：

命令：c ;输入圆简写命令 c 回车

CIRCLE 指定圆的圆心或［三点(3P)/两点(2P)/相切、相切、半径(T)］：;单击点 1 确定圆心

指定圆的半径或［直径(D)］： ;单击点 2 确定半径

2. 直接距离输入

执行直线命令并指定了第一点后，移动光标，然后输入相对前一点的距离来确定下一点的方法称为直接距离输入。通常配合“极轴追踪”一起使用，即由极轴确定画线方向，从键盘输入数值确定画线长度。

例如，绘制如图 1-19 所示图形，操作如下。

命令：_line 指定第一点： ;单击点 1

指定下一点或［放弃(U)］：25 ;向左移动光标出现 180°极轴，输入 25 画线至点 2

指定下一点或［放弃(U)］：65 ;向下移动光标出现 270°极轴，输入 65 画线至点 3

指定下一点或［闭合(C)/放弃(U)］：50 ;向右移动光标出现 0°极轴，输入 50 画线至点 4

指定下一点或［闭合(C)/放弃(U)］：30 ;向上移动光标出现 90°极轴，输入 30 画线至点 5

指定下一点或［闭合(C)/放弃(U)］：c ;输入 c 回车，闭合图形

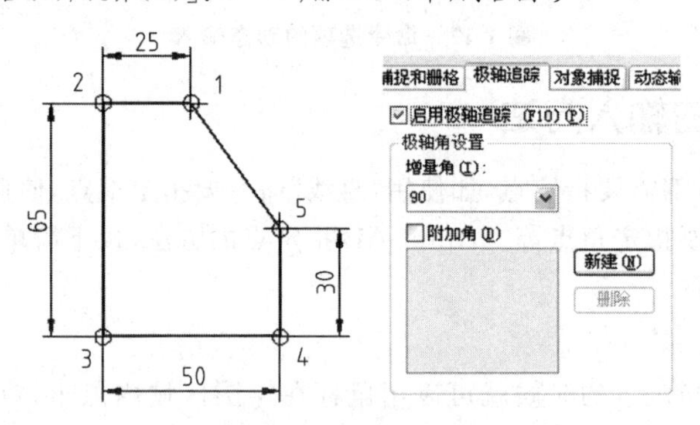

图 1-19 直接距离输入

3. 使用“对象捕捉”

很多情况下，待输入的点是已有对象上的特征点，如直线的端点、中点，圆心、直线与圆的切点等。这时需要配合“对象捕捉”功能，利用鼠标操作获取这些点。

如图 1-20 所示，如果已有长度为 80 的直线，需要以其两端点为圆心，绘制直径分别为 70 和 40 的两个圆，并且绘制出两圆的公切线。

首先参考图示设置对象捕捉，绘图操作如下。

命令：circle

指定圆的圆心或［三点(3P)/两点(2P)/相切、相切、半径(T)］： ;用鼠标捕捉左端点作为圆心 1

指定圆的半径或［直径(D)］：35 ;输入半径 35

命令：circle

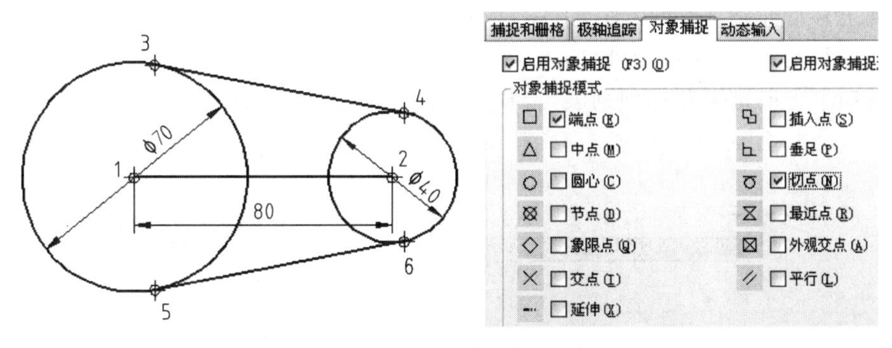

图 1-20　“对象捕捉”输入点

指定圆的圆心或［三点(3P)/两点(2P)/相切、相切、半径(T)］：　;用鼠标捕捉右端点作为圆心 2

指定圆的半径或［直径(D)］＜35.0000＞：20　　;输入半径 20

命令：line

指定第一点：　　;捕捉切点 3，在点 3 附近拾取圆

指定下一点或［放弃(U)］：　　;捕捉切点 4，在点 4 附近拾取圆

指定下一点或［放弃(U)］：　　;回车结束命令

命令：line

指定第一点：　　;捕捉切点 5，在点 5 附近拾取圆

指定下一点或［放弃(U)］：　　;捕捉切点 6，在点 6 附近拾取圆

指定下一点或［放弃(U)］：　　;回车结束命令

4. 使用“对象捕捉追踪”

有的点无法用“对象捕捉”直接获取，例如，图 1-21 所示圆心在矩形中点以上 50，此时可以利用“对象捕捉追踪”功能，以中点为参照向上追踪指定点。

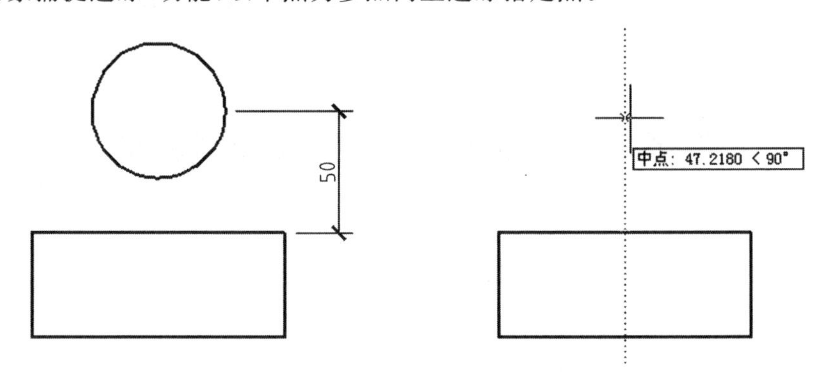

图 1-21　对象捕捉追踪

5. 动态输入

“动态输入”是一种更加直观的输入方式。图 1-22 所示的是使用动态输入的一个例子，操作要点如下。

(1)执行直线命令，单击输入点 1，再输入点 2 的相对坐标；

(2)向左移动光标，配合极轴，输入 10 回车，确定点 3；

(3)向上移动光标，配合极轴，输入 10 回车，确定点 4；

(4)向左移动光标，配合极轴，输入 30 回车，确定点 5；

(5)向下移动光标,配合极轴,输入 10 回车,确定点 6;

(6)向左移动光标,配合极轴,输入 10 回车,确定点 7;

(7)按向下方向键展开选项列表,选择“闭合”完成图形,命令结束。

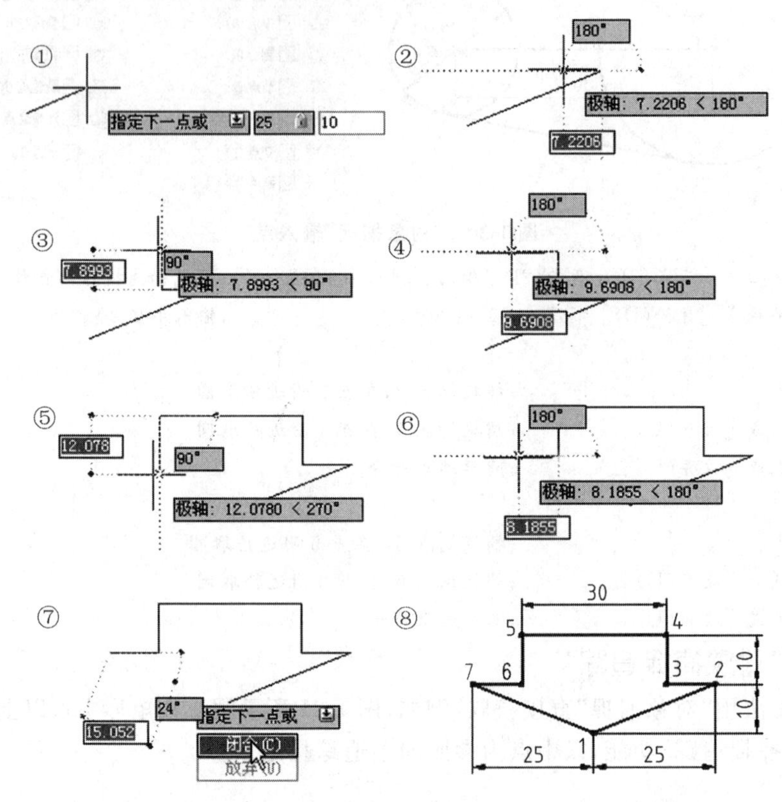

图 1-22 动态输入

任务 3 AutoCAD 的文件操作

知识目标

熟悉 AutoCAD 图形文件格式(后缀);理解快速保存和另存为的意义与区别。

能力目标

熟练掌握文件操作的相关命令。

模块 1 创建新图形文件

创建一个新的图形文件有以下几种方法。

- 单击功能区的“快速访问”工具栏的“新建”按钮。
- 在命令行输入命令 NEW。

1. 选择样板文件开始新图

新建图形时会弹出“选择样板”对话框,如图 1-23 所示。

样板文件的扩展名是 dwt。样板文件是绘制新图的一个初始环境,可以看成是一张“底

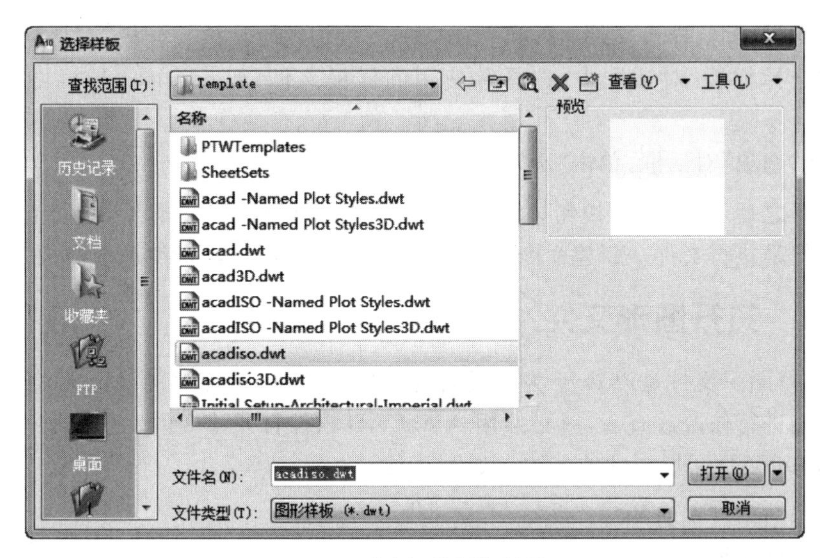

图 1-23　“选择样板”对话框

图”，在这个底图上开始绘制新图。AutoCAD 为不同需求的用户提供了多个样板文件，其中以“Gb”开头的是符合“国标”的样板文件。另外，acad. dwt、acadiso. dwt 分别是英制和公制样板文件，对应的图形界限分别是 12×9 和 420×297。推荐以 acadiso. dwt 开始绘制新图，或者选择自己定制的样板文件。关于样板文件的创建与使用在下节介绍。

2. 为新建图形指定默认样板

可以为新建图形文件指定默认样板文件，操作如下。

(1)启动“选项”对话框，如图 1-24 所示。

(2)单击“文件”标签，在“搜索路径、文件名和文件位置:”列表窗口中展开“样板设置”，

图 1-24　设置默认样板文件

选择“快速新建的默认样板文件名”,再单击“浏览”按钮,弹出“选择样板”对话框。

(3)在“选择样板”对话框中,选择欲使用的样板文件,如 acadiso. dwt,再单击“打开”按钮。

(4)返回“选项”对话框,单击“确定”按钮完成设置。

这样设置之后,单击新建按钮就不会出现“选择样板”对话框了,它以上述默认样板开始新图。但是执行文件→新建命令或输入 NEW 命令时仍然出现“选择样板”对话框。

模块 2 打开图形文件

AutoCAD 图形文件是以 dwg 为扩展名的文件,对于已经存在的 AutoCAD 图形文件,如果想对它们进行修改或查看,就必须用 AutoCAD 软件打开该文件。

打开 AutoCAD 图形文件的方法有如下几种。

- 单击“打开”按钮。
- 在命令行输入命令 OPEN。

1. 打开文件

输入命令,打开如图 1-25 所示的“选择文件”对话框,在“搜索”下找到要打开文件所在的目录。在该目录下选择一个文件,单击“打开”按钮或双击选择的文件名,该图形文件即被打开并显示在图形窗口中。

在 Windows 下浏览到目标文件夹,双击图形文件名也可以打开图形文件。

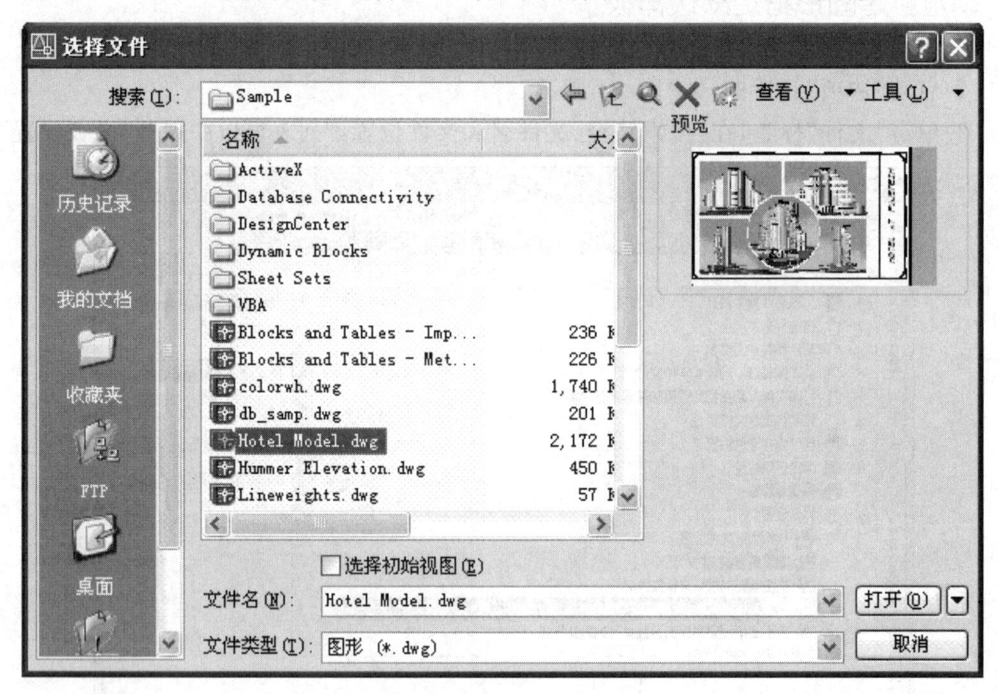

图 1-25 “选择文件”对话框

2. 多图形模式界面

AutoCAD 提供多图形操作模式,即在一个 AutoCAD 进程中可以打开多个图形文件,这些图形文件之间可以相互复制、粘贴。在“窗口”菜单下可以切换当前窗口显示的图形,或按 Ctrl＋Tab 实现图形切换。

模块3 保存文件

保存文件就是把用户所绘制的图形以文件形式存储起来。在用户绘制图形的过程中，要养成经常保存文件的好习惯，以减少因计算机死机、程序意外结束或突然断电所造成的数据丢失。下面介绍两种常用的保存文件的方法。

1. 快速保存

快速保存是以当前文件名及其路径存入磁盘的，操作方法有以下几种。

- 单击功能区的“快速访问”工具栏的“保存”按钮。
- 单击“标准”工具栏的“保存”按钮。
- 在命令行输入命令 SAVE。

如果图形文件是第一次保存，则会弹出“图形另存为”对话框，在此指定文件夹、输入文件名（文件扩展名“dwg”不必输入，系统自动添加），单击“保存”按钮。

2. 文件另存

“文件另存为”命令用于将当前文件用另外一个名字或路径进行保存，操作方法如下。

- 单击功能区的“另存为”按钮。
- 执行“文件”→“另存为”命令。
- 在命令行输入命令 SAVE AS。

这时程序会弹出“图形另存为”对话框，在此选择文件夹、输入文件名（不必输入文件扩展名“. dwg”，系统会自动添加），单击“保存”按钮。

任务4 AutoCAD 绘图环境

知识目标

理解 AutoCAD 绘图环境的概念；理解样板文件的概念；了解公制和英制两个样板文件。

能力目标

能正确选择样板文件；能创建图层并设置其基本特性；初步掌握自定义样板文件的方法。

在 AutoCAD 中绘图之前，需要定义符合要求的绘图环境，如指定绘图单位、图形界限、绘图比例、绘图样板、布局、图层、图块、文字样式和标注样式等，我们称这个过程为设置绘图环境。设置好的绘图环境可以保存为样板文件，以后就能直接使用该样板文件定制的绘图环境，无需重复定义，并且可以最大限度地规范设计部门内部的图纸，减少重复性的劳动。下面介绍绘图环境相关概念及其设置方法。

模块1 对象的基本特性

工程图中表达工程形体需要多种不同的线型，有实线、虚线和点画线，还有粗实线和细实线。在 AutoCAD 中创建的图形对象除了具有不同的线型和不同的线宽等特性外，同时还具有图层、颜色、打印样式等特性。我们称这些特性为对象的基本特性。

1. 图层的概念

图层是一个用来组织图形中对象显示的工具。绘图中的每个对象都必须在一个图层上，每个图层具有唯一的图层名，都必须有一种颜色、线型和线宽。可以形象地认为，图层就像透明的绘图纸，一张图由多张这样的透明纸组成，每一图层上都可以绘制图形，并且可以透过一个或多个图层看到它下面的其他图层。各图层完全对齐叠合起来成为一张完整的图。

例如，图 1-26(a)所示的图形可以分为 4 个图层，分别用于点画线、粗实线的绘制，以及标注尺寸与文字，如图 1-26(b)所示。

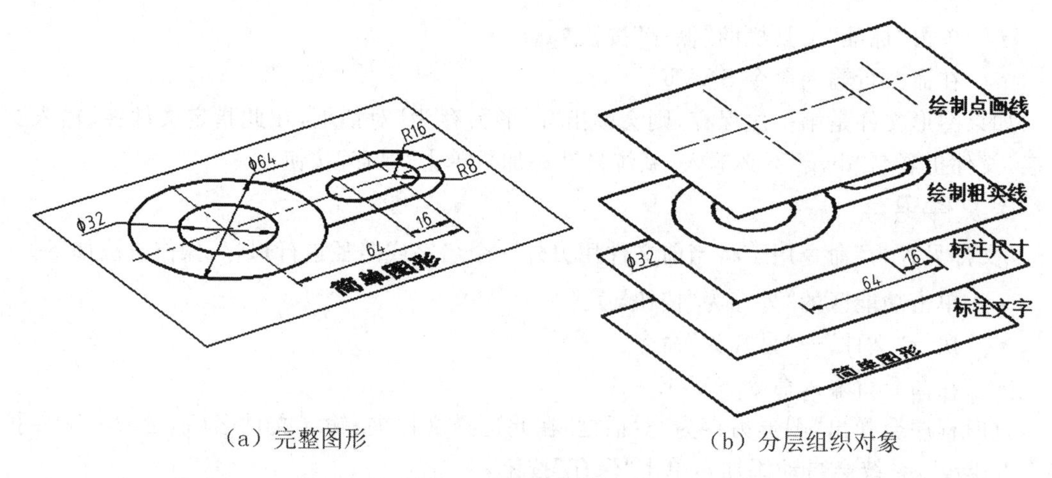

(a) 完整图形　　(b) 分层组织对象

图 1-26 "图层"的概念

2. 图层的设置

"图层特性管理器"对话框(见图 1-27)用于图层的创建与管理，并为图层设置颜色、线型、线宽等特性。启动"图层特性管理器"的方法如下。

- 单击功能区的"常用"选项卡→"图层"面板的"图层特性"按钮。
- 单击"图层"工具栏的"图层特性"按钮。
- 在命令行输入命令 LAYER(LA)。

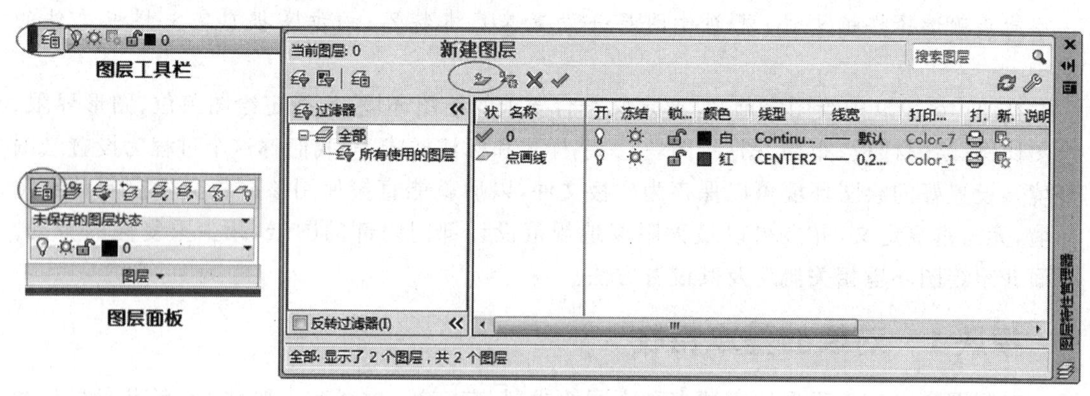

图 1-27 "图层特性管理器"对话框

设置图层的操作步骤如下。

(1)启动“图层特性管理器”对话框。

(2)单击“新建”按钮，一个新的图层“图层 1”出现在列表中，随之将“图层 1”改名(如“点画线”)。

(3)单击相应的图层颜色名、线型名、线宽值为该图层颜色、线型、线宽，如指定“点画线”层为红色、线宽为 0.2 mm、线型为 Center2(点画线)。

(4)重复(2)、(3)步创建其他图层，关闭“图层特性管理器”对话框。

3. 当前图层

一张图可以有任意多个图层，但当前图层只有一个。设置当前图层的方法是单击图层列表中对应的图层名，或在“图层特性管理器”对话框中选择一个图层，然后单击“置为当前”按钮。新建的对象在当前图层上，直至改变当前层为止。

图 1-28(a)所示的为“图层”面板上显示的当前图层；图 1-28(b)所示的为“图层”工具栏上显示的当前图层。

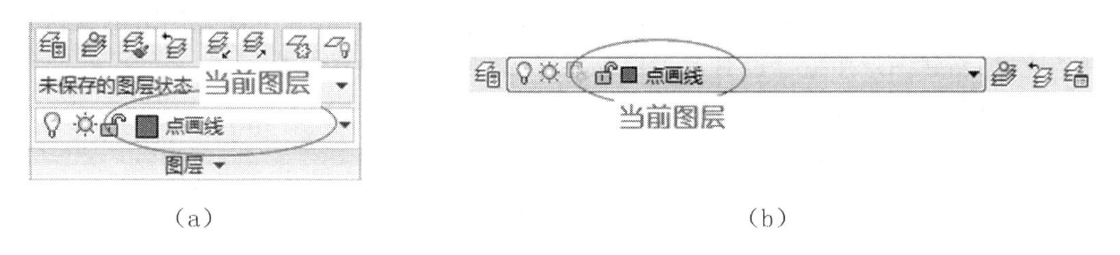

(a)　　(b)

图 1-28　当前图层

4. 当前颜色、当前线型、当前线宽

新建对象在当前图层的颜色、线型、线宽取决于当前对象特性的设置。其默认设置均为“随层”(ByLayer)，即新建对象的颜色、线型、线宽与当前图层的设置相同，如图 1-29 所示。图(a)所示的为“特性”面板显示的当前特性，图(b)所示的为“特性”工具栏的显示。

(a)“特性”面板　　(b)“特性”工具栏

图 1-29　当前对象特性

例如，前述“点画线”层为当前层，将绘制出 0.2 mm 宽的红色点画线。

对象特性“随层”的优点在于：修改图层设置后，对象特性随之更新，例如，将“点画线”层“红色”改为“蓝色”，则已绘制的点画线自动改为蓝色。

必要时，也可以自定义当前特性，即指定一种特定的颜色、线型或线宽。无论是否更改对象的“随层”特性，新建对象都与图层的设置无关。图 1-30 所示的为自定义对象特性，无论以哪个图层为当前层，新建对象都是“0.3 mm 宽的蓝色实线”。

因此，一般不采用“自定义”特性，推荐使用“随层”(ByLayer)特性，这也是系统的默认设置。

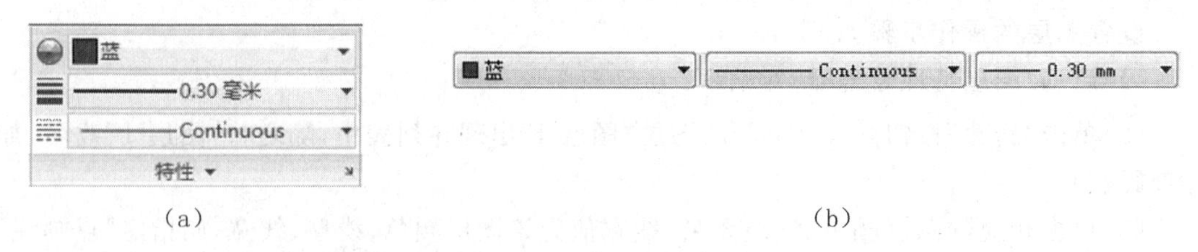

(a) (b)

图 1-30 自定义对象特性

模块 2 创建样板文件

在完成上述绘图环境的基本设置后，就可以正式开始绘图了。但如果每一次绘图之前都要重复这些设置，则是很烦琐的。另外，一个设计部门内部，每个设计人员都自己来做这个工作，不但效率低，还将导致图纸规范的不统一。

为了按照规范统一设置图形和提高绘图效率，让本单位的图形具有统一格式，如文字样式、标注样式、图层、布局等，必须创建符合自己行业或单位规范的样板文件。在 AutoCAD 中，设置的绘图环境可以保存为样板文件，并把自己的样板文件设置为新建图形的默认样板文件。这样，新建图形中就已经具有了保存在样板文件中的绘图环境设置。

保存样板文件的方法如下。

(1)单击→“另存为”，弹出“图形另存为”对话框。

(2)在“文件类型”选项列表中选择“AutoCAD 图形样板(＊.dwt)”。

(3)在“保存于”列表中选择保存样板文件的文件夹，在“文件名”输入框中输入文件名。

(4)单击“保存”按钮，完成设置。

样板文件中文字样式、尺寸样式、布局及打印样式是样板文件中的重要部分，其设置方法以上没有提及，将在后续章节专门介绍。

样板文件创建好后，就可以用图 1-24 所示方法将自己的样板文件设置为新图形的默认样板文件。

思 考 题

1. AutoCAD 的状态栏包含什么内容？常用的是哪些？

2. 如何显示或关闭工具栏？AutoCAD 常用的工具栏有哪些？

3. 如何终止一个命令的执行？重复执行上一个命令的方法是什么？响应命令的操作过程中“回车”键与“空格”键作用一样吗？

4. “正交模式”与“极轴追踪”功能的相同点和不同点是什么？

5. 绘制直线时，直接距离输入配合 AutoCAD 的什么功能使用更方便？

6. 获取已有对象上的特征点需要 AutoCAD 的什么功能？

7. AutoCAD 默认的保存图形文件格式的后缀名是什么？样板文件的后缀名是什么？后缀名必须输入吗？

8. AutoCAD 可以在图形界限外绘制图形吗？

9. AutoCAD 软件设置单位的精度会改变图形的精度吗？

10. 图层A的设置为：红色、点画线、默认宽度，可是以“A”为当前层时发现绘制的图线为蓝色粗实线，这是为什么？

11. 样板文件acad.dwt和acadiso.dwt对应的绘图范围是12×9和420×297。试一试，新建文件后屏幕绘图区显示的范围是多大？如何使绘图窗口与默认的绘图范围一致？

12. 样板文件有什么作用？如何定制样板文件？

项目 2　绘图辅助工具

项目重点

学习和使用精确绘图工具，主要包括栅格与捕捉、正交与极轴、对象捕捉与对象追踪、动态输入等。

教学目标

掌握极轴、对象捕捉、对象追踪设置与使用方法；掌握动态输入方法；掌握视图的缩放、平移操作及鼠标中键的使用；了解查询对象的几何特性，如距离、面积等。

任务 1　精确绘图工具

知识目标

熟悉状态栏中的各个精确绘图的辅助工具及其设置。

能力目标

能根据所绘图形灵活应用精确绘图的辅助工具进行绘图。

在工程设计过程中，工程图不仅能反映设计者的设计意图，同时还应该从图形中提取相关的数据，如距离、面积和体积等参数。因此，设计者应能够精确绘图。AutoCAD 提供了强大的精确绘图的功能，如捕捉、栅格、正交、极轴、对象捕捉、对象追踪和动态输入等。这些绘图工具显示在状态栏上，并且可以通过快捷菜单选择以图标方式或文字方式显示出来，如图 2-1 所示。

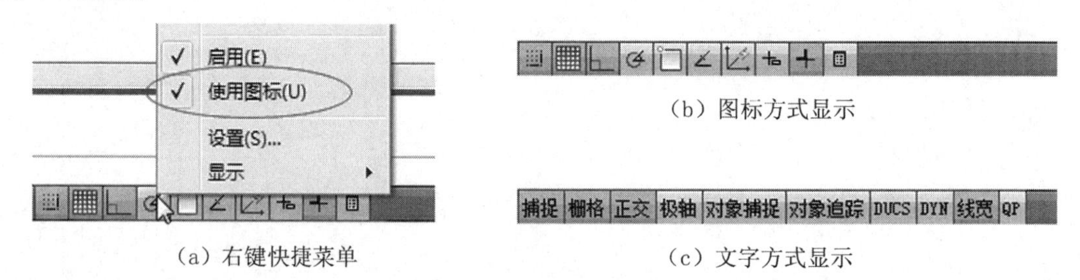

(a) 右键快捷菜单　(b) 图标方式显示　(c) 文字方式显示

图 2-1　绘图辅助工具

下面介绍各种辅助工具的功能与使用方法。

模块 1　栅格与捕捉

“栅格”是指显示在绘图区域（limits 命令定义的区域）内的点阵图案。显示栅格后，绘图区域的背景就像一张坐标纸，可用于绘图时参考，它可以直观地显示对象的大小及对象间的距离。当输出图纸时，并不打印栅格。

“栅格”经常配合“捕捉”一起使用。开启“捕捉”功能，移动鼠标就会发现光标在栅格点间“跳跃”式移动，光标准确地对准到栅格点上。例如，绘制直线时，用鼠标拾取点，直线的端点就会被准确地定位在栅格点。

默认设置下，栅格间距与捕捉间距相等，X、Y 方向间距均为 10 个图形单位。

模块 2　正交与极轴

“正交”与“极轴”都是为了准确追踪一定角度而设置的绘图功能，不同的是正交功能出现比较早，它仅仅追踪水平和垂直方向；而极轴是后来出现的更强的绘图工具，可以追踪用户预先设定的任何角度及该角度的整数倍。

单击状态栏“正交”或“极轴”按钮，即可打开或关闭相应功能，正交功能和极轴功能不能同时开启，打开一个就会自动关闭另一个。

1. 正交

正交功能是模拟手工绘图时丁字尺与三角板在图板上的配合，绘制水平线和垂直线的一种功能。打开正交功能后，光标限制在水平或垂直方向移动。定义位移的拖引线究竟沿哪个轴的方向，这取决于光标距水平轴或垂直轴哪个近一些。

2. 极轴

极轴功能可以使光标沿预先设定的角度方向移动，它是比正交功能更为强大的功能，建议多使用极轴功能。

极轴追踪的角度会在工具栏中显示出来，如图 2-2(a)所示；在动态输入下还会显示其标注格式，更加直观，如图 2-2(b)所示。

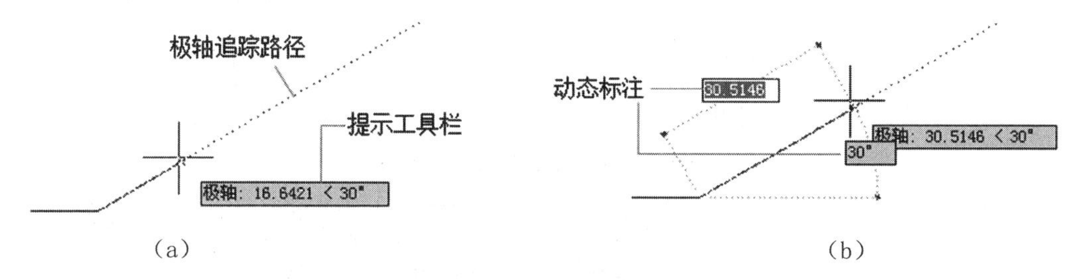

(a)　　　　　　　　(b)

图 2-2　极轴追踪

图 2-2 中“极轴：16.6421 ＜ 30°”称为极轴的工具栏提示；“点状线”称为极轴追踪路径，光标可沿极轴路径移动，“16.6421”是光标至前一点的距离，此时以直接距离输入的方式可以追踪到准确的目标点。

极轴追踪有以下两种设置方法。

(1)右击“极轴”按钮，在弹出的菜单中选择增量角，如 45°，如图 2-3(a)所示。

(2)右击“极轴”按钮，选择快捷菜单的“设置”，弹出“草图设置”对话框，选择“极轴追踪”选项卡，在“增量角”下拉列表中可以选择需要设置的角度或直接输入角度值，如图 2-3(b)所示。

在“极轴角测量”选项区有“绝对”和“相对上一段”两种选择。图 2-4 所示的是用“直线”命令绘制正五边形的过程，极轴增量角设置为 72°。图 2-4(a)中采用“绝对”方式，绘制的每边依次增加 72°，即依次显示的极轴角是 0°、72°、144°、216°；图 2-4(b)中采用“相对上一段”方式，当前方向与上一段的方向总是增加 72°。

技巧：绘制已知直线的垂直线，按图 2-5 所示设置极轴。

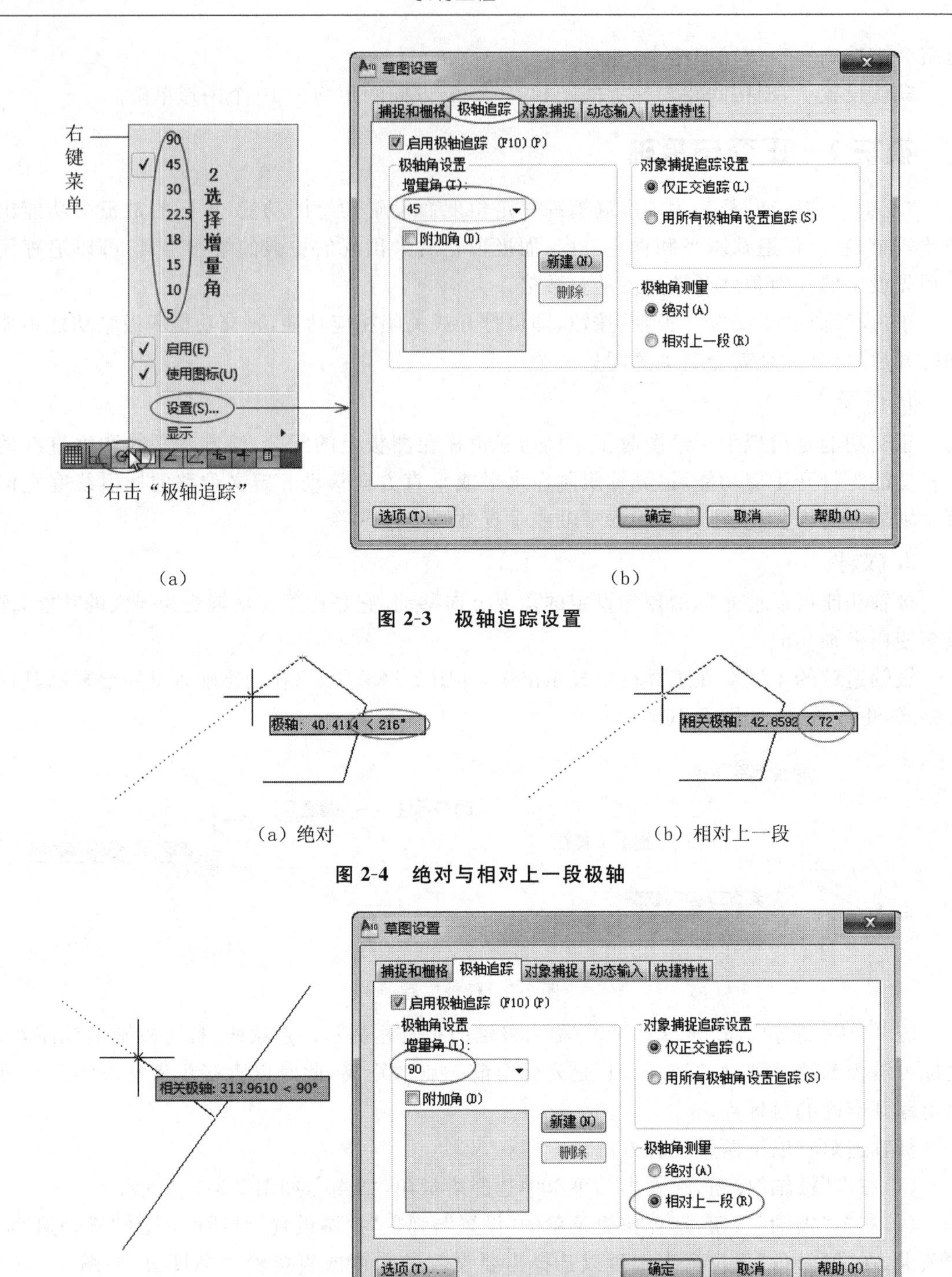

图 2-3 极轴追踪设置

图 2-4 绝对与相对上一段极轴

图 2-5 技巧:绘制已知直线的垂线

模块 3 对象捕捉

状态栏上的“对象捕捉”功能是一种非常有用的辅助工具,也称为自动捕捉。它可以通过光标的移动,自动拾取到图形对象的几何特征点,如端点、中点、圆心、交点等,而用户无需知道这些点的坐标值。

绘图过程中，当需要输入点时，都可以利用对象捕捉功能。默认情况下，当光标移动到对象的某一几何特征点时，将显示该对象捕捉点的标记和名称。如果该对象捕捉点满足绘图要求，则按下鼠标左键即可。

对象捕捉按操作方法，可分为单点捕捉和自动捕捉两种方式，用户可以根据绘图需要启用或变换不同的方式。

1. 单点捕捉

以下操作要先关闭对象捕捉功能（状态栏“对象捕捉”按钮由亮变暗），单独使用单点捕捉方式。单点捕捉是在提示输入点时临时指定需要的对象捕捉的模式，可以用以下任何一种操作来获取捕捉点（见图 2-6）。

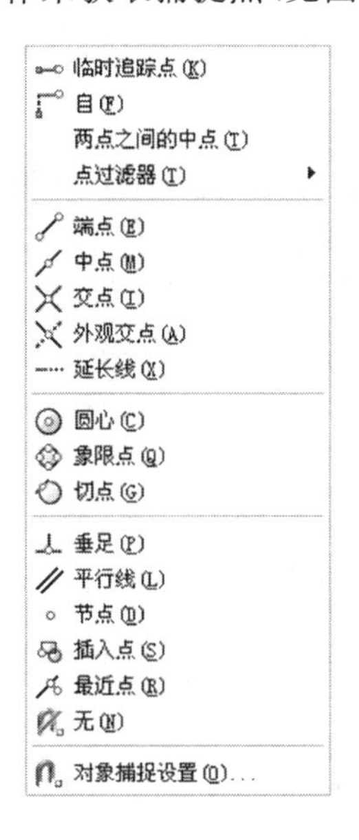

名称	功能
END	捕捉直线、圆、圆弧等的端点
MID	捕捉直线、圆弧等的中点
INT	捕捉直线、圆、圆弧等的交点
EXT	捕捉线段延长上的点
APP	捕捉延长后才相交的交点
CEN	捕捉圆（弧）、椭圆（弧）的中心
NOD	捕捉点对象、标注定位点等
QUA	捕捉圆（弧）、椭圆（弧）的象限点
INS	捕捉块、文字、图形的插入点
PER	捕捉垂足
TAN	捕捉切点
NEA	捕捉对象上距光标最近的点
PAR	捕捉与已知直线平行的直线上的点

图 2-6　“对象捕捉”右键菜单、工具栏、名称列表

- 按 Shift 键并单击鼠标右键显示“对象捕捉”快捷菜单，从中选择一种捕捉方式。
- 单击“对象捕捉”工具栏上对应的对象捕捉按钮。
- 在命令行输入对象捕捉的名称。

例如，绘制如图 2-7 所示两圆的公切线时要捕捉两个切点，操作如下。

```
命令：line                        ；输入 line 回车
指定第一点：tan                   ；输入捕捉切点的名称 tan 回车
到                                ；鼠标移至大圆上出现提示后单击左键，捕捉到切点
指定下一点或[放弃(U)]：tan        ；再次输入 tan 回车
到                                ；鼠标移至小圆上出现提示后单击左键，捕捉另一个切点
指定下一点或[放弃(U)]：           ；回车结束
```

2. 自动捕捉

单点捕捉是设置一次使用一次，每次输入点时，都必须先选择捕捉方式，操作比较麻烦。系统提供的另一种对象捕捉方式就是预设置的自动捕捉方式。用户可以一次性选择多种常用的捕捉方式，当执行输入点命令时，捕捉方式自动生效。

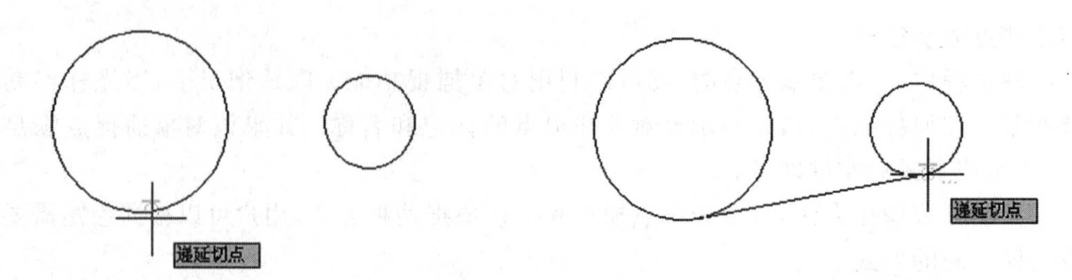

图 2-7　用单点捕捉方式捕捉切点

设置自动捕捉方式有以下两种方法。

(1)右击“对象捕捉”按钮,在弹出的菜单中选择捕捉模式,如图 2-8(a)所示。

(2)右击“对象捕捉”按钮,在菜单中选择“设置”,弹出“草图设置”对话框,单击“对象捕捉”选项卡,其中的“端点”、“圆心”、“交点”、“延长线”这 4 种是默认设置,用户可根据需要勾选常用的对象捕捉模式,如图 2-8(b)所示。

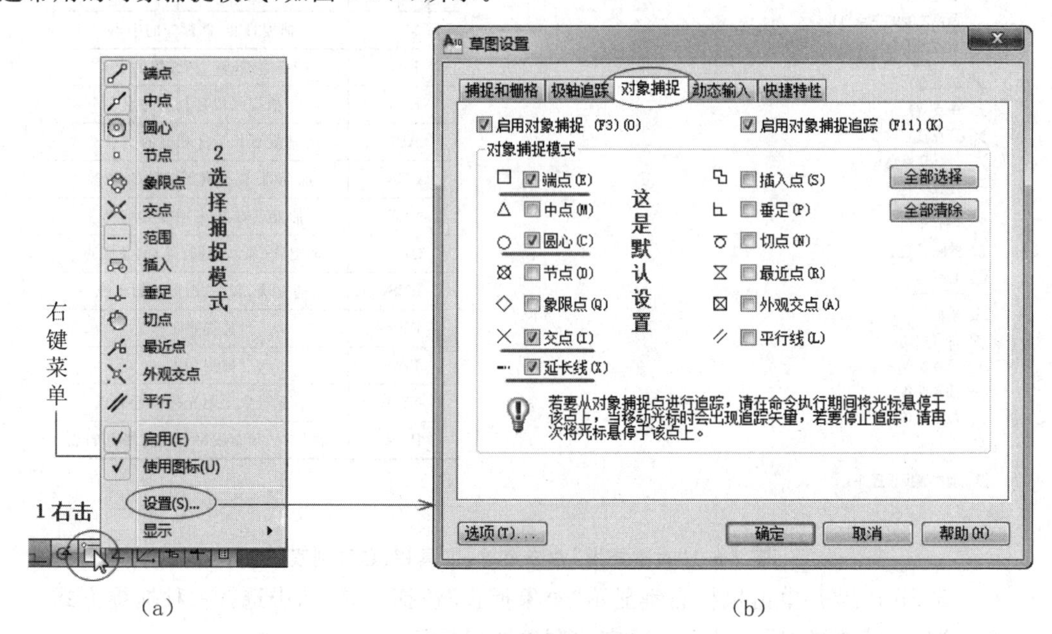

(a)　　　　　　　　　　(b)

图 2-8　设置“对象捕捉”

模块 4　对象追踪

“对象追踪”可以看成是对象捕捉和极轴追踪的综合应用。操作时光标在对象捕捉点稍停留即产生一个标记点(黄色的小加号“+”),移动光标至合适位置会出现过标记点的追踪路径,如图 2-9 所示。这时,我们可以以该标记点为基准,沿追踪路径指定(可以直接距离输入)目标点。图中的工具栏提示与极轴追踪提示的含义类似。

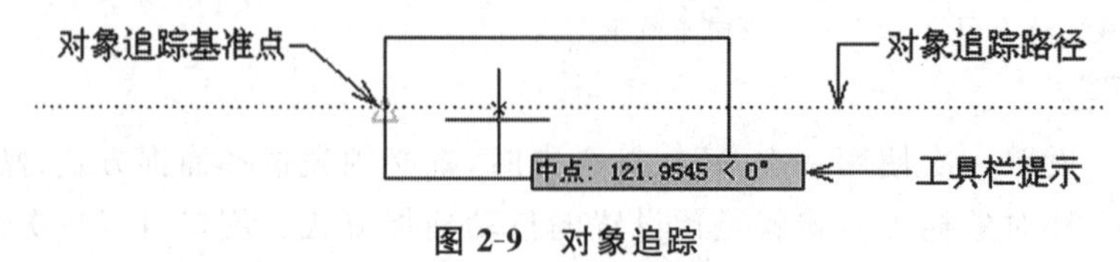

图 2-9　对象追踪

为了使用对象追踪功能，必须同时打开“对象捕捉”和“对象捕捉追踪”，如图 2-10(a)所示。

在“草图设置”对话框的“极轴追踪”选项卡上，对象捕捉追踪设置有两种选择，如图 2-10(b)所示。这两种设置的意义如下。

- 仅正交追踪：只显示过标记点的水平或垂直追踪路径，这是默认设置。
- 用所有极轴角设置追踪：将极轴追踪的增量角设置应用到对象追踪，按增量角确定的各方向来显示追踪路径。

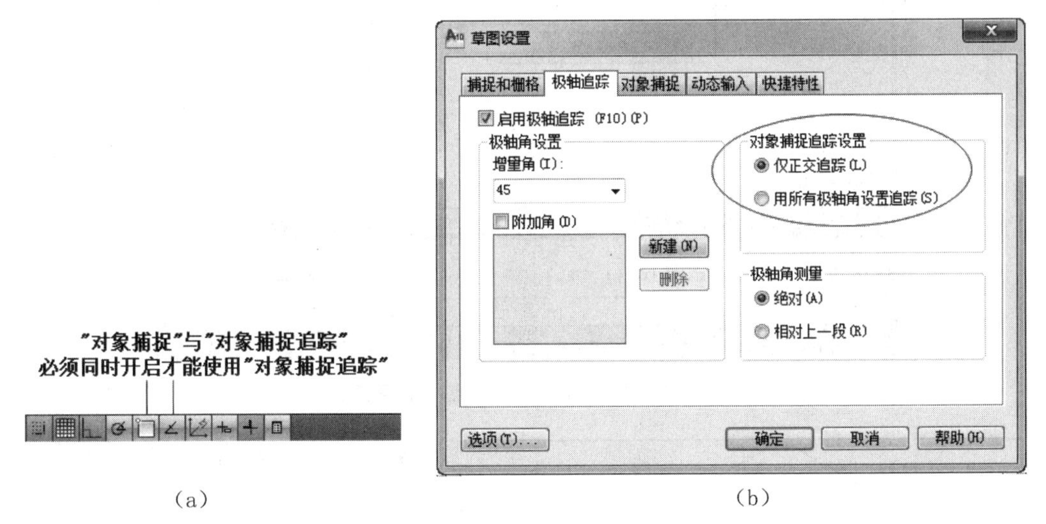

(a)　　　　(b)

图 2-10　对象追踪设置

图 2-11 所示的是“用所有极轴角设置追踪”的一个例子，极轴增量角设置为 45°。

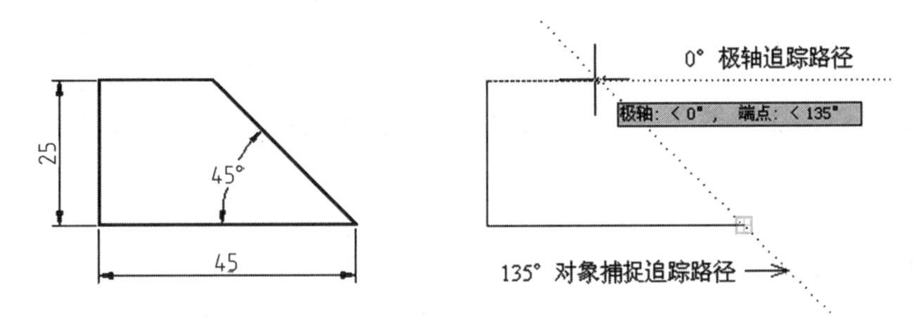

图 2-11　用所有极轴角设置追踪

如果捕捉和栅格工具可以让我们更好地获得绝对坐标，对象捕捉与对象追踪工具则可以更容易地获得图形的相对坐标。设计人员在绘图时往往只关心图形各对象之间的相对位置，对于图形在图纸中处于什么方位(即绝对坐标)并不关心，因此捕捉和栅格工具用得越来越少，而几乎离不开的工具是极轴、对象捕捉和对象追踪。

技巧：过已知直线端点、中点绘制垂直线，按图 2-12 进行设置。

【例 2-1】 利用极轴和对象追踪绘制如图 2-13(a)所示几何图形(直线长度任意)。

步骤 1： 以公制样板文件 acadiso.dwt 建新图；双击鼠标中键(或输入 z 空格 a 空格)，屏幕显示 A3 图幅大小。

步骤 2： 设置极轴 30°，确保对象捕捉和对象追踪打开，如图 2-13(b)所示。

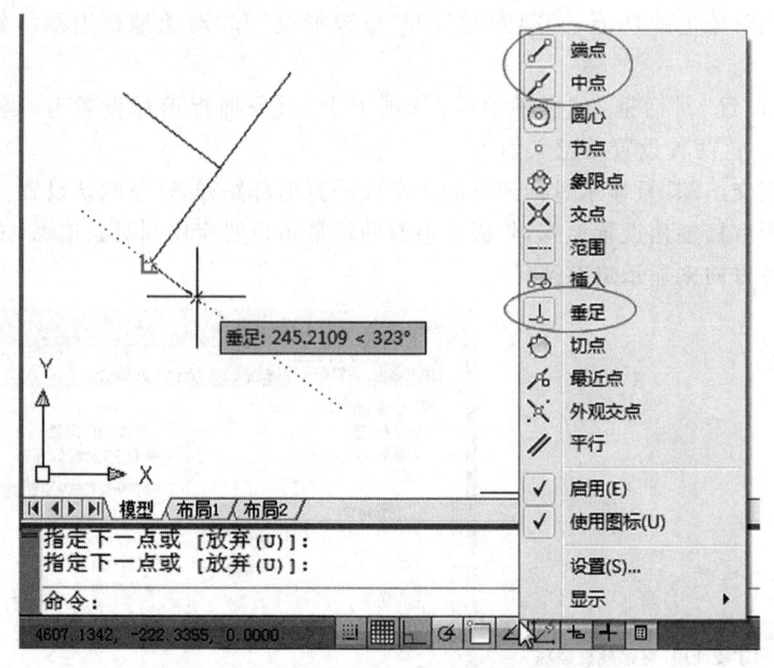

图 2-12　技巧:过端点、中点绘制垂直线

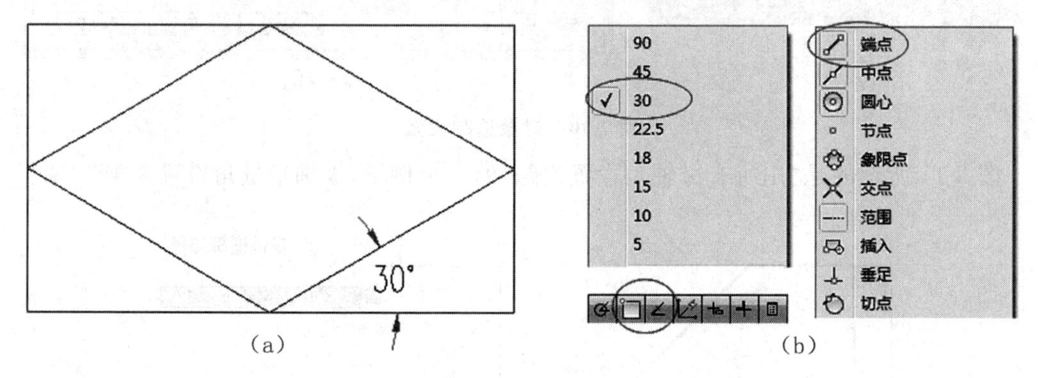

图 2-13　几何图形

步骤 3： 根据图 2-14 绘制菱形，操作过程如下。

命令：_line 指定第一点：　　;输入直线命令，用鼠标指定起点 1

指定下一点或[放弃(U)]：　　;沿 30°极轴方向，适当长度单击点 2

指定下一点或[放弃(U)]：　　;沿 150°极轴并对齐点 1 指定点 3

指定下一点或[闭合(C)/放弃(U)]：　　;沿 210°极轴并对齐点 2 指定点 4

指定下一点或[闭合(C)/放弃(U)]：c　　;闭合图形

步骤 4： 根据图 2-15 绘制矩形，操作过程如下。

命令：_line 指定第一点：　　;对齐点 1、4 指定点 A

指定下一点或[放弃(U)]：　　;沿 0°极轴并对齐点 2 指定点 B

指定下一点或[放弃(U)]：　　;沿 90°极轴并对齐点 3 指定点 C

指定下一点或[闭合(C)/放弃(U)]：　　;沿 180°极轴并对齐点 A 指定点 D

指定下一点或[闭合(C)/放弃(U)]：c　　;闭合图形

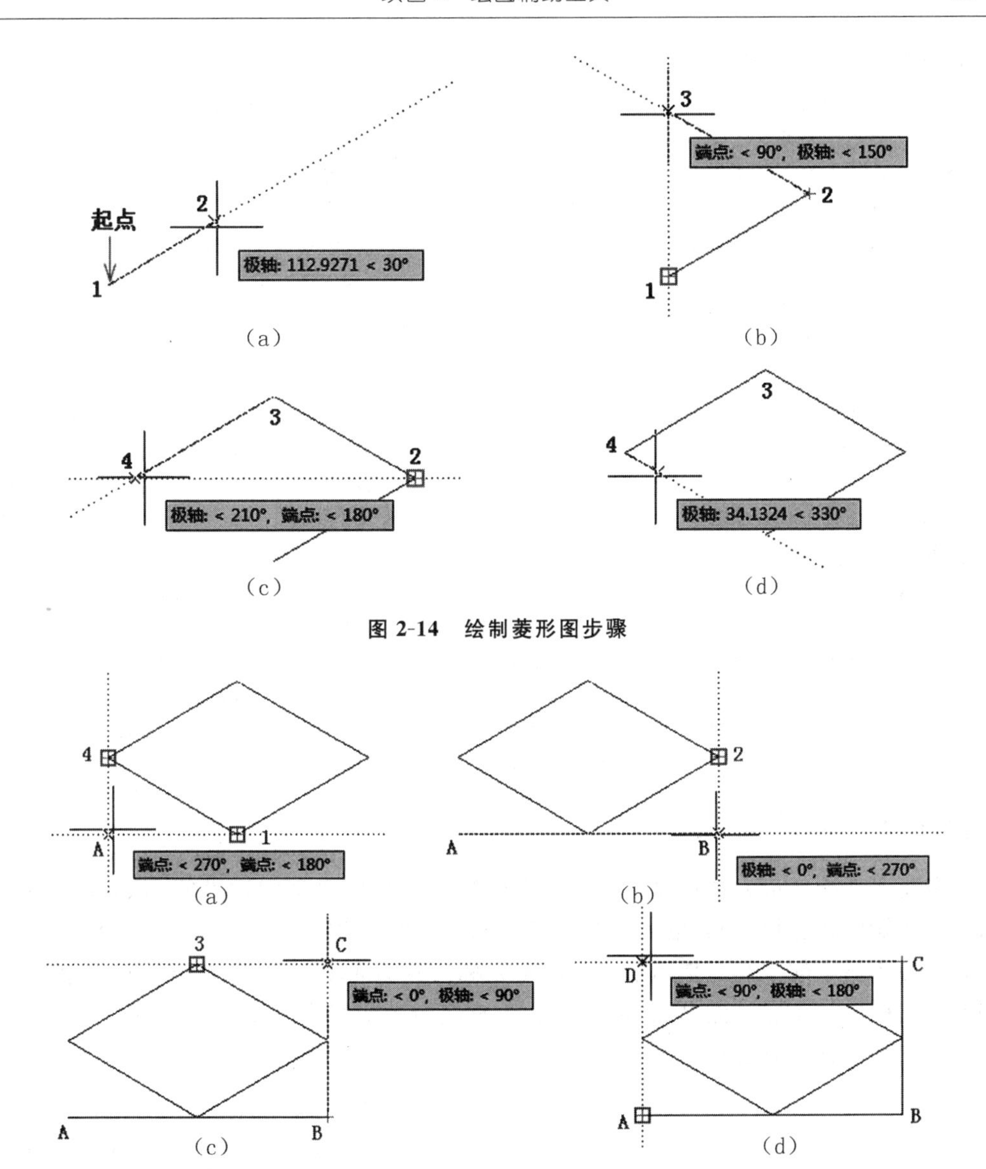

图 2-14　绘制菱形图步骤

图 2-15　绘制矩形图步骤

【例 2-2】 利用绘图工具准确绘制如图 2-16 所示的图形。

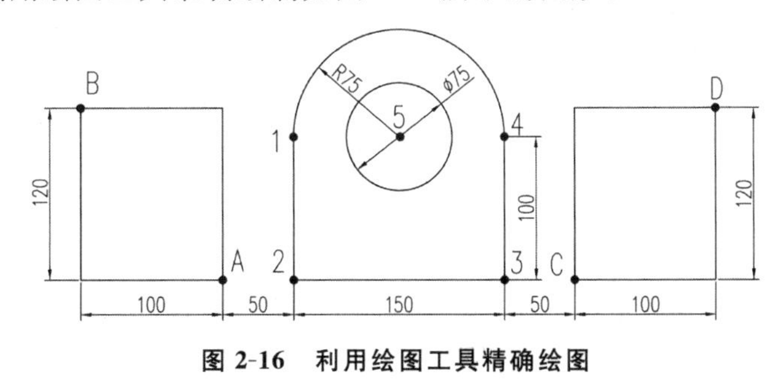

图 2-16　利用绘图工具精确绘图

步骤 1： 以公制样板文件 acadiso. dwt 建新图；双击鼠标中键(或输入 z 空格 a 空格)，屏幕显示 A3 图幅大小。

步骤 2： 绘制中间图形。

命令：l LINE 指定第一点： ;输入直线命令，指定点 1
指定下一点或［放弃(U)］：100 ;指定点 2
指定下一点或［放弃(U)］：150 ;指定点 3
指定下一点或［闭合(C)/放弃(U)］：100 ;指定点 4
指定下一点或［闭合(C)/放弃(U)］： ;回车结束直线命令
命令：_arc ;输入“起点、端点、半径”圆弧命令
指定圆弧的起点或［圆心(C)］： ;捕捉点 4
指定圆弧的第二个点或［圆心(C)/端点(E)］：_e
指定圆弧的端点： ;捕捉点 1
指定圆弧的圆心或［角度(A)/方向(D)/半径(R)］：_r 指定圆弧的半径：75 ;输入半径 75
命令：CIRCLE ;输入圆命令
指定圆的圆心或［三点(3P)/两点(2P)/切点、切点、半径(T)］： ;捕捉圆心点 5
指定圆的半径或［直径(D)］：37.5 ;输入圆的半径

步骤 3： 绘制两侧矩形。

命令：_rectang ;输入矩形命令
指定第一个角点或［倒角(C)/标高(E)/圆角(F)/厚度(T)/宽度(W)］：50 ;从点 2 向左追踪 50 指定点 A
指定另一个角点或［面积(A)/尺寸(D)/旋转(R)］：@-100,120 ;输入“-100,120”指定点 B
命令：_rectang ;输入矩形命令
指定第一个角点或［倒角(C)/标高(E)/圆角(F)/厚度(T)/宽度(W)］：50 ;从点 3 向右追踪 50 指定点 C
指定另一个角点或［面积(A)/尺寸(D)/旋转(R)］：@100,120 ;输入“100,120”指定点 D

模块 5 动态输入

动态输入功能的最大特点是可以在绘图区域的工具栏提示中输入值，而不必在命令行输入。该功能由状态栏“动态输入”按钮控制，F12 为开关功能键。

光标旁边显示的工具栏提示信息将随着光标的移动而动态更新，执行不同的命令，显示不同的工具栏提示信息。图 2-17(a)所示的为直线命令执行中的动态工具栏，图 2-17(b)所示的为夹点编辑直线时的动态工具栏。

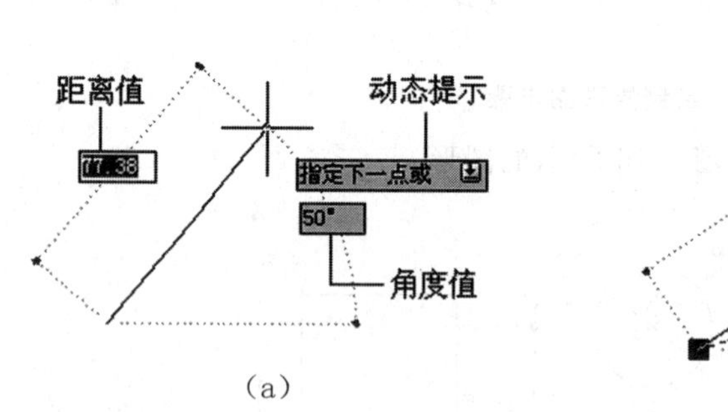

(a)

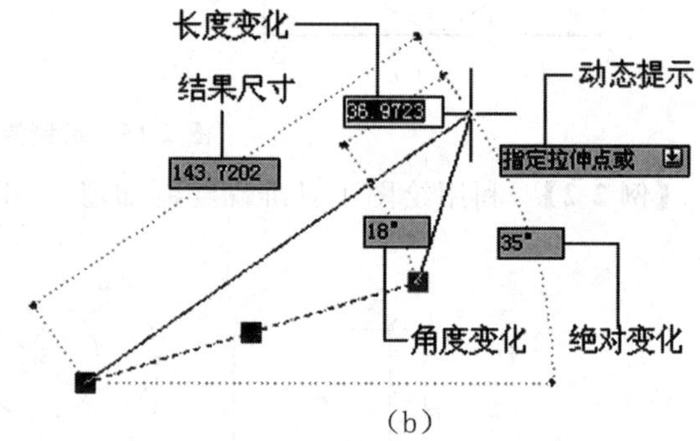

(b)

图 2-17 动态输入的提示工具栏

设置“动态输入”的方法是：在“动态输入”按钮上单击右键，在快捷菜单选择“设置”，弹出“草图设置”对话框，在该对话框中选择“动态输入”选项卡，如图 2-18 所示。

在“动态输入”选项卡内有“指针输入”、“标注输入”、“动态提示”三个选项区域，分别控制动态输入的三项功能。

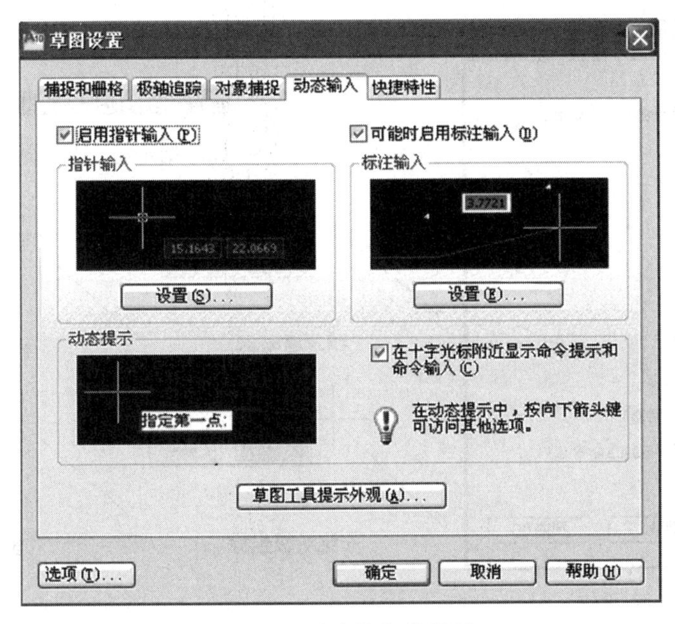

图 2-18　动态输入的设置

1. 指针输入

先关闭“标注输入”(取消“可能时启用标注输入”选项)，单独研究“指针输入”。下面以直线命令为例说明“指针输入”的操作。

执行直线命令，光标附近的工具栏显示坐标提示框，可以在这些提示框中输入坐标值，而不用在命令行输入。在“指定第一点：”提示下先输入 X 坐标，再按 Tab 键(或“,”)切换到下一个提示框中输入 Y 坐标，如图 2-19(a)所示。

输入的第一点坐标为绝对坐标。

第二点及后续点提示的坐标格式由“指针输入设置”(在指针区域单击“设置”按钮)设定，默认为极轴格式的相对坐标，如图 2-19(b)所示。在“格式”选项区域有 4 种不同的坐标格式，分别是相对极坐标、相对直角坐标、绝对极坐标、绝对直角坐标，各坐标格式对应的第二点提示如图 2-19(c)所示。

坐标输入格式切换有以下几种约定。

- 极坐标与直角坐标的切换：极坐标格式下输入“,”可更改为笛卡儿坐标格式；笛卡儿坐标格式下输入“<”可更改为极坐标格式。
- 相对坐标与绝对坐标的切换：相对坐标格式下输入“#”可更改为绝对坐标格式；绝对坐标格式下输入“@”可更改为相对坐标格式。

2. 标注输入

启用标注输入时，指定的第一点仍是绝对坐标，当命令提示输入第二点及下一点时，工具栏提示将显示距离和角度值，即将相对极坐标以直观的标注形式显示出来(见图 2-20)。可以在工具栏提示中输入距离或角度值，按 Tab 键可以移动到要更改的值。

标注输入可用于绘制直线、多段线、圆弧、圆和椭圆。

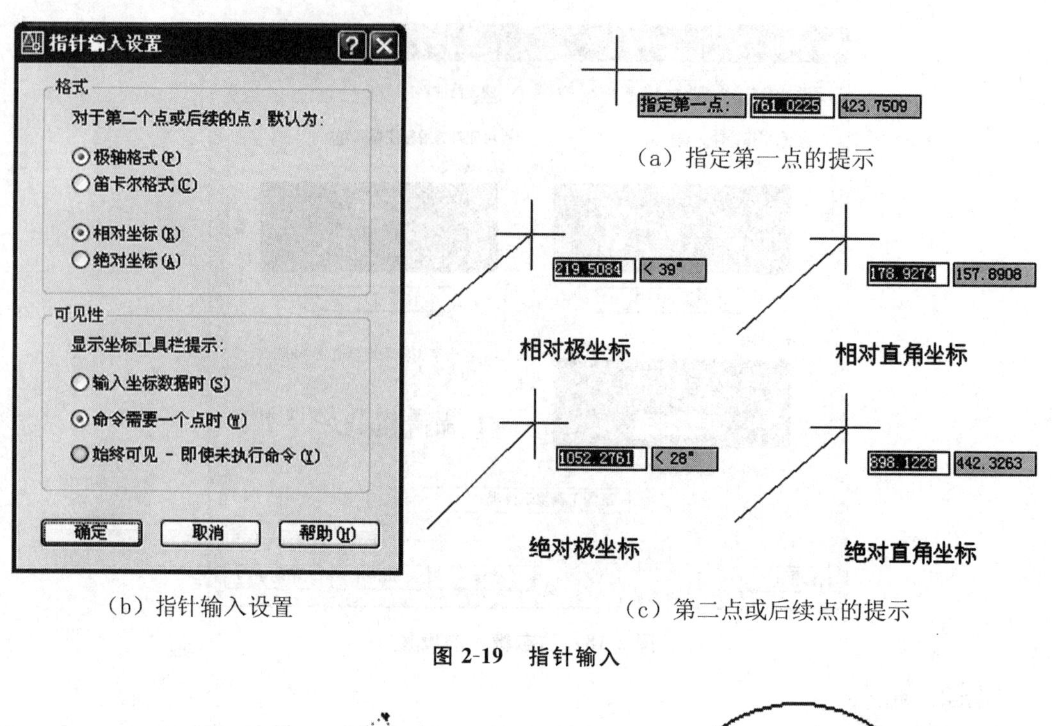

（a）指定第一点的提示

（b）指针输入设置

（c）第二点或后续点的提示

图 2-19　指针输入

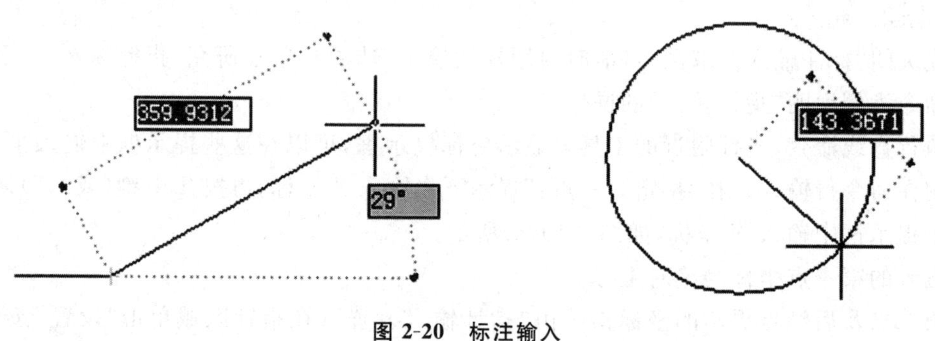

图 2-20　标注输入

3. 动态提示

启用动态提示后，用户可以在工具栏提示中输入命令以及对命令提示作出响应。如果提示包含多个选项，按键盘的向下箭头键可以查看这些选项，然后单击选择一个选项。动态提示可以与指针输入、标注输入一起使用，但不能单独使用，如图 2-21 所示。

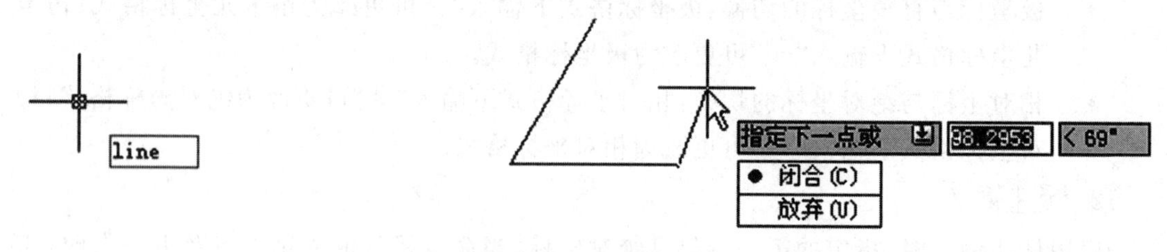

图 2-21　动态提示

从以上介绍可以看出，“动态输入”几乎取代了 AutoCAD 传统的命令行，因此可以关闭命令行，方法是按 Ctrl+9 组合键(再次按下即可打开)，弹出警告提示，单击“是”按钮即可。

任务 2　视图的缩放和平移

知识目标

熟悉视图显示的各种命令。

能力目标

熟练掌握视图缩放和平移的各种操作方法。

应用 AutoCAD 绘图的过程中，经常要对视图的显示进行调整，如观察整个设计图形或查看局部内容，这些操作需要对视图进行缩放和平移。

模块 1　视图的缩放

按照一定的缩放比例、观察位置和角度显示的图形称为视图。默认环境下，绘图窗口的图形显示即为视图。视图的放大和缩小只是缩放图形在屏幕上的视觉效果，并不改变图形的实际尺寸，也就是不改变图形中对象的绝对大小，而只改变视图的显示比例。

AutoCAD 经典工作界面执行缩放命令可参考图 2-22，常用的操作如下。

- 执行菜单“视图”→“缩放”命令。
- 单击标准工具栏上的命令按钮。
- 在命令行输入命令 ZOOM(Z)。

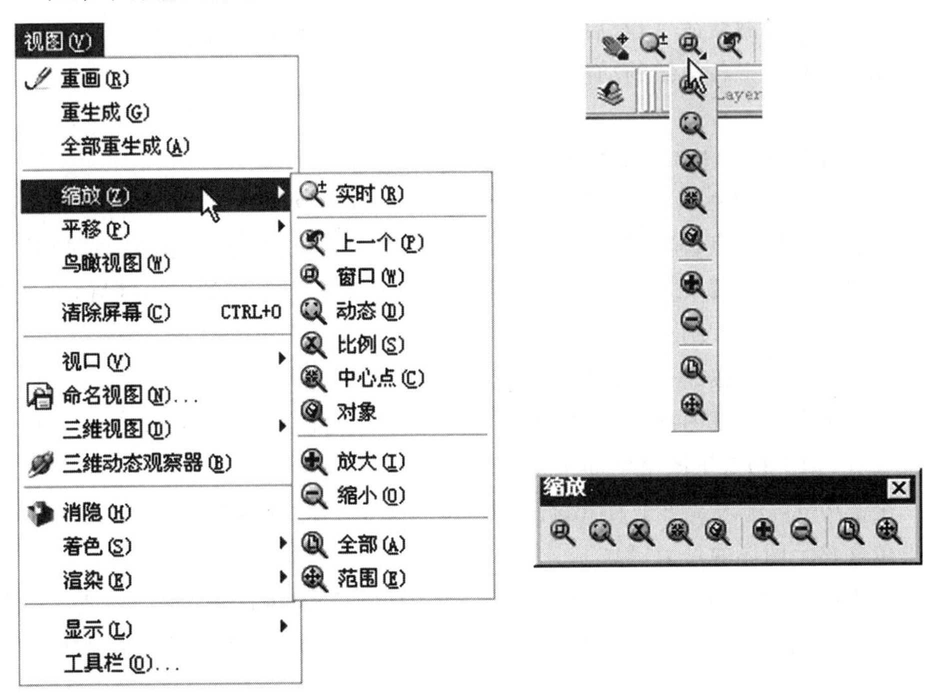

图 2-22　AutoCAD **经典界面的“缩放”工具**

通过“二维草图与注释”默认工作界面执行缩放的方法如下。

- 单击“视图”标签，打开“导航”面板，如图 2-23 所示。
- 在命令行输入命令 ZOOM(Z)。

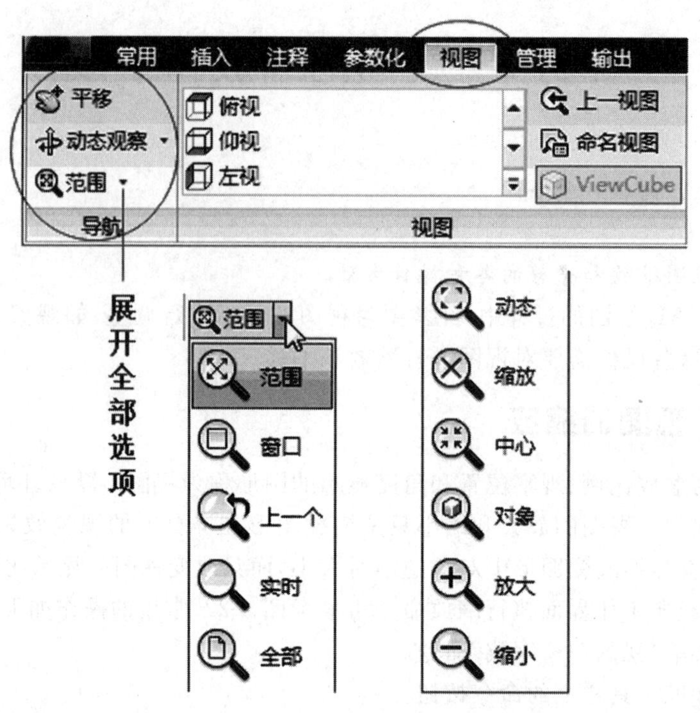

图 2-23 二维草图与注释界面的“缩放”工具

无论从哪种途径激活命令，都启动了 ZOOM 命令。缩放命令有多个选项，命令中各个选项的功能与工具栏上各按钮的功能是对应的。

命令：ZOOM

指定窗口的角点，输入比例因子（nX 或 nXP），或者

［全部(A)/中心(C)/动态(D)/范围(E)/上一个(P)/比例(S)/窗口(W)/对象(O)］<实时>：

- 指定窗口的角点，输入比例因子（nX 或 nXP） 这是当前操作项。这项功能允许用鼠标来指定两个角点，根据用户指定这两个对角点构成的矩形区域，将该矩形区域中的图形放大到充满屏幕。

当前操作项还可以按以下方式操作。

输入 nX：根据当前视图指定比例，例如，输入 2X 表示将当前视图放大 2 倍显示。

输入 nXP：指定相对于图纸空间单位的比例。

- 全部(A) 输入 a 回车，AutoCAD 将屏幕缩放到图形界限，或者显示图形界限及包含整个图形的最大区域。
- 中心(C) 指定视图缩放的中心点，将视图移动到绘图区域的中心，然后根据用户输入的放大比例值或高度值居中缩放视图，常用相对缩放比例(nX)来控制视图的缩放。
- 动态(D) AutoCAD 使用视图框动态确定缩放范围来实现缩放显示视图，动态框调整大小后回车。
- 范围(E) 满屏显示整个图形。它不受图形界线的限制，它只把当前图形中的所有对象尽量充满屏幕显示出来。

- 上一个(P)　输入 P 回车，AutoCAD 将恢复上一次显示的图形窗口，最多可以恢复前 10 次显示过的图形，与标准工具栏按钮的功能相同。
- 比例(S)　以指定的比例因子(nX 或 nXP)缩放显示，与默认操作项相同。
- 窗口(W)　由两个角点定义的矩形窗口框定的区域，与默认操作项相同，与标准工具栏按钮操作相同。
- 对象(O)　将选定的一个或多个对象尽可能大地显示并使其位于绘图区域的中心。
- 实时　这是默认选项。输入命令后不选择选项，直接回车，这时视图界面上的光标就会变成放大镜图标，按住鼠标左键拖动光标上、下移动，就可以实现放大、缩小，可以反复操作直至回车退出(或单击右键，选择快捷菜单的“退出”)，还可以按 Esc 键退出。这个选项与标准工具栏按钮相同。

这些选项中常用的是：全部(A)、范围(E)、上一个(P)、窗口(W)、实时。

模块 2　视图的平移

平移命令是在不改变图形对象大小和显示比例的情况下，观察所绘图形的不同部位。操作者可以把图形“拖放”到屏幕的不同位置，或将屏幕外的图形拖进窗口来(当然有一部分随之移出图形窗口)。

激活平移命令有以下几种方法。

- 在经典界面单击菜单“视图”→“平移”→“实时”，或者单击标准工具栏上的“实时平移”图标。
- 在默认界面单击“视图”标签→“导航”面板的命令按钮平移。
- 在命令行输入命令 PAN(P)。

激活命令后，光标变成小手图标，按住左键，就可以上、下、左、右拖动图形了。单击右键，出现如图 2-24 所示的快捷菜单(与缩放时的右键菜单相同)，单击“退出”按钮。

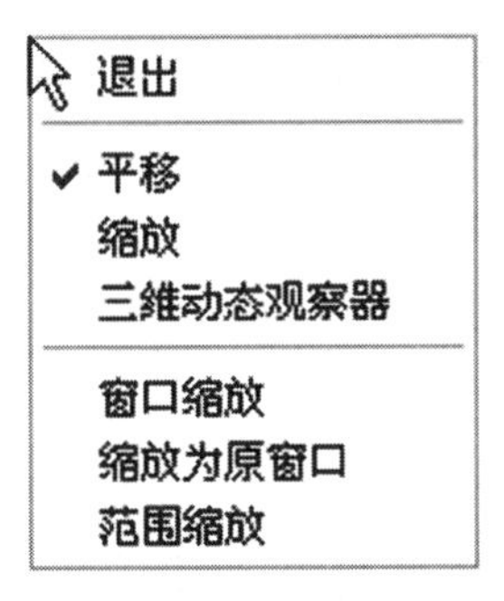

图 2-24　缩放与平移的右键菜单

在常用操作中，使用鼠标中键可以实现以上缩放和平移命令的部分功能：双击滚轮实现“范围”缩放功能；上下滚动滚轮实现“实时缩放”功能；按住滚轮实现“实时平移”功能。当提示不能再缩放或平移时，输入 re 回车即可继续操作。

任务3 查询对象的几何特性

知识目标

熟悉各个查询命令的功能。

能力目标

熟练掌握各个查询命令的操作。

用 AutoCAD 绘制的图形是一个图形数据库,其中包括大量与图形有关的数据信息。使用查询命令可以从图形中查询或提取某些图形信息。在二维设计中,查询的基本功能有:查询点坐标、查询两点间的距离、查询封闭图形的面积等。

AutoCAD 经典界面和默认 Ribbon 界面下的查询工具如图 2-25 所示。

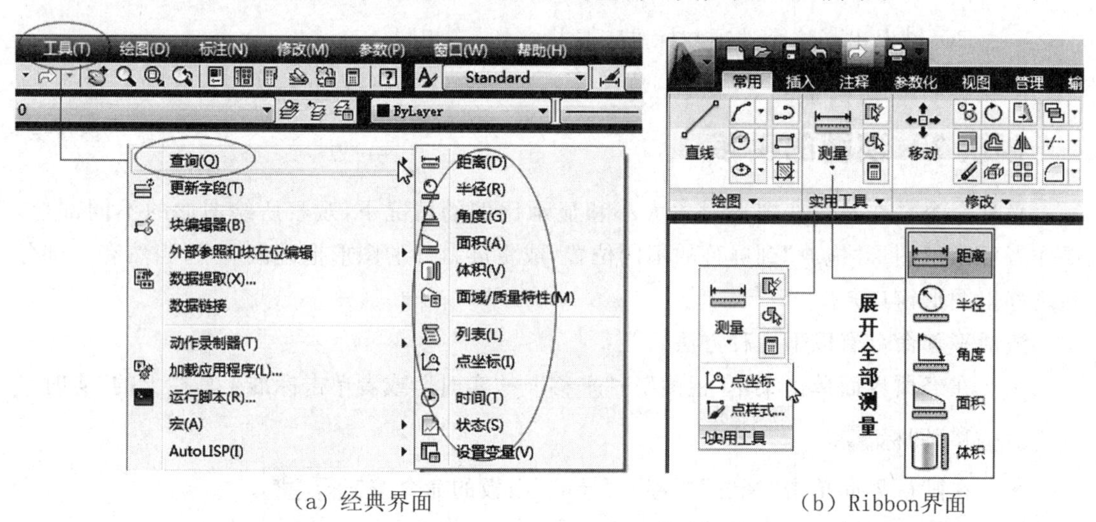

(a) 经典界面　　　　(b) Ribbon界面

图 2-25 查询工具

1. 查询点坐标

查询点的坐标有如下方法。

- 在经典界面下单击“工具”→“查询”→“点坐标”。
- 在 Ribbon 界面下单击“实用工具”面板的“点坐标”按钮。
- 在命令行输入命令 ID。

【例 2-3】 如图 2-26 所示,查询圆心点坐标。

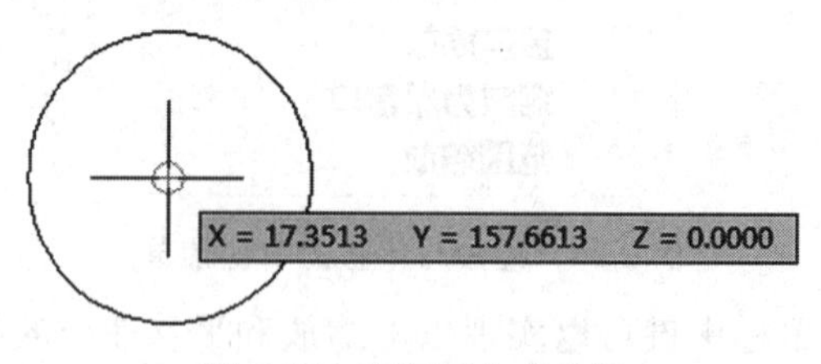

图 2-26 查询圆心点坐标

2. 查询距离

查询距离有如下几种方法。

- 在经典界面单击“工具”→“查询”→“距离”。
- 在 Ribbon 界面单击“实用工具”面板的“距离”按钮。
- 在命令行输入命令 DIST(DI)。

距离查询可以得到两点间的距离、X 增量、Y 增量和 Z 增量等。

【例 2-4】 如图 2-27 所示，查询直线两端点间的距离。

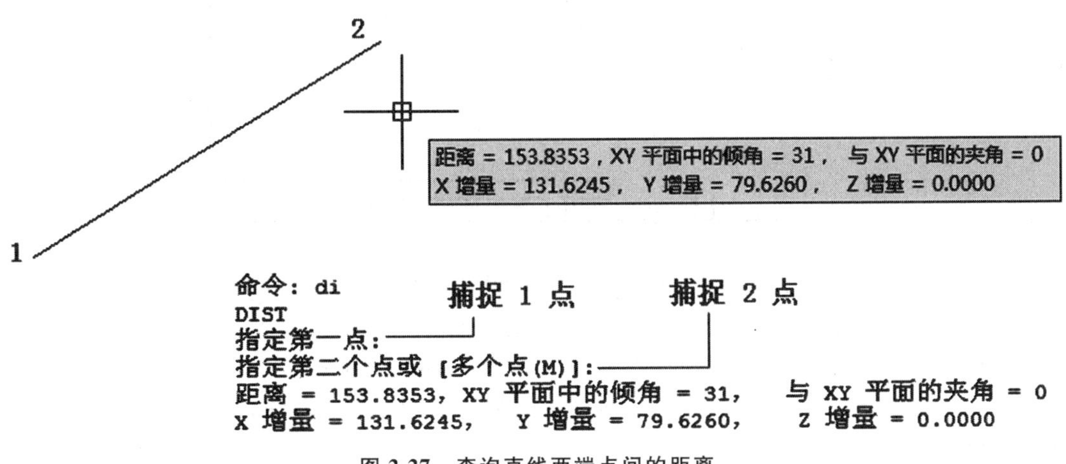

图 2-27　查询直线两端点间的距离

3. 查询面积

调用面积查询命令有如下几种方法。

- 在经典界面单击“工具”→“查询”→“面积”。
- 在 Ribbon 界面单击“实用工具”面板的“面积”按钮。
- 在命令行输入命令 AREA(AA)。

查询面积可以得到点阵序列或闭合区域的面积和周长。根据实际情况可以有以下 3 种计算面积的方法。

(1)按序列点计算面积。适用于边界由直线围成的区域，例如，求图 2-28 所示房间的面积时，启动命令后依次拾取房间 4 个角点即得。查询儿童房面积的操作过程如下。

```
命令：aa
AREA                                            ;输入命令
指定第一个角点或[对象(O)/加(A)/减(S)]：           ;单击儿童房间一个角点
指定下一个角点或按 ENTER 键全选：                  ;单击另一个角点
指定下一个角点或按 ENTER 键全选：                  ;单击第三个角点
指定下一个角点或按 ENTER 键全选：                  ;单击第四个角点
指定下一个角点或按 ENTER 键全选：                  ;回车
面积 = 8798400.0000，周长 = 11880.0000
```

(2)计算封闭对象的周长和面积。简单地绘制一个圆，求该圆的面积和周长。

```
命令：area                                       ;输入命令
指定第一个角点或[对象(O)/加(A)/减(S)]：o          ;选择选项“对象(O)”
```

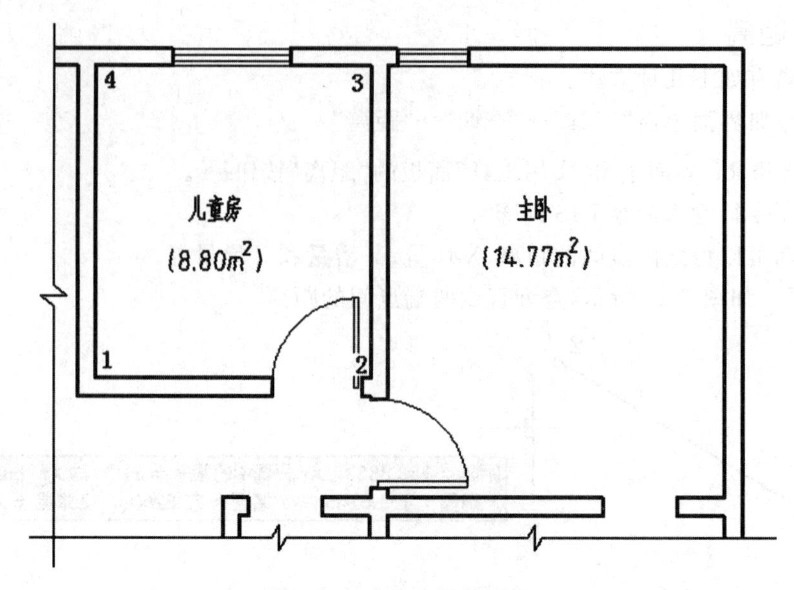

图 2-28 查询房间的面积

选择对象： ;拾取圆周

面积 = 13814.4593,圆周长 = 416.6505 ;显示出面积和周长

计算一个复杂区域面积的时候，只要将该区域边界创建为多段线，再利用这种方法可方便地求出其面积。

(3)利用加、减方式计算组合面积。例如，计算图 2-29 所示填充区域的面积(矩形面积减去椭圆面积)，由填充特性也可以查看该面积。利用面积命令的操作如下。

命令：aa ;输入命令

AREA

指定第一个角点或[对象(O)/增加面积(A)/减少面积(S)]<对象(O)>：a ;选择"加"模式

指定第一个角点或[对象(O)/减少面积(S)]：o ;选择"对象"选项

("加"模式) 选择对象： ;选择矩形

面积 = 43668.7728,周长 = 842.8421

总面积 = 43668.7728

("加"模式) 选择对象：

面积 = 43668.7728,周长 = 842.8421

总面积 = 43668.7728

指定第一个角点或[对象(O)/减少面积(S)]：s ;选择"减"模式

指定第一个角点或[对象(O)/增加面积(A)]：o ;选择"对象"选项

("减"模式) 选择对象： ;选择"椭圆"

面积 = 12754.4646,周长 = 476.7191

总面积 = 30914.3081

("减"模式) 选择对象：

面积 = 12754.4646,周长 = 476.7191

总面积 = 30914.3081

指定第一个角点或[对象(O)/增加面积(A)]：

总面积 = 30914.3081

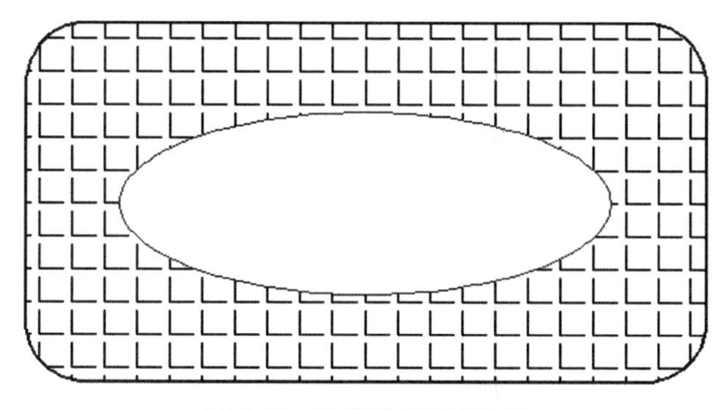

图 2-29 计算填充区域面积

4. 列表显示

调用列表命令有如下几种方法。

- 在经典界面单击“工具”→“查询”→“列表显示”。
- 在 Ribbon 界面展开“特性”面板，单击“列表”按钮。
- 在命令行输入命令 LIST(LI)。

列表命令可以显示对象的类型、所在图层、坐标、面积、周长等。以下是直线、椭圆、文字对象的列表显示。

1)直线的列表显示

```
命令：_list
选择对象：找到 1 个
选择对象：
                  LINE      图层：0
                            空间：模型空间
                   句柄 = 182
                自 点，X=-212.3860   Y=1437.3271   Z=    0.0000
                到 点，X= 558.8341   Y=1658.0991   Z=    0.0000
        长度 = 802.1975，在 XY 平面中的角度 =      16
                 增量 X = 771.2201，增量 Y =   220.7721，增量 Z =    0.0000
```

2)椭圆的列表显示

```
命令：li
LIST
选择对象：找到 1 个
选择对象：
                  ELLIPSE     图层：0
                              空间：模型空间
                   句柄 = 184
                             面积：615708.7277
                             圆周：3228.8943
                           中心点：X = 1709.4111，Y = 1689.3405，Z = 0.0000
                             长轴：X = -675.3387，Y =-193.6962，Z = 0.0000
```

短轴：X = 76.9079 ，Y =－268.1461，Z = 0.0000
半径比例：0.3971

3)文字的列表显示

命令：li
LIST
选择对象：找到 1 个
选择对象：
TEXT 图层：0
空间：模型空间
句柄 = 263
样式 = "Standard"
注释性：否
字体 = 仿宋_GB2312
起点 点，X= 61.4327 Y= 120.1376 Z= 0.0000
高度 20.0000
文字 渡槽结构图
旋转 角度 0
宽度 比例因子 0.7000
倾斜 角度 0
生成 普通

任务 4 使用帮助系统

知识目标

熟悉帮助系统的使用。

能力目标

通过帮助系统解决学习和绘图过程中的问题。

AutoCAD 2010 中文版提供了详细的中文在线帮助，内含用户手册、命令参考等。在学习和使用过程中若碰到各种问题，可调用系统帮助解决问题。

使用以下任何一种方法都可以激活在线帮助系统。

- 单击 AutoCAD 窗口右上角“?”按钮。
- 直接按 F1 功能键。
- 在命令行输入命令 help 或问号“?”并回车。

进入帮助系统后，首先显示帮助主界面，如图 2-30 所示。在主界面的“目录”选项卡中有详细的用户手册、命令参考等，展开后可以查找到所需的内容。

系统还提供了更为便捷地获得所需帮助的方法：先激活需要帮助的命令，再启动帮助系统。如执行直线命令时按下 F1 键，在线帮助系统被激活，并且刚好打开了解释直线命令的位置，如图 2-31 所示。

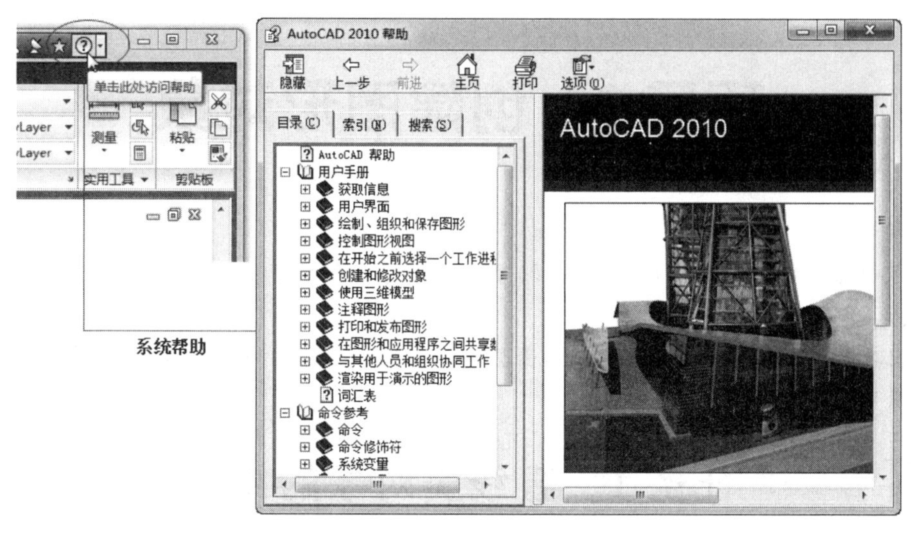

图 2-30 访问系统帮助

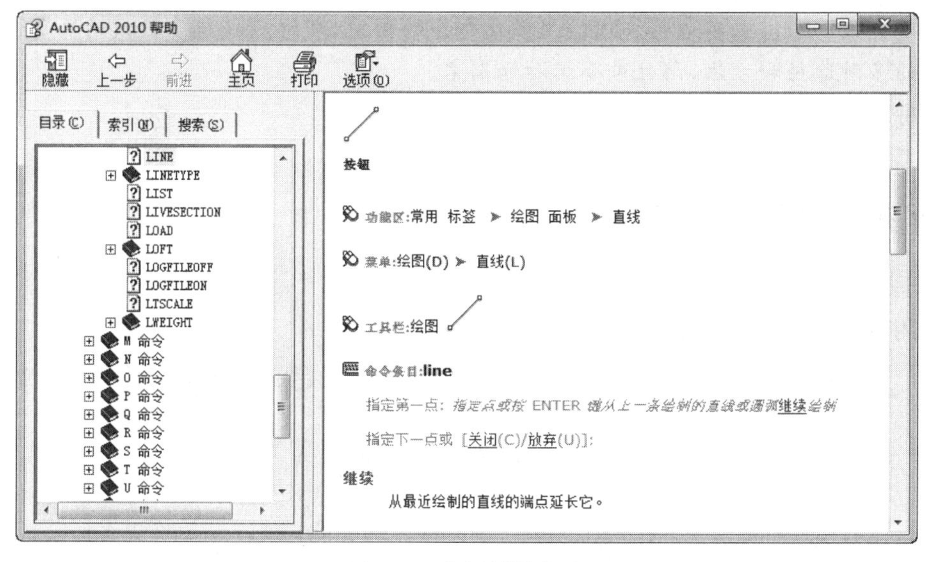

图 2-31 “直线”的帮助

思 考 题

1. 绘制直线时，直接输入距离应配合 AutoCAD 的什么功能使用更方便？
2. 极轴功能和正交功能可以同时开启吗？
3. 准确获取对象上的特征点需要 AutoCAD 的什么功能？
4. 用哪种方法能绘制过已知直线上一点并与该直线垂直的直线？
5. 对象追踪功能必须配合哪个辅助工具才起作用？
6. 使用什么按键可以在动态输入的提示框之间切换？
7. 使用动态输入必须依靠命令行吗？
8. 如何查询距离？如何查询一幅地图的面积？

项目3　创建图形对象

项目重点

学习创建二维图形的常用方法，包括绘制图形对象和图案填充。

教学目标

熟记各命令全名及别名，能根据作图需要正确选择并使用命令选项；熟练掌握常用绘图命令的操作方法。

任务1　直线类对象的绘制

知识目标

了解直线、矩形、正多边形、多段线、多线命令的功能，理解直线与多段线的区别；了解启动命令的多种途径和方法，记住命令名称和别名。

能力目标

熟练使用直线、矩形、正多边形、多段线、多线命令作图。

模块1　直线与多段线

1. 直线

调用直线命令的方法如下。

- 单击功能区的“常用”选项卡→“绘图”面板的“直线”按钮（使用默认界面，下同）。
- 单击“绘图”工具栏的“直线”按钮（使用经典界面，下同）。
- 在命令行输入命令 LINE(L)。

执行直线命令时命令行提示如下。

```
命令：line                              ;输入命令
指定第一点：                            ;指定直线起点，直接回车从上一直线的端点开始
指定下一点或[放弃(U)]：                 ;指定直线另一端点
指定下一点或[放弃(U)]：                 ;指定点，连续绘制下一直线段
指定下一点或[闭合(C)/放弃(U)]：         ;如此反复提示，回车结束命令
```

执行直线命令，依次指定一系列点，可绘制连续的直线段。要结束则按回车键或空格键。这一系列直线段中每一线段为一个对象，例如，用直线命令绘制的矩形包含4个对象。

直线命令有两个选项，它们的含义如下。

“闭合(C)”表示最后指定的一点与第一点相连，并退出命令。

“放弃(U)”表示删除最近指定的点，即删除最后绘制的线段。多次输入“U”可逐个删除线段。

用直线命令绘制有限长度的线段，用构造线(XLINE)按钮和射线(RAY)按钮绘

制无限长的直线，在绘图中常常作为辅助线使用。选择“绘图”→“构造线”命令或者“绘图”→“射线”命令，即可绘制构造线或射线。其中构造线命令还可用来绘制角平分线。

【例 3-1】 直线命令绘制图 3-1 所示的轮廓图形。

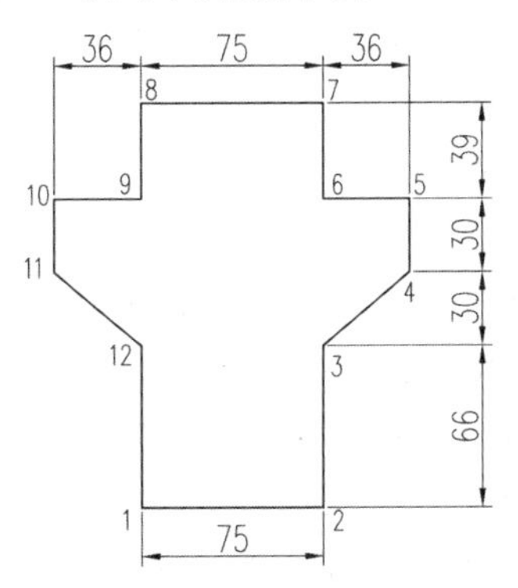

图 3-1　使用“直线”命令绘图

步骤 1： 使用默认样板 acadiso. dwt 新建图形；创建图层“轮廓线”，设线宽为 0.5 mm。

步骤 2： 以“轮廓线”为当前层，颜色、线型、线宽特性为“ByLayer”。

步骤 3： 使用“直线”命令作图，操作序列如下。

```
命令：_line 指定第一点：                                ;启动直线命令，拾取点 1
指定下一点或 [放弃(U)]：75                              ;在 0°极轴输入距离 75 追踪至点 2
指定下一点或 [放弃(U)]：66                              ;在 90°极轴输入距离 66 追踪至点 3
指定下一点或 [闭合(C)/放弃(U)]：@36,30                  ;输入相对坐标至点 4
指定下一点或 [闭合(C)/放弃(U)]：30                      ;在 90°极轴输入距离 30 追踪至点 5
指定下一点或 [闭合(C)/放弃(U)]：36                      ;在 180°极轴输入距离 36 追踪至点 6
指定下一点或 [闭合(C)/放弃(U)]：39                      ;在 90°极轴输入距离 39 追踪至点 7
指定下一点或 [闭合(C)/放弃(U)]：75                      ;在 180°极轴输入距离 75 追踪至点 8
指定下一点或 [闭合(C)/放弃(U)]：39                      ;在 270°极轴输入距离 39 追踪至点 9
指定下一点或 [闭合(C)/放弃(U)]：36                      ;在 180°极轴输入距离 36 追踪至点 10
指定下一点或 [闭合(C)/放弃(U)]：30                      ;在 270°极轴输入距离 30 追踪至点 11
指定下一点或 [闭合(C)/放弃(U)]：@36,-30                 ;输入相对坐标至点 12
指定下一点或 [闭合(C)/放弃(U)]：c                       ;闭合图形
```

2. 多段线

调用多段线命令的方法如下。

- 单击功能区“常用”选项卡→“绘图”面板的“多段线”按钮。
- 单击“绘图”工具栏的“多段线”按钮。
- 在命令行输入命令 PLINE(PL)。

执行多段线命令时命令行提示如下。

```
命令：_pline                                                          ;输入命令
指定起点：                                                            ;指定画线的起始点
当前线宽为 0.0000
指定下一点或 [圆弧(A)/半宽(H)/长度(L)/放弃(U)/宽度(W)]：              ;指定下一点
指定下一点或 [圆弧(A)/闭合(C)/半宽(H)/长度(L)/放弃(U)/宽度(W)]：      ;指定下一点
```

……　　　　　　　　　　　　　　　　　;回车结束命令

多段线命令也像直线命令一样,根据指定的一系列点绘制连续线段,但多段线的各段组成一个整体,是一个对象。多段线命令的选项比较多,以下是其初始提示各选项的含义。

“圆弧(A)”表示将画直线方式转换为画圆弧方式。

“闭合(C)”表示以直线段闭合多段线,并结束命令。

“半宽(H)”设置多段线的半宽度,只需输入宽度的一半。

“长度(L)”绘制指定长度的直线段。

“放弃(U)”将刚才绘制的一段取消。可以重复操作依次取消直至全部删除。

“宽度(W)”设置多段线的宽度。注意要根据提示指定起点宽度和端点宽度,即线段两端点的宽度。两端宽度可以相同(绘制等宽线段),也可以不同(如箭头)。

1)默认情况下绘制的多段线

在默认情况下,多段线命令依据指定的一系列点(如同 LINE 命令指定点一样),画出一系列首尾相接的直线段。按回车或按空格键结束,也可以输入命令 c 闭合图形后结束命令。图 3-2 所示的图形可以用“直线”命令绘制,也可以用多段线绘制。

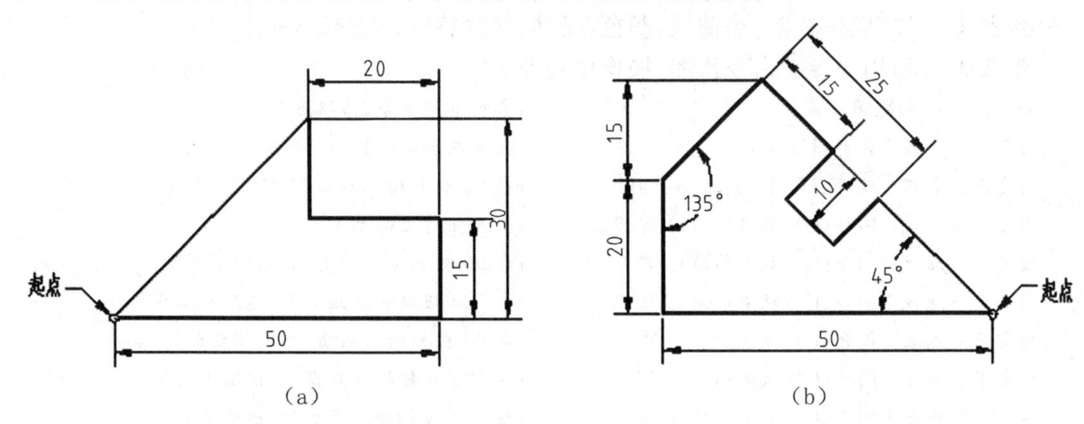

图 3-2　多段线绘制图形

2)创建具有宽度的多段线

确定起点后选择“宽度(W)”选项,AutoCAD 提示:

指定起点宽度 <0.0000>:　　　　;指定线段一端的线宽

指定端点宽度 <0.0000>:;　　　　指定线段另一端的线宽

图 3-3 所示的图形是具有宽度的多段线。以下命令行序列将绘制一个大箭头。

命令:_pline

指定起点:

当前线宽为 0.0000

指定下一点或[圆弧(A)/半宽(H)/长度(L)/放弃(U)/宽度(W)]:w

指定起点宽度 <0.0000>:10　　　　　　　　;起点宽度为 10

图 3-3　具有宽度的多段线

指定端点宽度 ＜10.0000＞：　　;回车，端点宽度也是 10

指定下一点或［圆弧(A)/半宽(H)/长度(L)/放弃(U)/宽度(W)］：20　　;绘制长度为 20 的等宽线段

指定下一点或［圆弧(A)/闭合(C)/半宽(H)/长度(L)/放弃(U)/宽度(W)］：w

指定起点宽度 ＜10.0000＞：30　　;重新设置端点宽度为 30

指定端点宽度 ＜30.0000＞：0　　;端点宽度为 0，从 30 变化为 0

指定下一点或［圆弧(A)/闭合(C)/半宽(H)/长度(L)/放弃(U)/宽度(W)］：20　　;绘制长度为 10 的箭头

指定下一点或［圆弧(A)/闭合(C)/半宽(H)/长度(L)/放弃(U)/宽度(W)］：;回车结束命令

3)创建直线和圆弧组成的多段线

指定起点后，选择“圆弧(A)”选项，AutoCAD 提示行如下。

指定下一点或［圆弧(A)/闭合(C)/半宽(H)/长度(L)/放弃(U)/宽度(W)］：a

指定圆弧的端点或

［角度(A)/圆心(CE)/闭合(CL)/方向(D)/半宽(H)/直线(L)/半径(R)/第二个点(S)/放弃(U)/宽度(W)］：

相比直线方式下的提示选项，圆弧方式的初始选项更多，以下是这些选项的含义。

“角度(A)”指定弧线段从起点开始的包含角。

“圆心(CE)”指定圆弧段的圆心。

“闭合(CL)”表示以圆弧段闭合多段线，结束命令。

“方向(D)”指定弧线段的起始方向。

“半宽(H)”设置多段线的半宽度，只需输入宽度的一半。

“直线(L)”退出 PLINE 的圆弧方式，返回直线方式。

“半径(R)”指定圆弧段的半径。

“第二个点(S)”指定三点圆弧的第二点和端点。

“放弃(U)”删除最近一次绘制的圆弧段。

“宽度(W)”指定下一弧线段的宽度。

【例 3-2】 绘制相切圆弧。

默认情况下，当前圆弧段与上一线段(直线段或圆弧段)是相切的。绘制图 3-4 所示的轮廓图形。

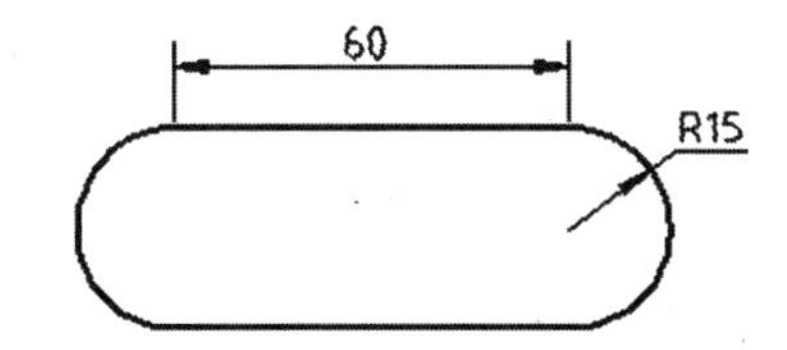

图 3-4　直线段与圆弧段组成的多段线

命令行序列如下。

命令：_pline

指定起点：

指定下一点或［圆弧(A)/半宽(H)/长度(L)/放弃(U)/宽度(W)］：60　　;先画直线段

指定下一点或［圆弧(A)/闭合(C)/半宽(H)/长度(L)/放弃(U)/宽度(W)］：a ;转入圆弧方式

指定圆弧的端点或

［角度(A)/圆心(CE)/闭合(CL)/方向(D)/半宽(H)/直线(L)/半径(R)/第二个点(S)/放弃(U)/宽度(W)］：30　　;直接距离输入指定圆弧的端点

指定圆弧的端点或

[角度(A)/圆心(CE)/闭合(CL)/方向(D)/半宽(H)/直线(L)/半径(R)/第二个点(S)/放弃(U)/宽度(W)]: l ;返回直线方式

指定下一点或[圆弧(A)/闭合(C)/半宽(H)/长度(L)/放弃(U)/宽度(W)]: 60;绘制直线

指定下一点或[圆弧(A)/闭合(C)/半宽(H)/长度(L)/放弃(U)/宽度(W)]: a ;再转入圆弧方式

指定圆弧的端点或

[角度(A)/圆心(CE)/闭合(CL)/方向(D)/半宽(H)/直线(L)/半径(R)/第二个点(S)/放弃(U)/宽度(W)]: cl ;直接以圆弧闭合

【例 3-3】 绘制指定方向的圆弧。

利用选项"方向(D)"可以绘制与上一线段不相切的圆弧。绘制图 3-5 所示的轮廓图形。命令行序列如下。

命令: _pline

指定起点: ;指定点 1,先绘制直线段 A

当前线宽为 0.0000

指定下一点或[圆弧(A)/半宽(H)/长度(L)/放弃(U)/宽度(W)]: ;指定点 2

指定下一点或[圆弧(A)/闭合(C)/半宽(H)/长度(L)/放弃(U)/宽度(W)]: a;转入圆弧方式

指定圆弧的端点或

[角度(A)/圆心(CE)/闭合(CL)/方向(D)/半宽(H)/直线(L)/半径(R)/第二个点(S)/放弃(U)/宽度(W)]: d ;选择方向选项

指定圆弧的起点切向: ;光标上移在 90°极轴时单击

指定圆弧的端点: ;捕捉直线 A 中点 3,绘制出圆弧 B

指定圆弧的端点或

[角度(A)/圆心(CE)/闭合(CL)/方向(D)/半宽(H)/直线(L)/半径(R)/第二个点(S)/放弃(U)/宽度(W)]: cl ;以圆弧闭合,结束命令

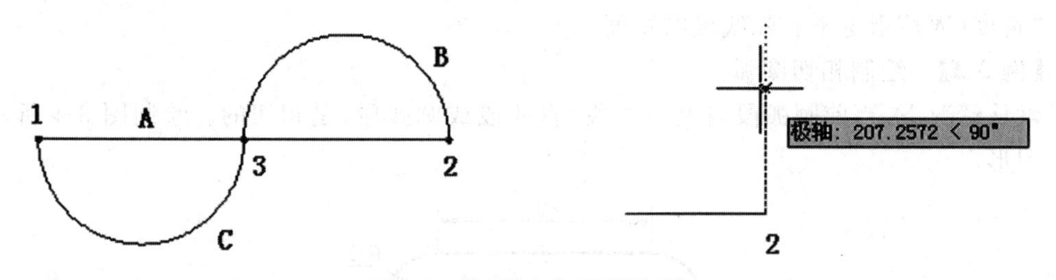

图 3-5 使用"方向(D)"选项

模块 2 矩形与多边形

1. 矩形

调用矩形命令的方法如下。

- 单击功能区"常用"选项卡→"绘图"面板的"矩形"按钮。
- 单击"绘图"工具栏的"矩形"按钮。
- 在命令行输入命令 RECTANG(REC)。

执行矩形命令的命令行提示如下。

命令：_rectang
指定第一个角点或[倒角(C)/标高(E)/圆角(F)/厚度(T)/宽度(W)]：　;指定一个角点
指定另一个角点或[面积(A)/尺寸(D)/旋转(R)]：　;指定另一个角点

矩形是最常用的几何图形，默认情况下，指定两个角点即完成矩形绘制，且矩形的边与当前X、Y轴平行。用RECTANG命令绘制的矩形是多段线，矩形为1个对象。

如果给定矩形的长度和宽度，操作时用鼠标指定第一角点，另一角点输入相对坐标"@长度，宽度"；当开启"动态输入"时，第一角点为绝对坐标，另一角点为相对坐标。可以直接在输入框输入长度，按Tab键或逗号再输入宽度，回车即完成，如图3-6所示。

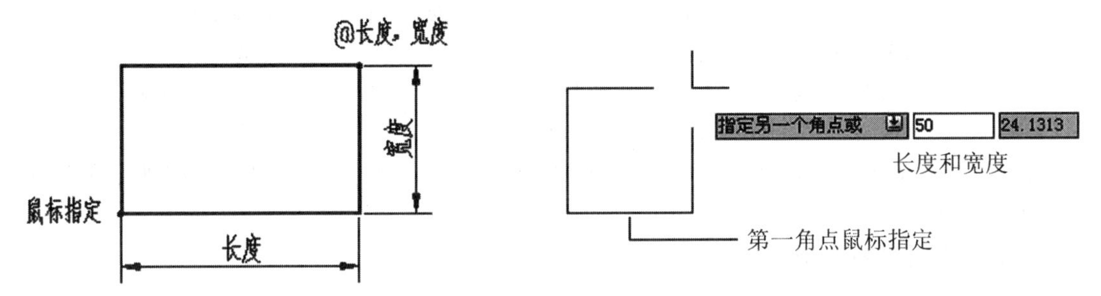

图3-6　指定矩形角点的方法

利用矩形命令的选项，还有多种绘制矩形的方式，下面介绍常用的几种。

1)绘制倒角矩形

"倒角(C)"选项用于绘制一个倒斜角的矩形，如图3-7所示。

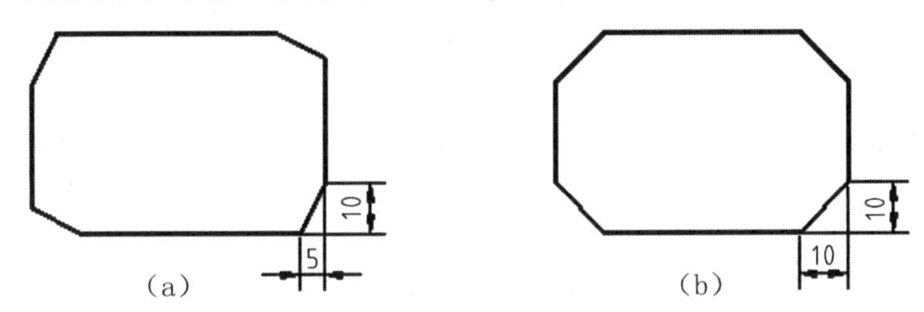

图3-7　倒角矩形

命令行序列如下。

命令：rec RECTANG
指定第一个角点或[倒角(C)/标高(E)/圆角(F)/厚度(T)/宽度(W)]：c　;选择倒角选项
指定矩形的第一个倒角距离<0.0000>：5　;指定第一个倒角距离为5
指定矩形的第二个倒角距离<5.0000>：10　;指定第二个倒角距离为10
指定第一个角点或[倒角(C)/标高(E)/圆角(F)/厚度(T)/宽度(W)]：　;指定第一点
指定另一个角点或[面积(A)/尺寸(D)/旋转(R)]：　;指定第二点

按逆时针方向确定倒角1和倒角2，图3-7(a)所示的倒角1 = 5，倒角2 = 10；图3-7(b)所示的两个倒角相等。

2)绘制圆角矩形

"圆角(F)"选项用于绘制一个倒圆角的矩形，如图3-8所示。

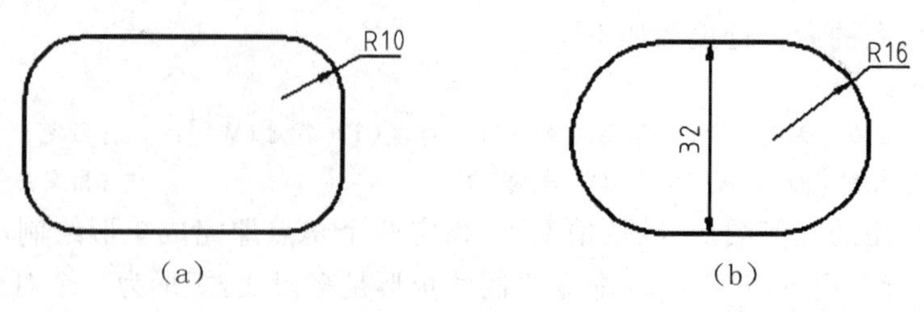

图 3-8 圆角矩形

命令行序列如下。

命令：rec RECTANG
指定第一个角点或[倒角(C)/标高(E)/圆角(F)/厚度(T)/宽度(W)]：f ;选择圆角选项
指定矩形的圆角半径 <0.0000>：10 ;指定圆角半径
指定第一个角点或[倒角(C)/标高(E)/圆角(F)/厚度(T)/宽度(W)]： ;指定第一角点
指定另一个角点或[面积(A)/尺寸(D)/旋转(R)]： ;指定第二角点

注意：矩形的短边长度小于2倍半径时，矩形不绘制圆角。例如，图 3-8(b)所示的矩形圆角半径最大为 R16。

3)根据尺寸绘制矩形

“尺寸(D)”选项用于用已知的长度和宽度绘制矩形。

命令行序列如下。

命令：rec RECTANG
指定第一个角点或[倒角(C)/标高(E)/圆角(F)/厚度(T)/宽度(W)]： ;指定第一角点
指定另一个角点或[面积(A)/尺寸(D)/旋转(R)]：d ;选择尺寸选项
指定矩形的长度 <10.0000>：50 ;输入长度
指定矩形的宽度 <10.0000>：30 ;输入宽度
指定另一个角点或[面积(A)/尺寸(D)/旋转(R)]： ;鼠标单击一点以确定
;矩形相对第一点的方位

4)绘制宽边矩形

“宽度(W)”选项用于绘制一个线宽为 5 的矩形，如图 3-9(a)所示。

命令行提示如下。

命令：_rectang
指定第一个角点或[倒角(C)/标高(E)/圆角(F)/厚度(T)/宽度(W)]：w ;选择宽度选项
指定矩形的线宽 <0.0000>：5 ;指定矩形线宽
指定第一个角点或[倒角(C)/标高(E)/圆角(F)/厚度(T)/宽度(W)]： ;指定第一角点
指定另一个角点或[面积(A)/尺寸(D)/旋转(R)]： ;指定第二角点

如图 3-9(b)所示，也可以利用“快捷特性”指定多段线的宽度，而不必使用“宽度”选项。

“标高(E)”选项用于设置所绘矩形到 XY 平面的垂直距离，“厚度(T)”选项用于设置矩形的厚度，此两项一般用于三维绘图中，在此不作讨论。

2. 正多边形

调用正多边形命令的方法如下。

- 单击功能区的“常用”选项卡→“绘图”面板的“正多边形”按钮。
- 单击“绘图”工具栏的“正多边形”按钮。

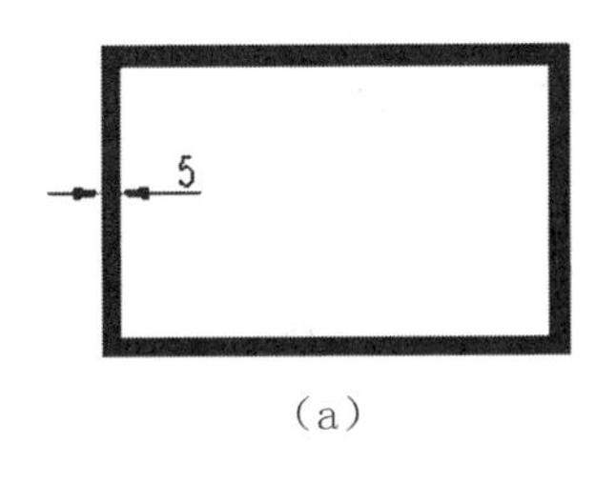

(a)

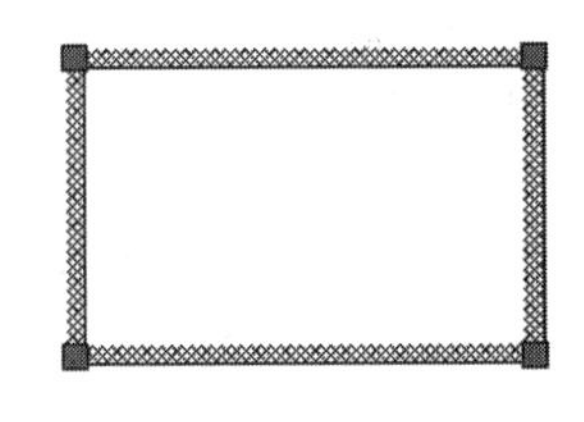

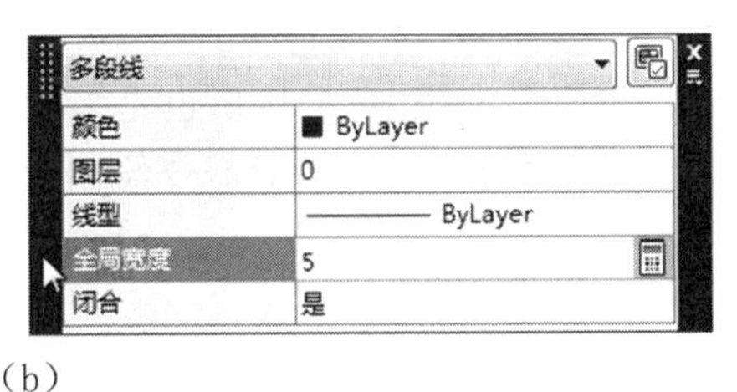

(b)

图 3-9　宽边矩形

- 在命令行输入命令 POLYGON(POL)。

执行正多边形命令时，要求先输入多边形的边数(整数 3～1024 有效)。确定边数后有两种绘制正多边形的方法。

1)指定中心点绘制正多边形

这是默认的绘制方式，例如，用以下命令行序列绘制一个正六边形。

命令：_polygon　　;输入命令
输入边的数目 <4>:6　　;用键盘输入多边形边数，默认绘制四边形
指定正多边形的中心点或[边(E)]:　　;用鼠标指定多边形的中心点
输入选项[内接于圆(I)/外切于圆(C)]<I>:　　;选择正多边形的定义方式(参考图 3-10)
指定圆的半径:35　　;指定外接圆或内切圆的半径

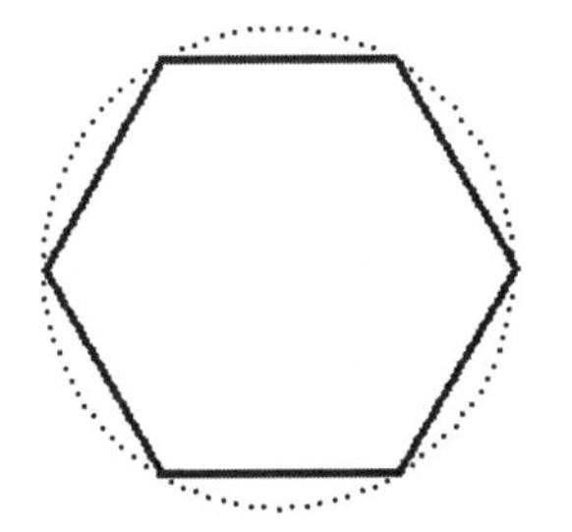

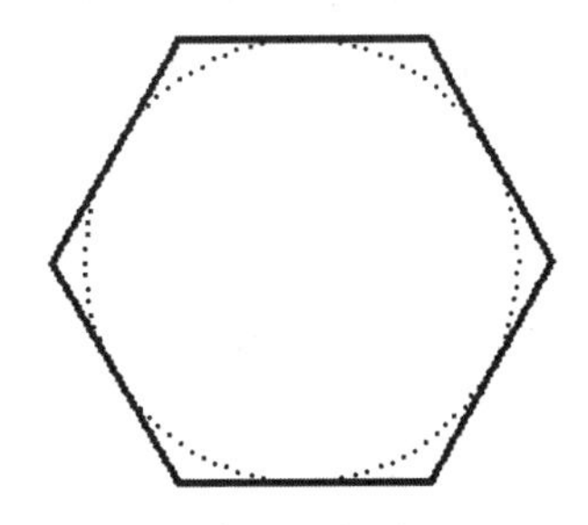

图 3-10　内接于圆(I)/ 外切于圆(C)的正六边形

2)指定边长绘制正多边形

已知多边形的边长，执行命令并输入边数后，先不要指定中心，而是选择“边(E)”选项来指定多边形的边长。例如，用以下命令行序列绘制图 3-11 所示的正五边形。

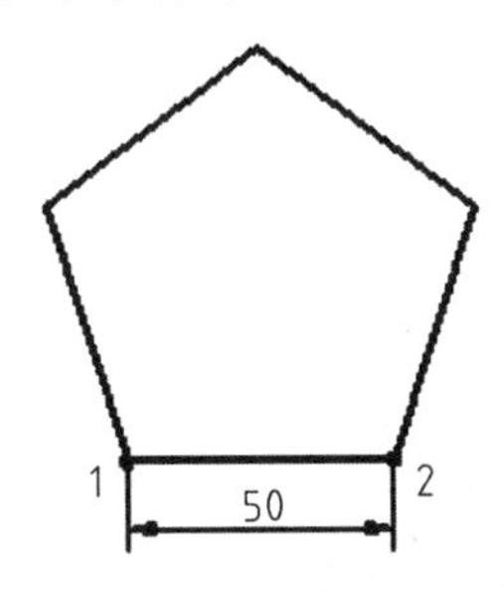

图 3-11　根据边长绘制正五边形

命令：pol
POLYGON 输入边的数目 <6>：5
指定正多边形的中心点或[边(E)]：e　　;选择“边(E)”选项
指定边的第一个端点：　　;鼠标单击边的端点 1

指定边的第二个端点：50　　　　　　　　;直接输入距离 50,确定边的端点 2

与矩形一样,正多边形也是多段线对象,同样可以通过“快捷特性”指定线宽。

【例 3-4】 用多边形命令绘制图 3-12 所示图形。

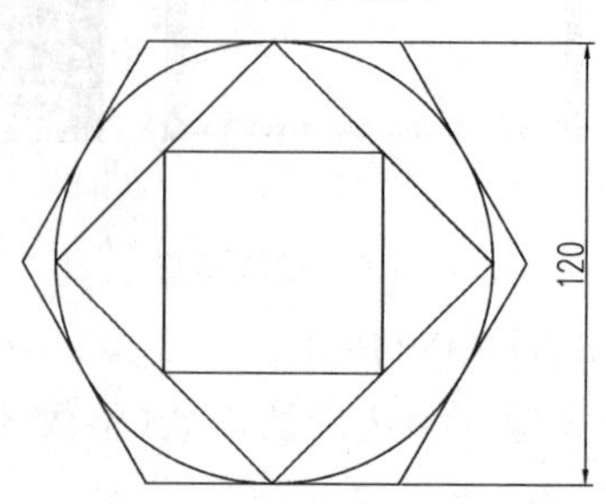

图 3-12　绘制正多边形

步骤 1: 输入 circle 命令绘制直径为 120 的圆,如图 3-13(a)所示。

步骤 2: 输入 polygon 命令绘制圆内接四边形,如图 3-13(b)所示。

步骤 3: 重复使用多边形命令绘制圆外切六边形,如图 3-13(c)所示。

步骤 4: 输入 rectang 命令,捕捉中点绘制矩形,如图 3-13(d)所示,或按步骤 5 绘制该矩形。

步骤 5: 重复使用多边形命令绘制小正方形,如图 3-13(d)所示。

命令：POLYGON 输入边的数目 <4>：　　　　;重复多边形命令绘制四边形

指定正多边形的中心点或［边(E)］：　　　　;捕捉圆心,如图 3-14(a)所示

输入选项［内接于圆(I)/外切于圆(C)］<C>：I　　;选择“内接于圆”方式

指定圆的半径：　　　　　　　　　　　　;捕捉中点确定半径，如图 3-14(b)所示

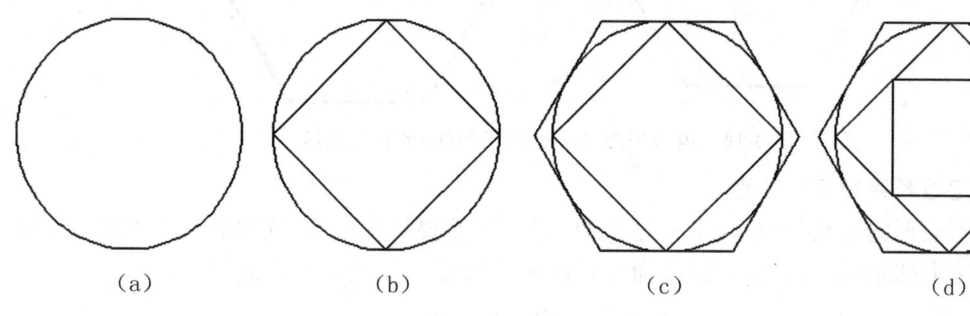

(a)　　(b)　　(c)　　(d)

图 3-13　作图步骤

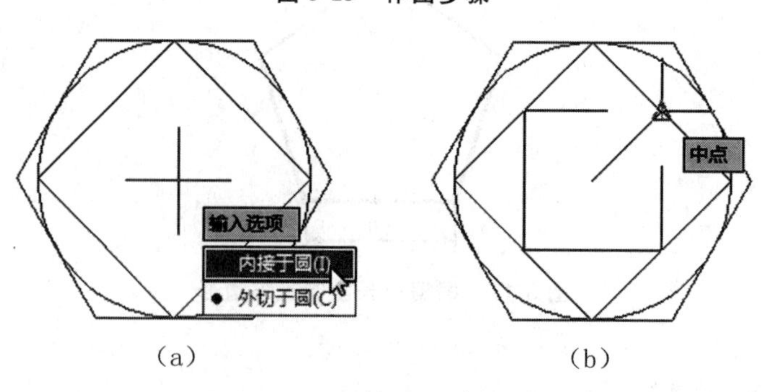

(a)　　(b)

图 3-14　多边形命令作内接四边形

模块3　多线

多线是AutoCAD提供的一种特殊的图形对象，默认绘制双线。通过多线样式可以设置成绘制多条平行线。多线在建筑工程图中有广泛的应用，主要用于绘制墙线、窗平面图、条形基础平面图。

1. 绘制多线

调用多线命令的方法如下。

- 执行“绘图”菜单→“多线”命令。
- 在命令行输入命令MLINE(ML)。

执行多线命令，命令行提示如下。

```
命令：ml MLINE
当前设置：对正 = 上，比例 = 20.00，样式 = STANDARD
指定起点或[对正(J)/比例(S)/样式(ST)]：
指定下一点：
指定下一点或[放弃(U)]：
指定下一点或[闭合(C)/放弃(U)]：                    ；如此反复，回车后结束或闭合并结束
```

默认情况下，绘制多线的操作与绘制直线的类似，依次指定一系列点，如图3-15所示的1～4点。使用MLINE命令绘制连续的双线。使用MLINE命令一次绘制的多线是1个对象。

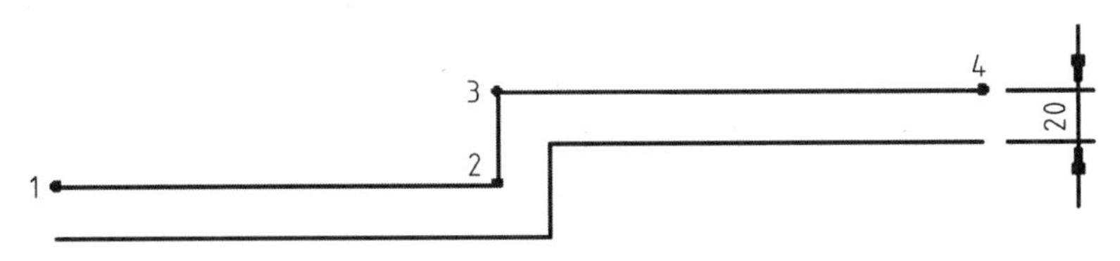

图3-15　默认方式绘制的多线

多线命令选项的含义如下。

“对正(J)”确定双线与指定点之间的位置关系。选择该选项后AutoCAD会提示：

```
输入对正类型[上(T)/无(Z)/下(B)]<上>：
```

有3种对正方式，默认是上对正。各对正方式的含义如图3-16所示。

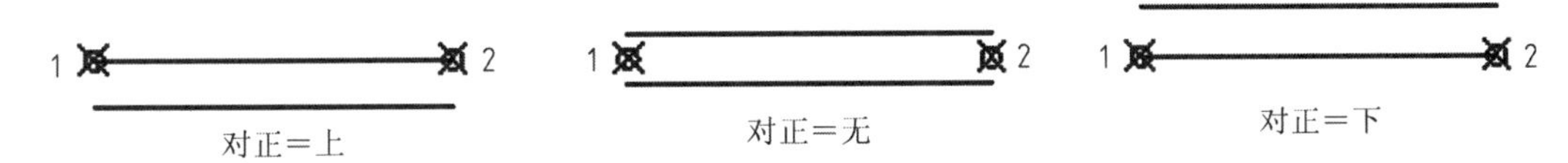

图3-16　多线的三种“对正”方式

“比例(S)”选项用于确定多线的宽度。实际宽度为多线样式设置的宽度乘以比例，默认情况下样式的宽度为1，比例为20，所以默认双线的间距为20。

“样式(ST)”选项用于指定已定义的其他样式，默认情况下只有一个名为“Standard”的样式。根据需要，用户可以自定义多线样式。

2. 创建多线样式

一条多线最多可以包含多条平行线，这些平行线称为元素。设置多线样式就是在样式

中设置元素的数量和每个元素的特性。

调用多线样式命令的方法如下。

- 执行“格式”→“多线样式”命令。
- 在命令行输入命令 MLSTYLE。

执行多线样式命令，弹出“多线样式”对话框，在这里可以设置自己需要的多线样式。

下面创建两个多线样式：wall24 和 wall37，分别用于绘制“24 墙”和“37 墙”，元素设置要求如图 3-17 所示。可参照图 3-18 进行设置。

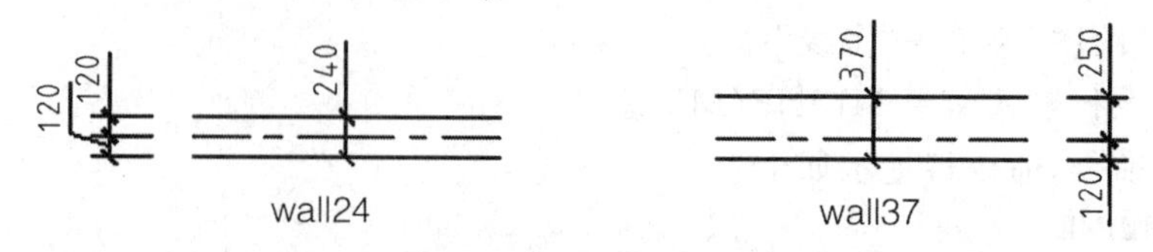

图 3-17　自定义多线

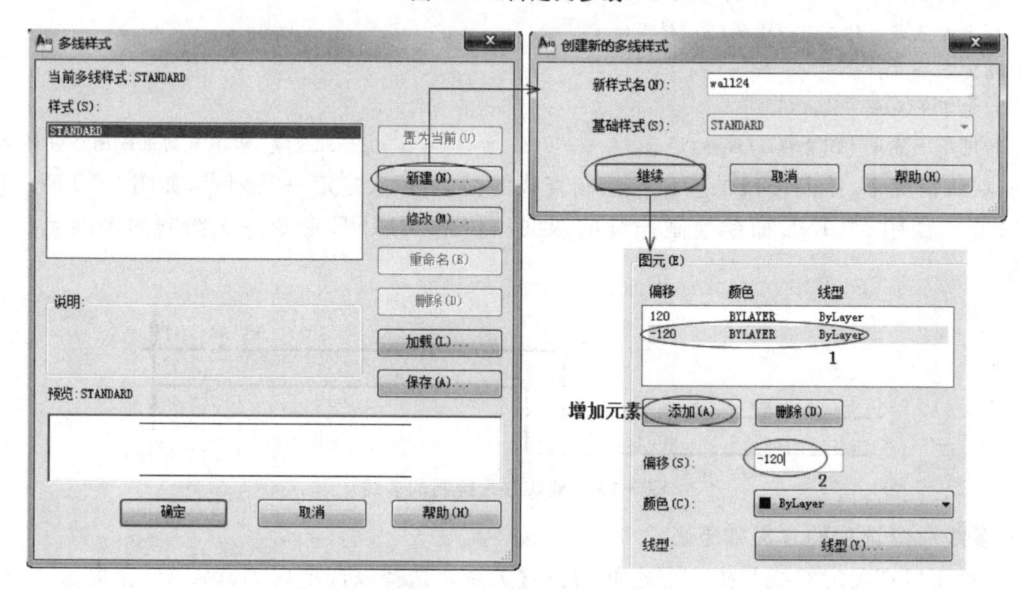

图 3-18　设置多线样式

【例 3-5】　用矩形和多线命令绘制图 3-19 所示图形。

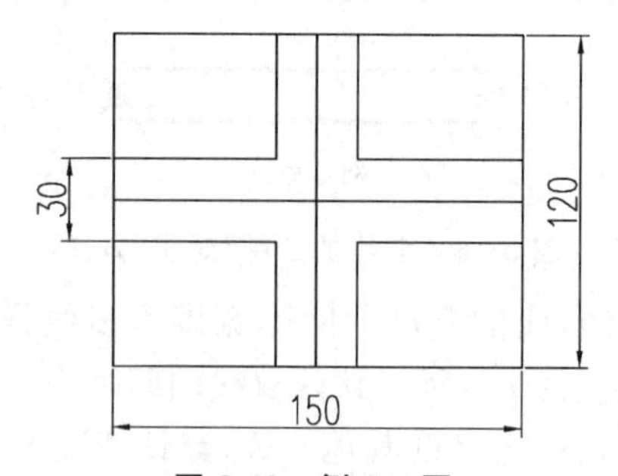

图 3-19　例 3-3 图

步骤 1：　输入 mlstyle 命令设置多线样式，按图 3-20 所示设置为三线。

步骤 2：　绘制 150×120 矩形，如图 3-21(a)所示。

步骤 3：　输入 mline 命令，捕捉中点绘制多线，如图 3-21(b)所示。

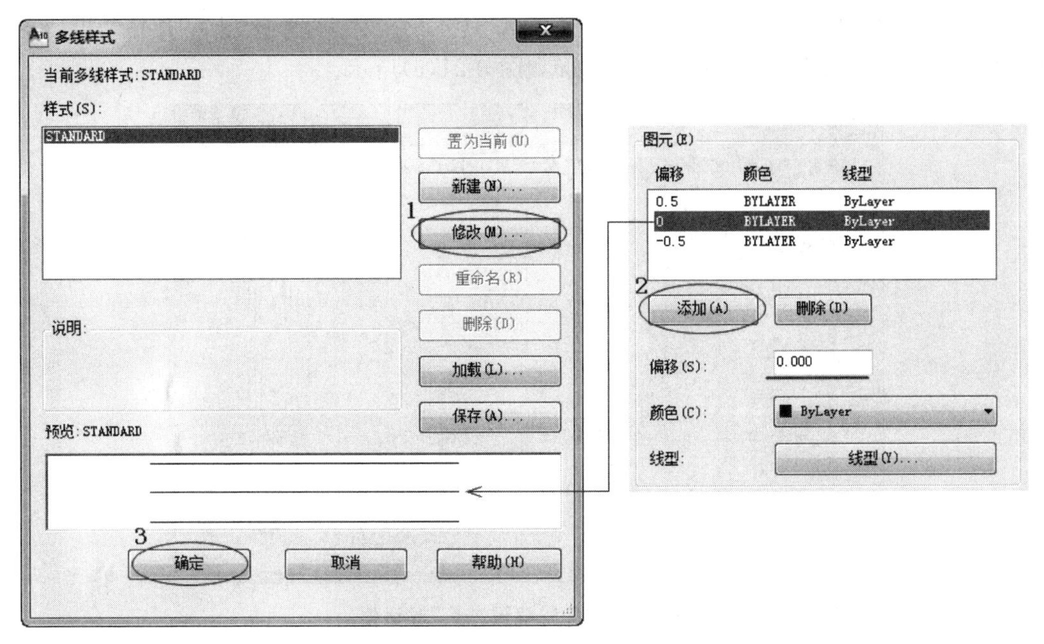

图 3-20　设置多线为三线

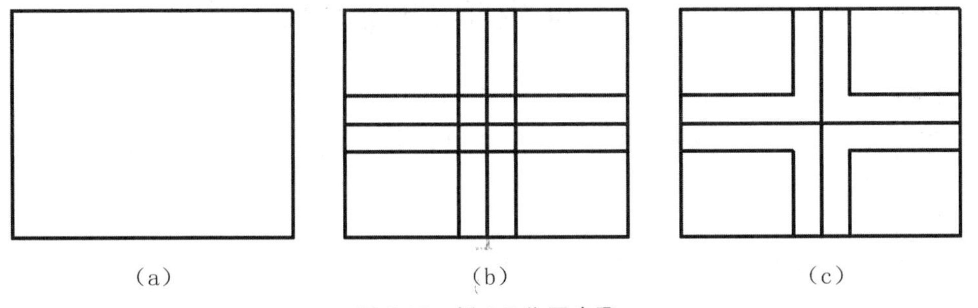

图 3-21　例 3-5 作图步骤

命令：mline
当前设置：对正 = 上，比例 = 20.00，样式 = STANDARD
指定起点或[对正(J)/比例(S)/样式(ST)]：j　　　　;设置对正类型为“无”
输入对正类型[上(T)/无(Z)/下(B)]<上>：Z
当前设置：对正 = 无，比例 = 20.00，样式 = STANDARD
指定起点或[对正(J)/比例(S)/样式(ST)]：s　　　　;设置多线比例为 30
输入多线比例<20.00>：30
当前设置：对正 = 无，比例 = 30.00，样式 = STANDARD
指定起点或[对正(J)/比例(S)/样式(ST)]：　　　　;捕捉中点绘制水平多线
指定下一点：
指定下一点或[放弃(U)]：
命令：MLINE　　　　;重复命令
当前设置：对正 = 无，比例 = 30.00，样式 = STANDARD
指定起点或[对正(J)/比例(S)/样式(ST)]：　　　　;绘制垂直多线
指定下一点：
指定下一点或[放弃(U)]：

步骤 4： 编辑多线。双击多线，弹出图 3-22 所示的对话框，选择“十字合并”，再依次选择水平多线和垂直多线，编辑完成后的图形如图 3-21(c)所示。

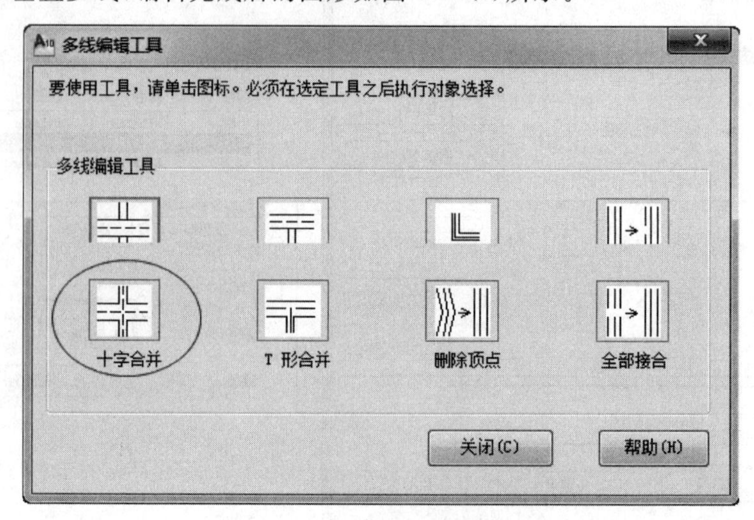

图 3-22 “多线编辑工具”对话框

任务 2 曲线类对象的绘制

知识目标

了解圆、圆弧、椭圆、椭圆弧、样条曲线命令的功能；了解启动命令的多种途径和方法，记住命令名称和别名。

能力目标

熟练使用圆、圆弧、椭圆、椭圆弧、样条曲线命令作图。

模块 1 圆与圆弧、圆环

1. 圆

调用圆命令的方法如下。

- 在功能区的“常用”选项卡→“绘图”面板，选择一种画圆方式。
- 单击“绘图”工具栏的“圆”按钮。
- 在命令行输入命令 CIRCLE(C)。

有 6 种画圆的方法，如图 3-23 所示。根据具体条件选择绘制圆的方式，介绍如下。

1)以“圆心、半径”方式绘制圆

这是默认的绘制圆的方式，也是最常用的方式，命令行提示序列如下。

```
命令：_circle                                              ；输入命令
指定圆的圆心或［三点(3P)/两点(2P)/相切、相切、半径(T)］：    ；指定圆的圆心
指定圆的半径或［直径(D)］：                                 ；指定圆的半径，命令结束
```

2)以“圆心、直径”方式绘制圆

与“圆心、半径”方式不同的是，在“指定圆的半径或［直径(D)］：”提示下先输入字母 d 回车，再指定直径。命令行提示序列如下。

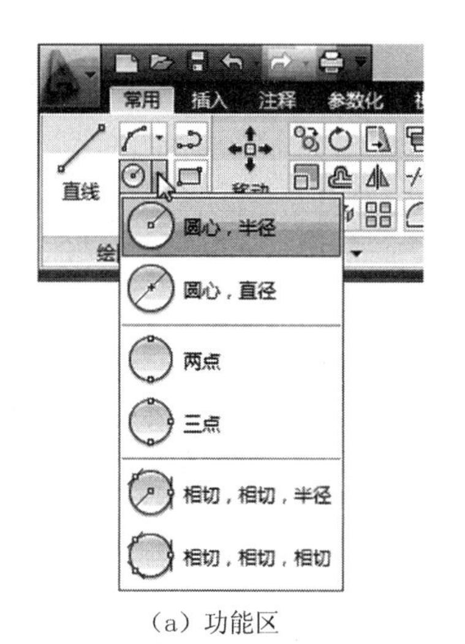

(a) 功能区

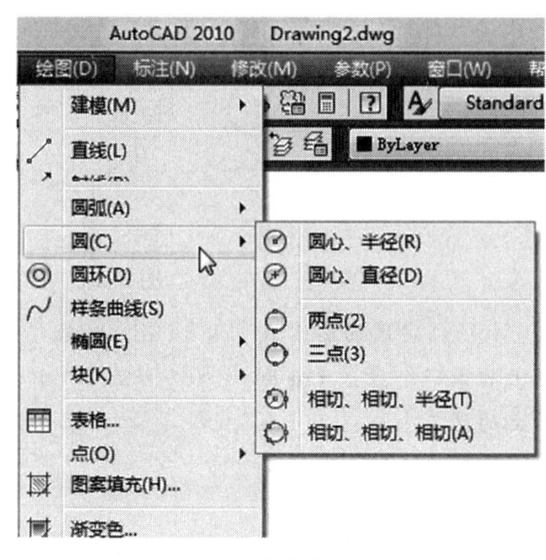

(b) 菜单栏

图 3-23 各种画圆方式

CIRCLE 指定圆的圆心或 [三点(3P)/两点(2P)/相切、相切、半径(T)]： ;指定圆心
指定圆的半径或 [直径(D)] ＜124.9118＞：d ;选择直径选项
指定圆的直径 ＜249.8235＞： ;输入直径值

3)以“三点”方式绘制圆

依次指定圆周上的三点，命令行提示序列如下。

命令：_circle 指定圆的圆心或 [三点(3P)/两点(2P)/相切、相切、半径(T)]：3p
;输入 3p 选择三点(3P)选项
指定圆上的第一个点： ;指定第一点
指定圆上的第二个点： ;指定第二点
指定圆上的第三个点： ;指定第三点，命令结束

4)以“两点”方式绘制圆

输入 2P 选项，再指定圆直径的两个端点，命令行提示序列如下。

CIRCLE 指定圆的圆心或 [三点(3P)/两点(2P)/相切、相切、半径(T)]：2p
指定圆直径的第一个端点：
指定圆直径的第二个端点：

5)以“相切、相切、半径”方式绘制圆

这种方式用于绘制两个对象的公切圆。

如图 3-24(a)所示，绘制两个已知圆的公切圆。

命令行提示序列如下。

命令：c CIRCLE 指定圆的圆心或 [三点(3P)/两点(2P)/相切、相切、半径(T)]：t
;输入 t 选择“相切、相切、半径(T)”选项
指定对象与圆的第一个切点： ;指定第一个切点，如在点 1 附近单击圆周
指定对象与圆的第二个切点： ;指定第二个切点，如在点 2 附近单击圆周
指定圆的半径 ＜90.0000＞： ;输入欲画圆的半径

6)以“相切、相切、相切”方式绘制圆

这也是一种公切圆，与 3 个对象相切，半径由作图确定。例如，图 3-24(b)所示为绘制正三边形的内切圆，命令行提示序列如下。

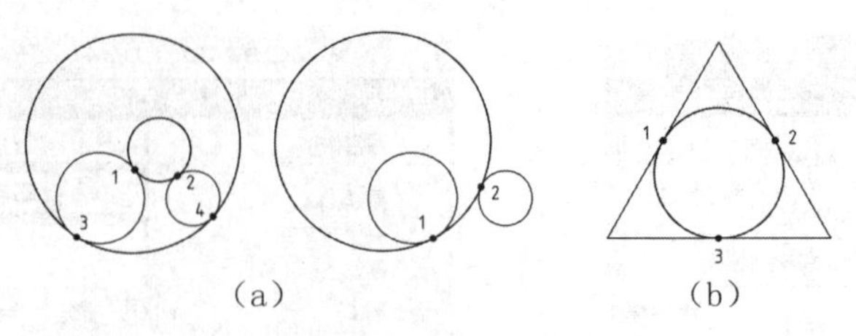

(a)　　(b)

图 3-24　绘制公切圆

命令：_circle 指定圆的圆心或[三点(3P)/两点(2P)/相切、相切、半径(T)]：_3p
指定圆上的第一个点：_tan 到　　;在点 1 附近单击
指定圆上的第二个点：_tan 到　　;在点 2 附近单击
指定圆上的第三个点：_tan 到　　;在点 3 附近单击

2. 圆弧

调用圆弧命令的方法如下。

- 在功能区的“常用”选项卡→“绘图”面板，选择一种绘制圆弧方式。
- 单击“绘图”工具栏“圆弧”按钮。
- 在命令行输入命令 ARC(A)。

从菜单可以看到，绘制圆弧有 11 种方法，如图 3-25 所示。下面介绍主要的几种方法，如图 3-26 所示。

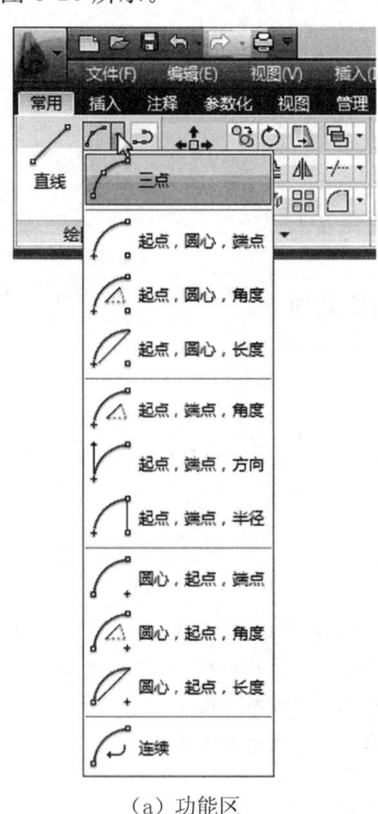

(a) 功能区

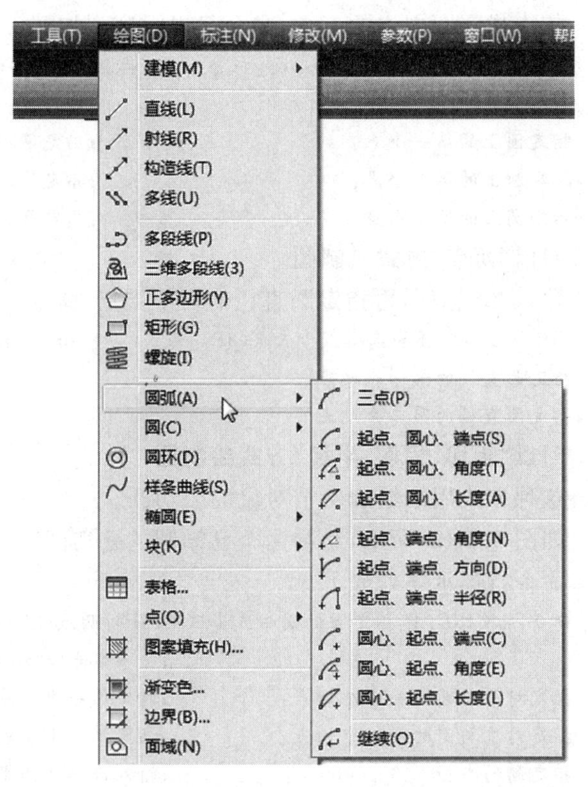

(b) 菜单栏

图 3-25　各种绘制圆弧的方法

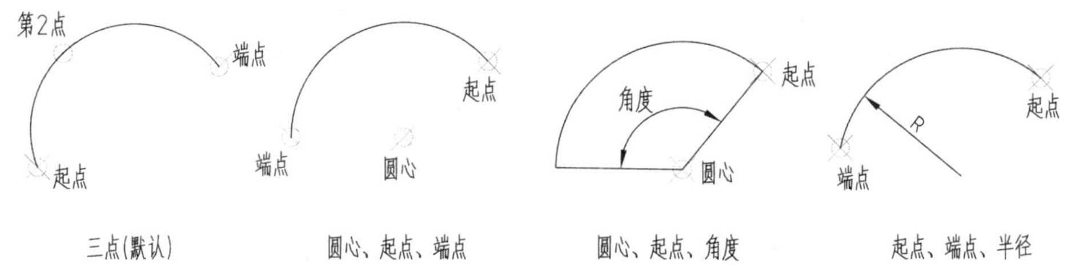

图 3-26　几种常用绘制圆弧的方式

1)以“三点”方式绘制圆弧

这是默认的绘制圆弧的方式,AutoCAD 依据指定的 3 个点画出圆弧,命令行提示序列如下。

```
命令:a
ARC 指定圆弧的起点或[圆心(C)]:                  ;指定起点
指定圆弧的第二个点或[圆心(C)/端点(E)]:          ;指定第 2 点
指定圆弧的端点:                                 ;指定端点(第 3 点)
```

2)以“圆心、起点、端点”方式绘制圆弧

这种方式类似手工用圆规作图,先确定圆心,之后从起点开始画圆弧至端点。与手工方式不同的是,AutoCAD 从起点逆时针绘制圆弧至端点。如果已知圆心、起点和端点,就可以用这种方式作图,如图 3-27 所示的门符号中的圆弧,命令行提示序列如下。

```
命令:_arc 指定圆弧的起点或[圆心(C)]:c          ;选择圆心选项
指定圆弧的圆心:                                 ;指定圆心
指定圆弧的起点:                                 ;指定起点
指定圆弧的端点或[角度(A)/弦长(L)]:              ;指定端点
```

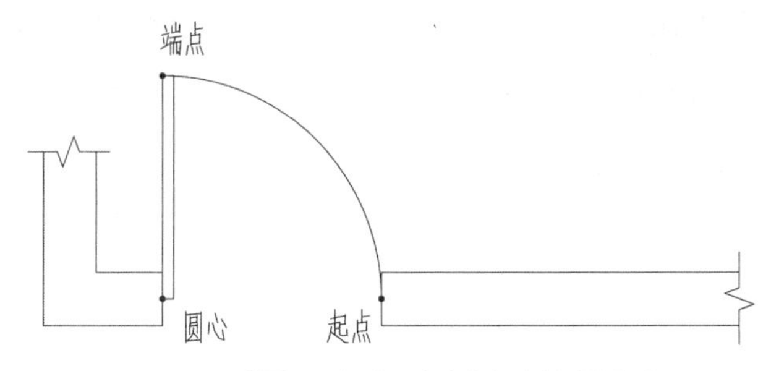

图 3-27　“圆心、起点、端点”方式绘制圆弧

3)以“圆心、起点、角度”方式绘制圆弧

如果已知圆心、起点和圆弧的包含角,则可以用这种方式画圆弧,如图 3-28 所示的门符号中的圆弧,命令行提示序列如下。

```
命令:a
ARC 指定圆弧的起点或[圆心(C)]:c                ;选择圆心选项
指定圆弧的圆心:                                ;指定圆心
指定圆弧的起点:                                ;指定起点
指定圆弧的端点或[角度(A)/弦长(L)]:a            ;选择角度选项
指定包含角:45                                  ;指定角度
```

4)以“起点、端点、半径”方式绘制圆弧

如果已知圆弧的两个端点和半径,则可以用这种方式画圆弧,命令行提示序列如下。

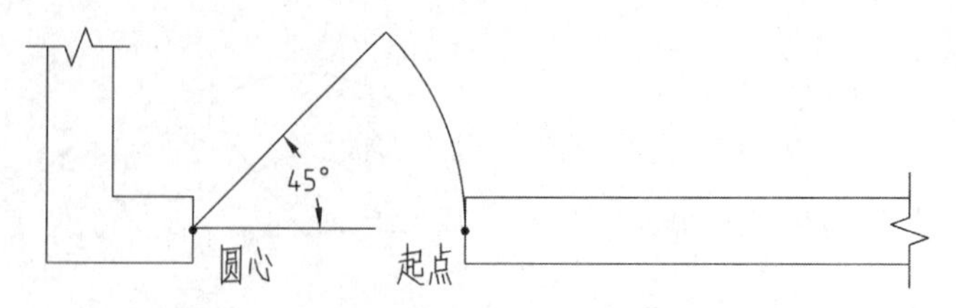

图 3-28 “圆心、起点、角度”方式绘制圆弧

```
命令：a
ARC 指定圆弧的起点或［圆心(C)］：                          ；指定起点
指定圆弧的第二个点或［圆心(C)/端点(E)］：e                 ；选择端点选项
指定圆弧的端点：                                          ；指定端点
指定圆弧的圆心或［角度(A)/方向(D)/半径(R)］：80           ；指定半径
```

3. 圆环

调用圆环命令的方法如下。

- 单击功能区的“常用”选项卡→“绘图”面板的“圆环”按钮。
- 在命令行输入命令 DONUT(DO)

命令行提示序列如下。

```
命令：_donut
指定圆环的内径 <0.5000>：        ；指定圆环的内径
指定圆环的外径 <1.0000>：        ；指定圆环的外径，内外直径定义如图 3-29 所示
指定圆环的中心点或 <退出>：      ；指定圆环的中心位置，可以连续绘制圆环，回车即结束操作
```

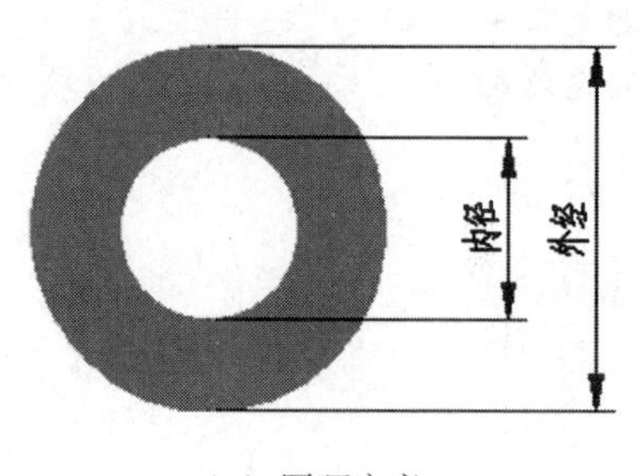

(a) 圆环定义

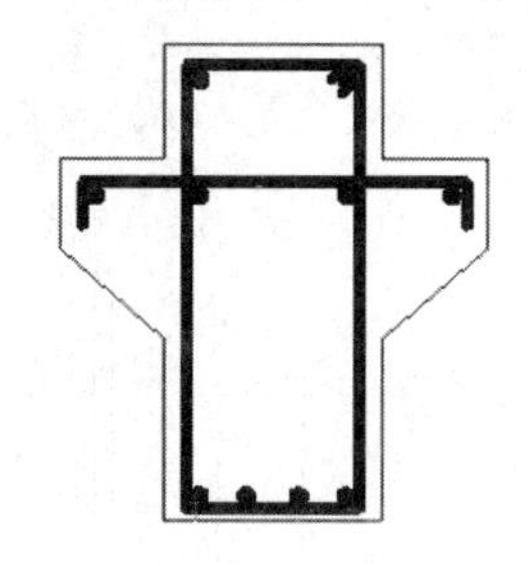

(b) 圆环应用

图 3-29 圆环

特殊地，当内径为 0 时，可以绘制实心圆，用来表示钢筋断面图的小圆点，如图 3-29(b)所示。

模块 2 椭圆与椭圆弧

1. 椭圆

调用椭圆命令的方法如下。

- 在功能区的“常用”选项卡→“绘图”面板，选择一种绘制椭圆方式。
- 单击“绘图”工具栏的“椭圆”按钮。
- 在命令行输入命令 ELLIPSE(EL)。

有两种绘制椭圆的方法，介绍如下。

1)指定“中心、端点、半轴长”方式绘制椭圆

如图3-30(a)所示,先确定椭圆的中心,再指定椭圆轴的一个端点,最后指定另一半轴长,命令行提示序列如下。

命令:_ellipse

指定椭圆的轴端点或[圆弧(A)/中心点(C)]:_c

指定椭圆的中心点: ;指定中心点1

指定轴的端点: ;指定轴端点2

指定另一条半轴长度或[旋转(R)]: ;指定另一条半轴长

2)指定“端点、半轴长”方式绘制椭圆

如图3-30(b)所示,先指定椭圆一条轴的两个端点,再指定另一轴的半轴长,命令行提示序列如下。

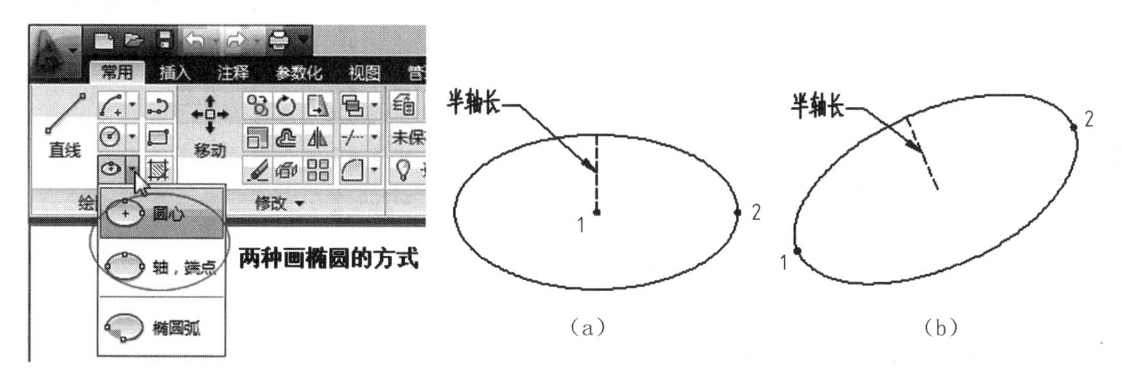

图3-30 两种椭圆画法

命令:_ellipse

指定椭圆的轴端点或[圆弧(A)/中心点(C)]: ;指定端点1

指定轴的另一个端点: ;指定端点2

指定另一条半轴长度或[旋转(R)]: ;指定另一轴长度的一半

2. 椭圆弧

椭圆弧是椭圆的一部分,利用选项“圆弧(A)”即可绘制椭圆弧。单击按钮即指定执行“圆弧(A)”选项。绘制椭圆弧与绘制完整椭圆的操作一样,只是最后要确定起始角度和终止角度,命令行提示序列如下。

指定起始角度或[参数(P)]:

指定终止角度或[参数(P)/包含角度(I)]:“圆弧(A)”

椭圆弧按逆时针方向绘制,由此确定起始角度和终止角度。

模块3 样条曲线

调用样条曲线命令的方法如下。

- 单击功能区的“常用”选项卡→“绘图”面板的“样条曲线”按钮。
- 单击“绘图”工具栏的“样条曲线”按钮。
- 在命令行输入命令SPLINE(SPL)。

指定一系列点,AutoCAD沿这些点生成光滑曲线。这是一种称为非均匀关系基本样条(Non-Uniform Rational Basis Splines,NURBS)曲线,这种曲线会在控制点之间产生一条光滑的曲线,并保证其偏差很小,如图 3-31 所示。

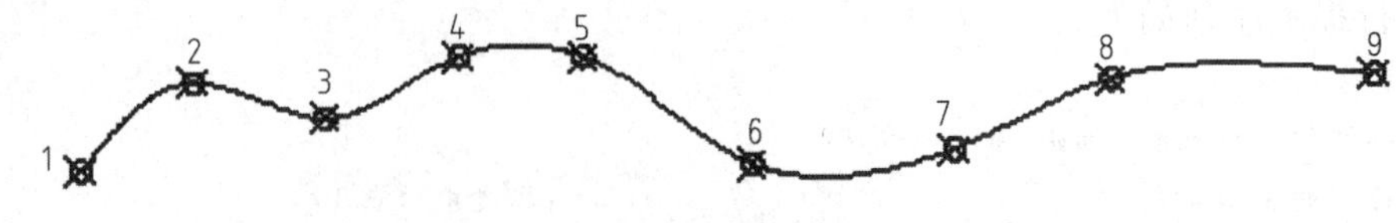

图 3-31　样条曲线

执行命令,命令行提示序列如下。

命令:_spline
指定第一个点或[对象(O)]:　　;指定第 1 点
指定下一点:　　;指定第 2 点
指定下一点或[闭合(C)/拟合公差(F)]＜起点切向＞:　　;指定第 3 点
……　　;如此反复
指定下一点或[闭合(C)/拟合公差(F)]＜起点切向＞:　　;回车结束点的输入
指定起点切向:　　;指定起点切线方向,回车取默认方向
指定端点切向:　　;指定端点切线方向,回车取默认方向

“闭合(C)”选项使最后一点与起点重合,构成闭合的样条曲线。

“拟合公差(F)”选项可以修改当前样条曲线的拟合公差,默认的拟合公差为 0。拟合公差表示样条曲线与控制点的拟合精度,公差为 0 时样条曲线通过拟合点。

起点、端点的切向控制样条曲线起点、端点的走向。

多段线可以拟合成样条曲线,而 SPLINE 命令的“对象(O)”选项可以将这种拟合的多段线转换为样条曲线。

任务 3　点 与 等 分

知识目标

了解点样式及其设置方法;了解等分的概念及等分命令的功能;了解启动命令的多种途径和方法;记住命令名称和别名。

能力目标

熟练掌握两种等分方法。

模块 1　点与点样式

1. 绘制点

调用点命令的方法如下。

- 单击功能区的“常用”选项卡→“绘图”面板的“多点”按钮。
- 单击“绘图”工具栏的“点”按钮。
- 在命令行输入命令 POINT(PO)。

执行点命令,提示行显示如下。

命令:_point
当前点模式:　PDMODE=0　PDSIZE=0.0000
指定点:　　;鼠标在绘图区域单击,可连续单击,按 ESC 退出

2. 点样式

默认方式下绘制的点只是一个“像素点”，是几乎看不见的点。通过“点样式”可以设置点的形状和大小。调用点样式的方法如下。

- 单击功能区的“常用”选项卡“实用工具”面板的“点样式”按钮。
- 在命令行输入命令 DDPTYPE。

执行“点样式”命令，弹出“点样式”对话框，如图 3-32 所示。

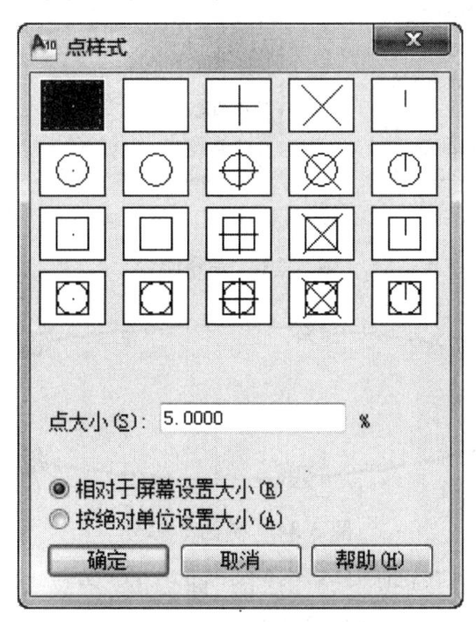

图 3-32 “点样式”对话框

在“点样式”对话框中可以设置点的样式和大小。有多种点样式可以选择，但是当前只有一种样式有效。“点大小”输入框可以指定点相对屏幕的百分数或绝对大小。

设置节点捕捉模式后，可以捕捉到点。

模块 2 等分

有两种等分方式：定数等分和定距等分，如图 3-33 所示。

1. 定数等分

调用定数等分命令的方法如下。

- 单击功能区的“常用”选项卡→“绘图”面板的“多点”按钮，选择“定数等分”。
- 执行“绘图”→“点”→“定数等分”命令。
- 在命令行输入命令 DIVIDE(DIV)。

执行命令，提示行提示序列如下。

```
命令：div DIVIDE
选择要定数等分的对象：              ;选择要等分的对象，如图 3-34 所示椭圆
输入线段数目或[块(B)]：5            ;输入等分段数，如 5 等分椭圆
```

定数等分是指在等分对象上按指定数目等间距地创建点对象或插入块，被等分对象仍为一个整体。如上例椭圆 5 等分后还是 1 个对象，并没有等分成 5 段。

2. 定距等分

调用定距等分命令的方法如下。

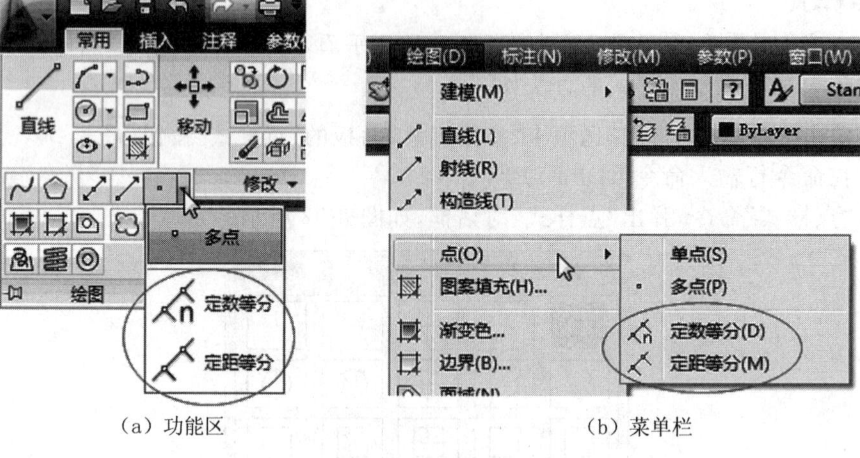

(a) 功能区　　　　(b) 菜单栏

图 3-33　等分命令

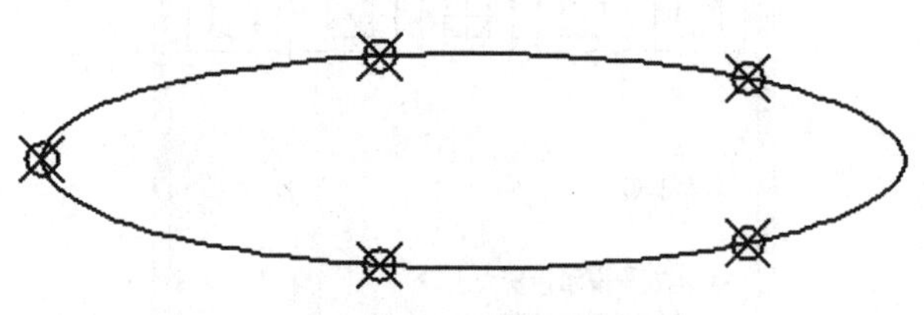

图 3-34　椭圆 5 等分

- 单击功能区的"常用"选项卡→ "绘图"面板的"多点"按钮，选择 "定距等分"。
- 执行"绘图"→"点"→"定距等分"命令。
- 在命令行输入命令 MEASURE(ME)。

执行命令，提示行提示序列如下。

命令：me MEASURE

选择要定距等分的对象：　　　　;选择要等分的对象，如图 3-35 所示的样条曲线

指定线段长度或［块(B)］：　　　;指定等分段长度

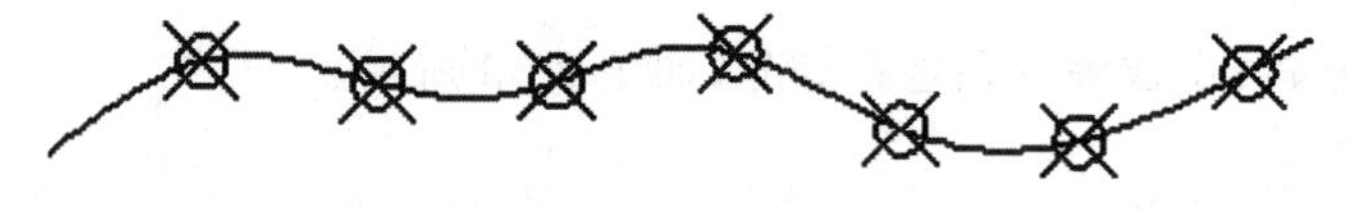

图 3-35　定距等分

定距等分是指在等分对象上用指定长度从一端开始测量，按此长度等间距地创建点对象或插入块，直到不足一个长度为止。

【例 3-6】 绘制如图 3-36 所示的图形，椭圆长轴为 200、短轴为 120；三角形的三个顶点分别为椭圆象限点、左下四分之一椭圆弧中点及右下四分之一椭圆弧中点；圆是三角形内切圆。

步骤 1： 绘制 200×120 椭圆，如图 3-37(a)所示。

步骤 2： 修改点样式后将椭圆 8 等分，如图 3-37(b)所示。

步骤 3： 捕捉节点绘制椭圆内接三角形，如图 3-37(c)所示。

步骤 4： 使用"切点、切点、切点"绘制三角形内切圆，删除点，完成图形。

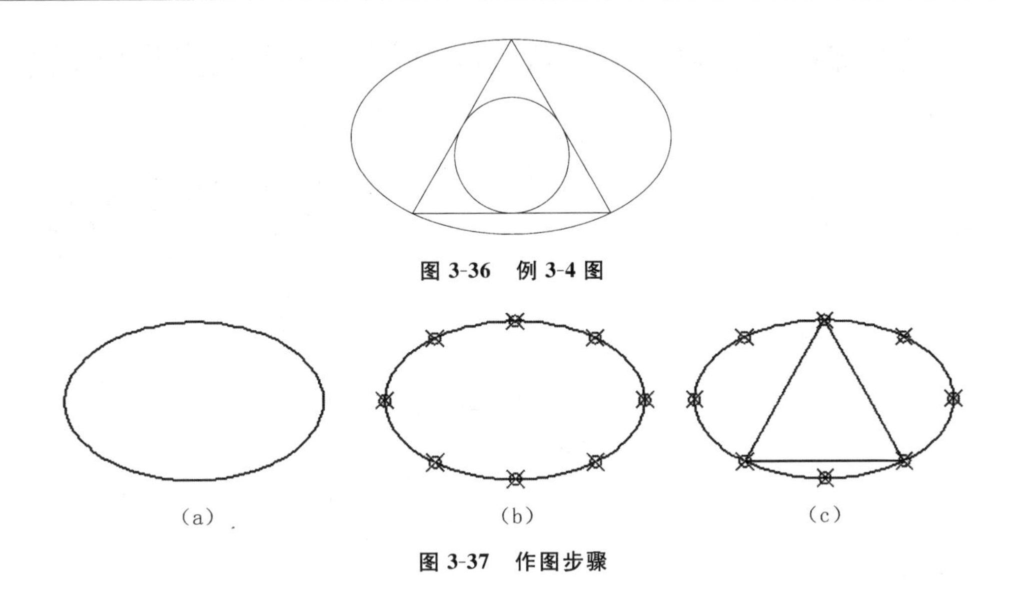

图 3-36　例 3-4 图

(a)　(b)　(c)

图 3-37　作图步骤

任务4　图案填充

知识目标

了解图案填充命令的功能；了解启动命令的多种途径和方法；记住命令名称和别名。

能力目标

熟练使用填充命令创建混凝土、钢筋混凝土材料符号以及其他规则图案对象。

图形中的规则图案以及剖视、剖面上的材料符号，在 AutoCAD 中利用"图案填充"命令来完成。

调用"图案填充"命令的方法如下。

- 单击功能区的"常用"选项卡"绘图"面板的"图案填充"按钮。
- 单击"绘图"工具栏的"图案填充"按钮。
- 在命令行输入命令 BHATH(H)。

执行"图案填充"命令，弹出"图案填充和渐变色"对话框，其中包含"图案填充"和"渐变色"两个选项卡，单击右下角图标可以展开更多的选项，如图 3-38 所示。

1. 图案填充

图案填充最关键的是选择需要的填充图案、定义填充的区域和设定合适的图案比例。

1)选择填充图案

在"图案填充"选项卡下的"类型和图案"选项区域，单击"图案"名称后面的按钮，弹出图 3-39 所示的"填充图案选项板"对话框，从中选择需要的图案。有 4 个选项卡供选择。

"ANSI"选项卡：美国国家标准化组织建议使用的填充图案；

"ISO"选项卡：国际标准化组织建议使用的填充图案；

"其他预定义"选项卡：AutoCAD 提供的填充图案；

"自定义"选项卡：用户自己定制的填充图案。

"其他预定义"和"ANSI"是常用的两个选项卡。

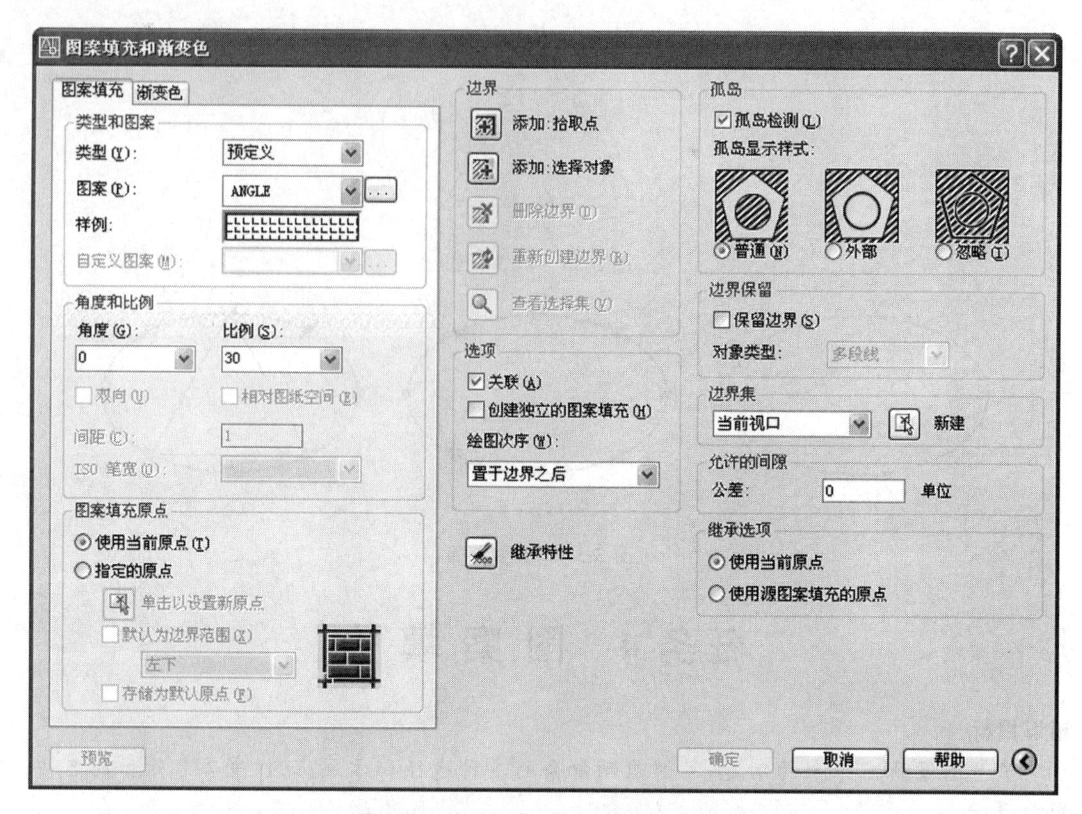

图 3-38 “图案填充和渐变色”对话框

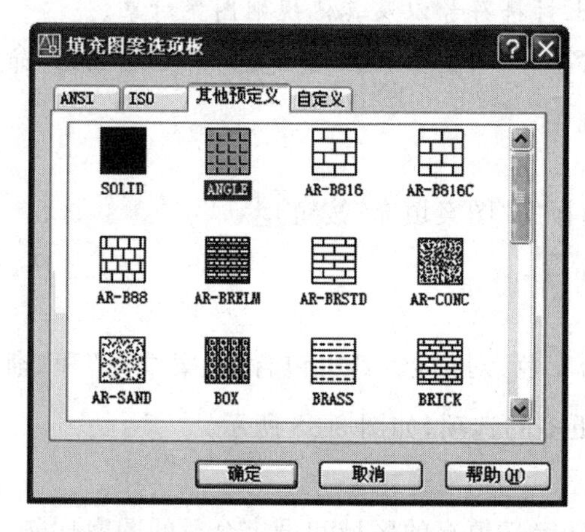

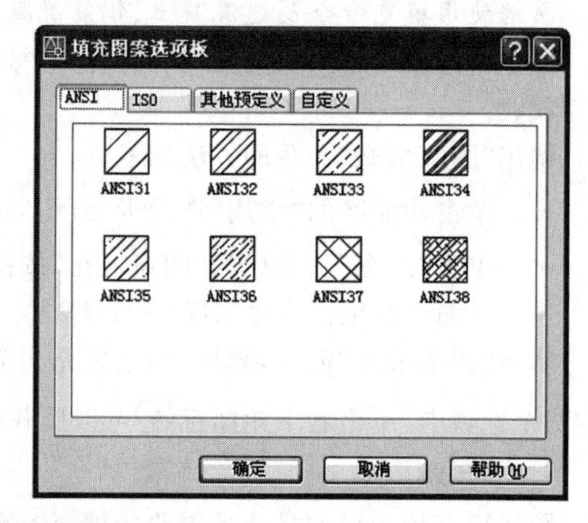

图 3-39 “填充图案选项板”对话框

选择到需要的图案后，单击“确定”按钮，返回“图案填充和渐变色”对话框，这时在“类型和图案”区可看到所选图案的名称及样例。

2)定义填充区域

在“边界”区域有 2 个按钮，可根据不同情况进行选择。

“添加:选择对象”按钮通过选择边界对象来定义填充区域。当填充区域由一个或几个简单对象组成时，可以用此方法。

“添加:拾取点”按钮用于指定区域内一点，AutoCAD 在现有的对象中检测距该点最近的边界，构成一个闭合区域。这是一种简便的操作方法，尤其是在边界较复杂的时候。

当拾取的区域内又包含小区域(称为“孤岛”)时，AutoCAD 有 3 种处理方式，见展开部分的“孤岛”区域。

- 普通填充方式：从外部边界向内填充，如果遇到一个内部区域，它将停止进行图案填充，直至遇到该区域内的另一个区域。
- 外部填充方式：从外部边界向内填充，如果遇到内部区域，则停止图案填充。
- 忽略方式：忽略所有内部的对象，填充图案时将通过这些对象。

普通填充方式与外部填充方式比较如图 3-40 所示，图(a)所示的为普通填充方式，图(b)所示的为外部填充方式，显然这里应该选择外部填充方式。

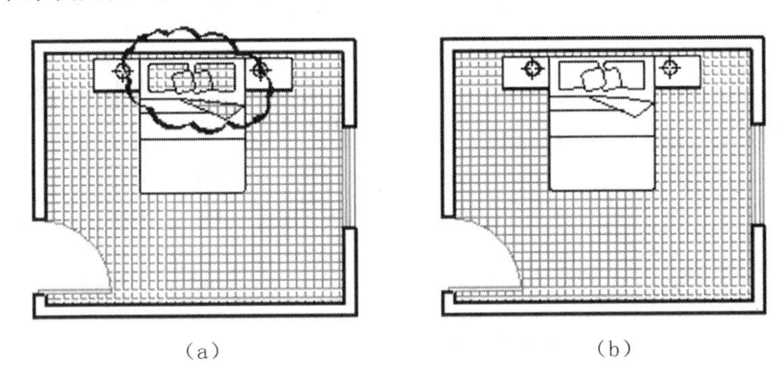

图 3-40　普通与外部填充方式

3)设定合适的比例

在“角度和比例”区有“角度”和“比例”两个列表框，角度多采用默认值，比例用于放大或缩小图案，当图案过密时，选择较大的比例值；反之取小值。

【例 3-7】 绘制如图 3-41 所示的钢筋混凝土底板剖面并填充材料符号。

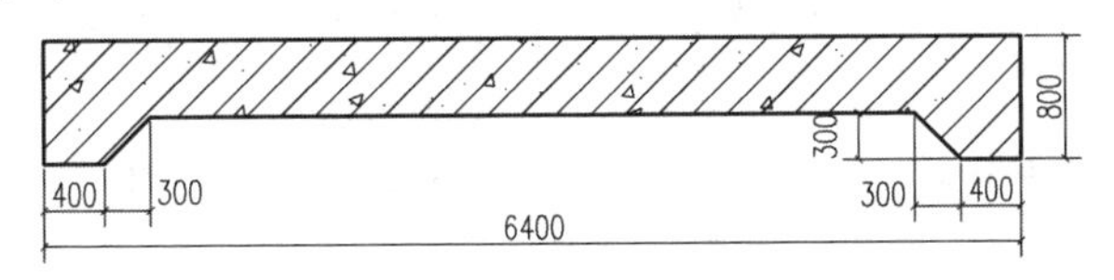

图 3-41　底板剖面

步骤 1： 按图 3-42 所示设置图层，“粗实线”图层用于绘制剖面轮廓线，“填充”图层用于填充材料符号。

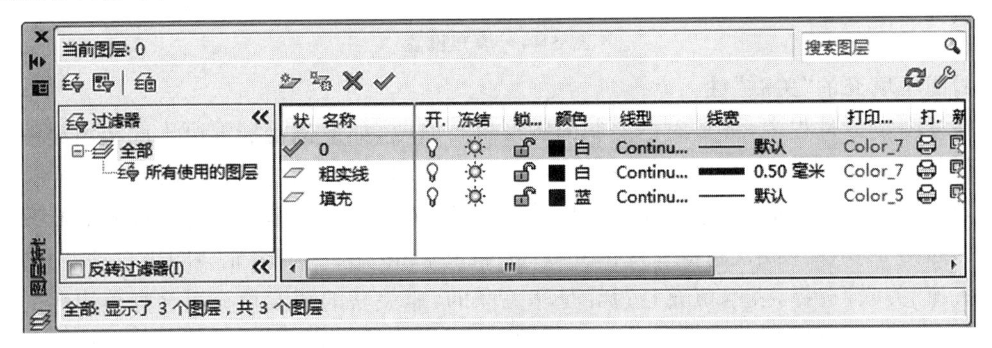

图 3-42　设置图层

步骤 2： 以“粗实线”图层为当前层，绘制剖面轮廓。

步骤 3： 以“填充”图层为当前层，填充材料符号。

AutoCAD 填充图案库中没有钢筋混凝土材料符号，但可以选择 ANSI31 与 AR-CONC 叠加而成，如图 3-43 所示。方法是先填充 ANSI31，再填充 AR-CONC，填充设置如图 3-44 所示。

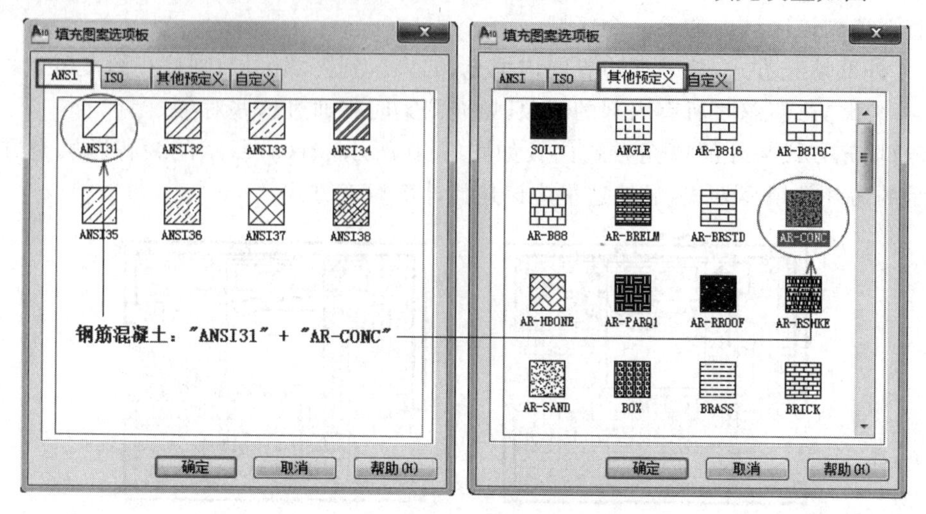

图 3-43　钢筋混凝土材料符号

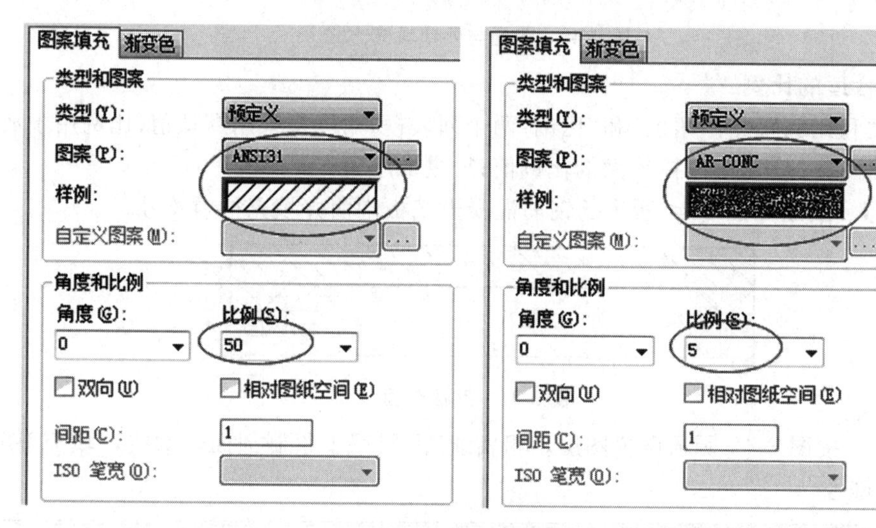

图 3-44　填充设置

4）图案填充的“关联”性

在绘图设计过程中，常常对已绘制的图形进行修改，如上例钢筋混凝土底板填充图案后需要修改其边界，那么图案填充会怎么变化呢？图案填充的关联性设置如图 3-45 所示。

勾选“关联”复选框，表示填充与边界是关联的，关联的图案填充会随着边界的修改自动更新。如图 3-46(a)所示，底板长度由 6400 拉伸至 7200 后，图案填充会随之自动变化。

去掉“关联”选择，表示填充与边界是非关联的，非关联的图案填充不会随着边界的变化而变化，如图 3-46(b)所示，同样，修改图形尺寸后，图案填充保持不变。

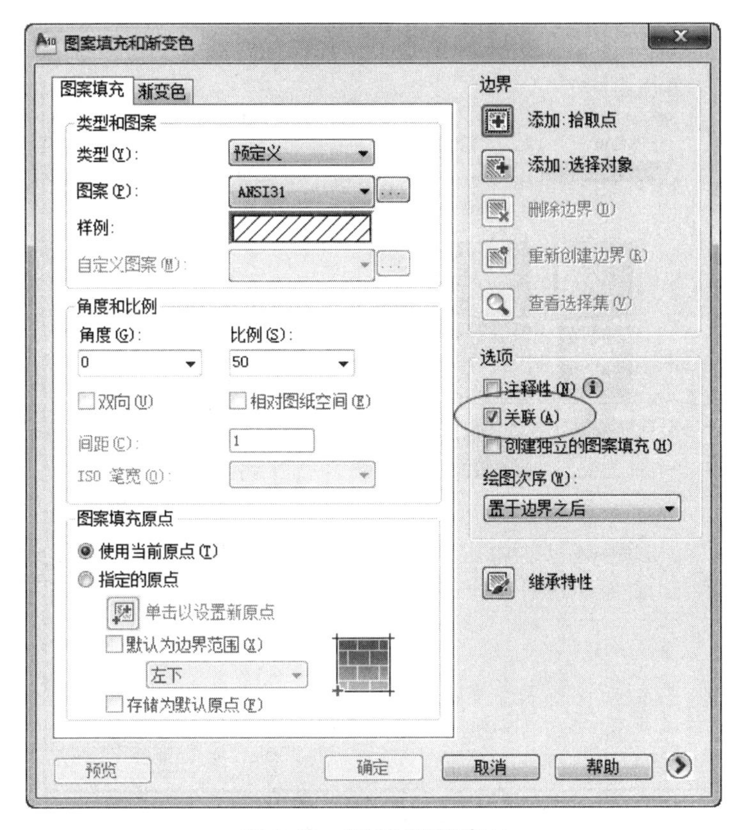

图 3-45　创建“关联”填充

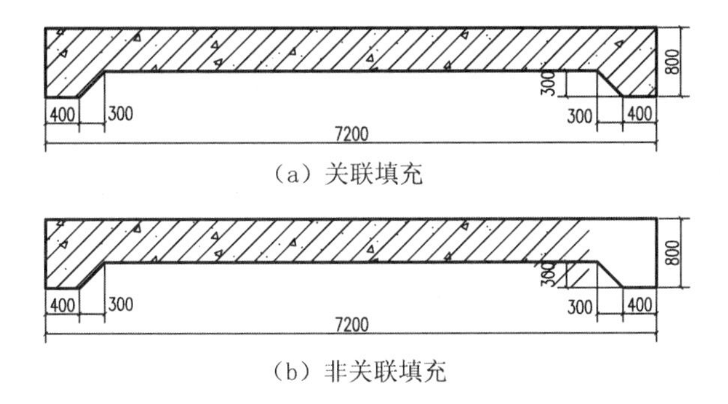

(a) 关联填充

(b) 非关联填充

图 3-46　填充图案的“关联”性

2. 渐变色

渐变色填充是从 AutoCAD 2004 开始推出的功能，利用渐变色填充，可以创建从一种颜色到另一种颜色的平滑过渡，可以增加演示图形的视觉效果。

渐变填充选项卡如图 3-47 所示，在“颜色”区域可以选择单色渐变或双色渐变。

- 单色渐变：指定由深到浅平滑过渡的单一颜色填充图案。单击按钮[...]，打开“选择颜色”对话框，从中选择一种颜色。
- 双色渐变：选择颜色 1、颜色 2 后，在两种颜色之间进行渐变填充。

无论是单色渐变还是双色渐变，在选择颜色后，再选择一种过渡方式，就可以对选定的区域进行填充了。

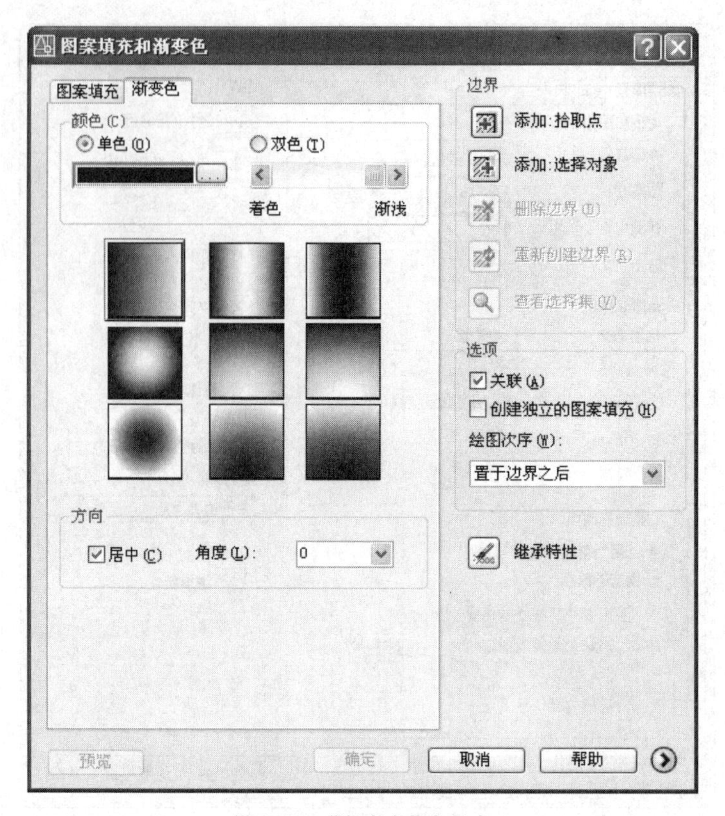

图 3-47 “渐变色”选项卡

思 考 题

1. 直线端点的指定方式有哪些?
2. 矩形绘制有几种方式?
3. 正多边形绘制有几种方式?
4. 多段线命令能否由直线与圆弧命令来代替?
5. 如何设置多线样式?
6. 多线绘制中有哪几种对正方式?有何区别?
7. 绘制圆有几种方式?
8. 如何设置多段线与圆环的填充方式?
9. 绘制椭圆时,主要确定哪几个参数?
10. 在一个图形文件中可以创建多个点样式吗?
11. “定数等分”与“定距等分”有何区别?
12. 如何设置填充图案和图案比例?

项目4 编辑图形对象

项目重点

学习 AutoCAD 二维图形编辑修改的常用方法。

教学目标

理解选择集并灵活使用构造选择集的方法；掌握复制类命令、改变对象位置和大小的命令，修改对象特性的方法。

任务1 构造选择集

知识目标

了解选择集的概念及选择方法；理解窗口与窗交选择的区别。

能力目标

熟练掌握窗口与窗交的选择操作。

1. 选择集概念

在绘图设计过程中，会大量地使用编辑操作，使用编辑命令时，首先要选择被编辑修改的对象，这些对象的集合称为选择集，它可以包含一个或多个对象。

例如，“删除”命令的操作提示如下。

命令：_erase　　　　　　　　　　　　;单击命令按钮
选择对象：指定对角点：找到 10 个　　　;选择要删除的对象，已选中了 10 个对象
选择对象：　　　　　　　　　　　　　;回车结束选择，被选中的 10 个对象被删除

通常，在输入编辑命令后，系统会提示“选择对象：”，选择对象后，AutoCAD 将被选择的对象用虚线显示（称为亮显），这些变虚的对象就是当前的选择集。

选择对象有多种方式，命令行一般没有选项提示，如果在“选择对象：”提示下输入问号“?”并回车，则 AutoCAD 将会提示如下选项。

需要点或窗口(W)/上一个(L)/窗交(C)/框(BOX)/全部(ALL)/栏选(F)/圈围(WP)/圈交(CP)/编组(G)/添加(A)/删除(R)/多个(M)/前一个(P)/放弃(U)/自动(AU)/单个(SI)/子对象(SU)/对象(O)

“窗口(W)”和“窗交(C)”选择是最常用的选择操作，详见下一节，以下简述其他选项的含义。

- 上一个(L)：选择最后一次创建的对象。
- 框(BOX)：选择矩形(由两点确定)内部或与矩形相交的对象。如果该矩形的点是从右向左确定的，则框选与窗交选择等效；否则框选与窗口选择等效。
- 全部(ALL)：选择图形文件中的所有对象。
- 栏选(F)：绘制一条多段线的折线，所有与该折线相交的对象被选中。
- 圈围(WP)与圈交(CP)：圈围类似于窗口方式，圈交类似于窗交方式，只是圈围与圈交是任意封闭的多边形窗口。

- 编组(G):选择指定组中的全部对象。
- 删除(R)与添加(A):删除方式是将对象从选择集中移除,当执行删除方式时,如果又要向选择集添加对象,则可以再执行“添加(A)”方式。
- 多个(M):指定多次选择而不高亮显示对象,从而加快对复杂对象的选择过程。
- 前一个(P):选择最近创建的选择集。
- 放弃(U):放弃选择最近加到选择集中的对象。
- 自动(AU):切换到自动选择,指向一个对象即可选择该对象。指向对象内部或外部的空白区,将形成框选方法定义的选择框的第一个角点。“自动”和“添加”为默认模式。
- 单个(SI):选择指定的第一个或第一组对象而不继续提示进一步选择。
- 子对象(SU):可以逐个选择原始形状,这些形状是复合实体的一部分或三维实体上的顶点、边和面。
- 对象(O):结束选择子对象的功能。

2. 构造选择集的方法

下面只详细介绍 3 种最常用选择的操作方法。

1)直接选择对象

在“选择对象:”提示下,用拾取框直接单击对象,选中对象“变虚”显示,如图 4-1 所示。这种选择方式一次只能选择一个对象,但连续操作可以选择多个对象,按回车键或空格键结束选择。

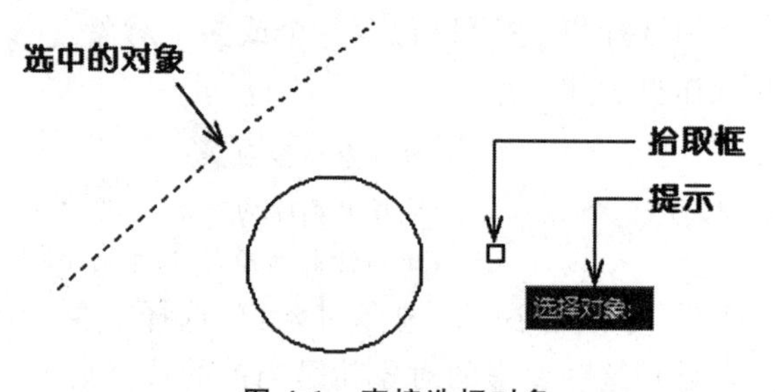

图 4-1 直接选择对象

2)窗口选择

在“选择对象:”提示下,鼠标从左到右指定角点形成一个矩形框,只有完全包含在矩形框中的对象方被选中,如图 4-2 所示。

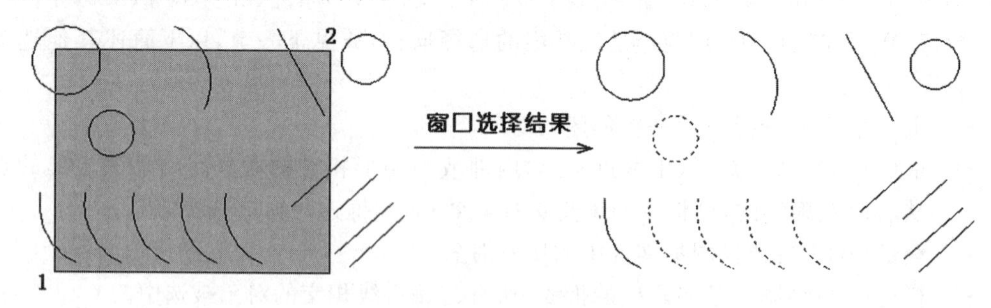

图 4-2 “窗口”方式选择对象

3)窗交选择

在“选择对象:”提示下，鼠标从右向左拉出窗口，这时包含在方框内以及与方框相交的对象都被选中，如图 4-3 所示。

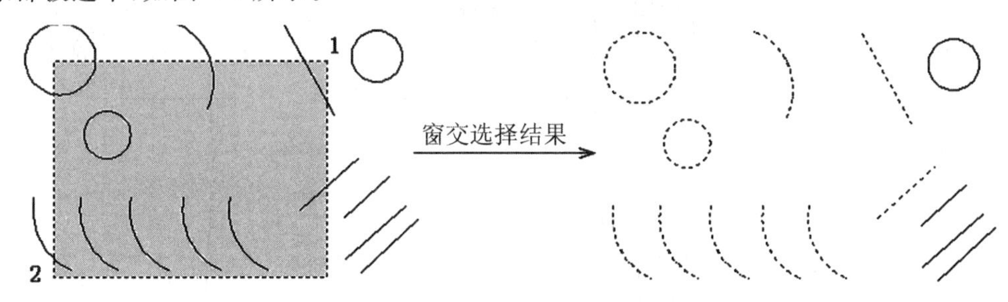

图 4-3　“窗交”方式选择对象

任务 2　复制类操作

知识目标

学会复制(COPY)、镜像(MIRROR)、偏移(OFFSET)和阵列(ARRAY)命令的操作方法。

能力目标

掌握复制类命令的特点，灵活运用复制命令。

AutoCAD 有多种复制操作，包括复制(COPY)、镜像(MIRROR)、偏移(OFFSET)和阵列(ARRAY)。从 AutoCAD 2006 开始，缩放(SCALE)和旋转(ROTATE)添加了“复制(C)”功能选项。

模块 1　复制

调用复制命令的方法如下。

- 单击功能区的“常用”选项卡→“修改”面板的“复制”按钮(使用默认界面，下同)。
- 单击“修改”工具栏的“复制”按钮(使用经典界面，下同)。
- 在命令行输入命令 COPY(CO)。

需要在一个或多个位置重复绘制已有的图形时，使用复制命令。例如，图 4-4(a)所示图形，4 个小圆只需按图 4-4(b)所示先绘制一个，其他 3 个可以通过复制来完成，如图 4-4(c)所示。

命令行提示序列如下。

```
命令：_copy                                         ;单击输入命令
选择对象：指定对角点：找到 1 个                     ;选择复制对象小圆
选择对象：                                          ;回车退出选择
指定基点或［位移(D)］<位移>：                       ;捕捉圆心(基点)
指定第二个点或 <使用第一个点作为位移>：             ;捕捉圆角圆心 1
指定第二个点或［退出(E)/放弃(U)］<退出>：           ;捕捉圆角圆心 2
```

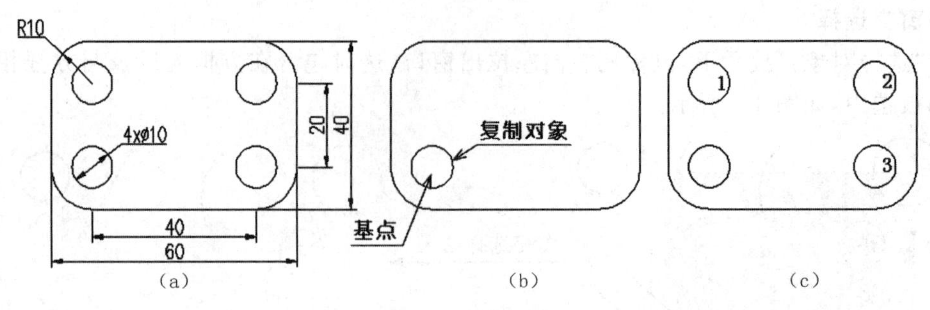

图 4-4　复制对象

指定第二个点或［退出(E)/放弃(U)］<退出>：　;捕捉圆角圆心 3
指定第二个点或［退出(E)/放弃(U)］<退出>：　;回车结束命令

基点的确定：要求 A 点对齐 B 点，则以 A 点为基点，B 点为第二个点。如图 4-5 所示，选择 0 点为复制的“基点”，分别以 1、2、3、4 为“第二个点”。

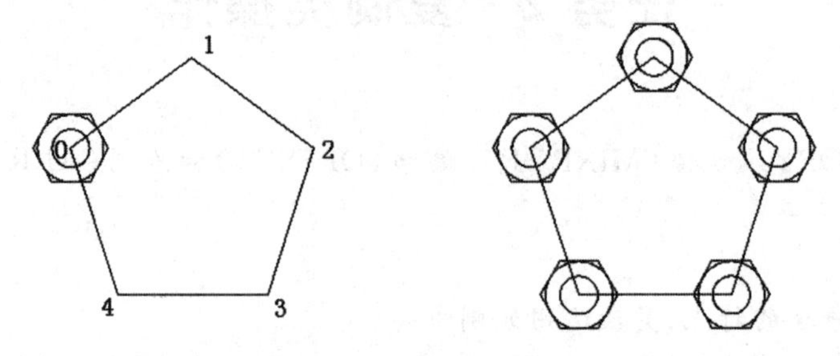

图 4-5　复制基点选择

不输入命令，选择对象后，按住鼠标右键拖动图形到指定位置后松开，在弹出的快捷菜单中选择“复制到此处”，可复制对象。或者选择图形后，先按住鼠标左键，再按住 Ctrl 键拖动图形，也可以复制出新的图形对象。

模块 2　镜像

调用镜像命令的方法如下。

- 单击功能区的“常用”选项卡→“修改”面板的“镜像”按钮。
- 单击“修改”工具栏按钮。
- 在命令行输入命令 MIRROR(MI)。

镜像用于创建对称的图形。如图 4-6 所示的图形，只要先绘制出一半，再利用镜像命令

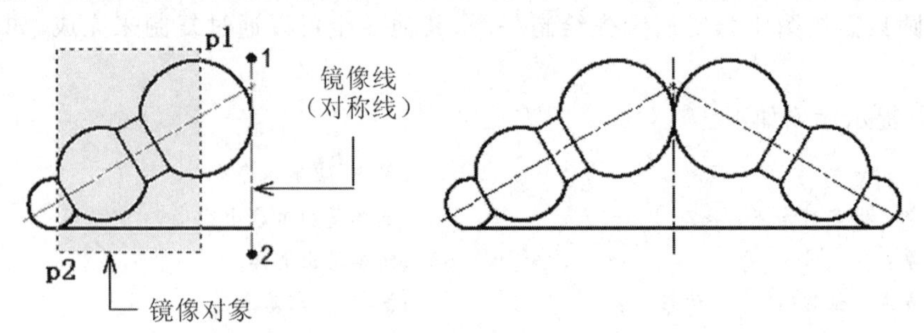

图 4-6　镜像复制对象

创建另一半,命令行提示序列如下。

命令:mi MIRROR　　;输入命令
选择对象:指定对角点:找到 10 个　　;窗交选择对象
选择对象:　　;回车结束选择
指定镜像线的第一点:　　;指定对称线端点 1
指定镜像线的第二点:　　;指定对称线端点 2
要删除源对象吗?[是(Y)/否(N)]<N>:　　;回车保留源对象,命令结束

镜像线是镜像复制的对称线,指定镜像线时只要指定两个点即可,不一定画出镜像线,如图 4-7 所示。

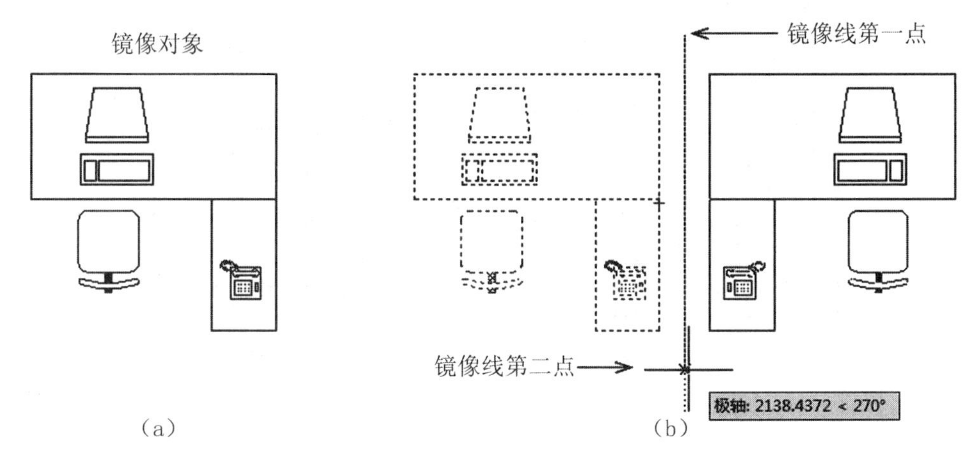

图 4-7　两点确定镜像线

模块 3　偏移

使用偏移命令可以创建一个与选定对象平行的新对象,偏移的对象可以是直线、圆、圆弧、矩形、正多边形、椭圆、多段线、样条曲线等。

调用偏移命令的方法如下。

- 单击功能区的“常用”选项卡→“修改”面板的“偏移”按钮。
- 单击“修改”工具栏按钮。
- 在命令行输入命令 OFFSET(O)。

偏移命令的默认提示序列如下(对照图 4-8 操作)。

命令:o OFFSET　　;输入命令
当前设置:删除源=否　图层=源　OFFSETGAPTYPE=0
指定偏移距离或[通过(T)/删除(E)/图层(L)]<通过>:　　;输入偏移间距
选择要偏移的对象,或[退出(E)/放弃(U)]<退出>:　　;选择对象,单击 1
指定要偏移的那一侧上的点,或[退出(E)/多个(M)/放弃(U)]<退出>:　;单击 2
选择要偏移的对象,或[退出(E)/放弃(U)]<退出>:　　;继续偏移或回车退出

图 4-9 所示的门、窗图例就是对直线、矩形和圆进行偏移的例子。

默认情况下,偏移创建的新对象与源对象具有相同特性,即具有相同的图层、颜色、线型和线宽等。从 AutoCAD 2006 开始,利用“图层(L)”选项可以将源对象偏移到当前层,如图 4-10 所示,墙体轴线与墙线在不同图层,具有不同线型与线宽。

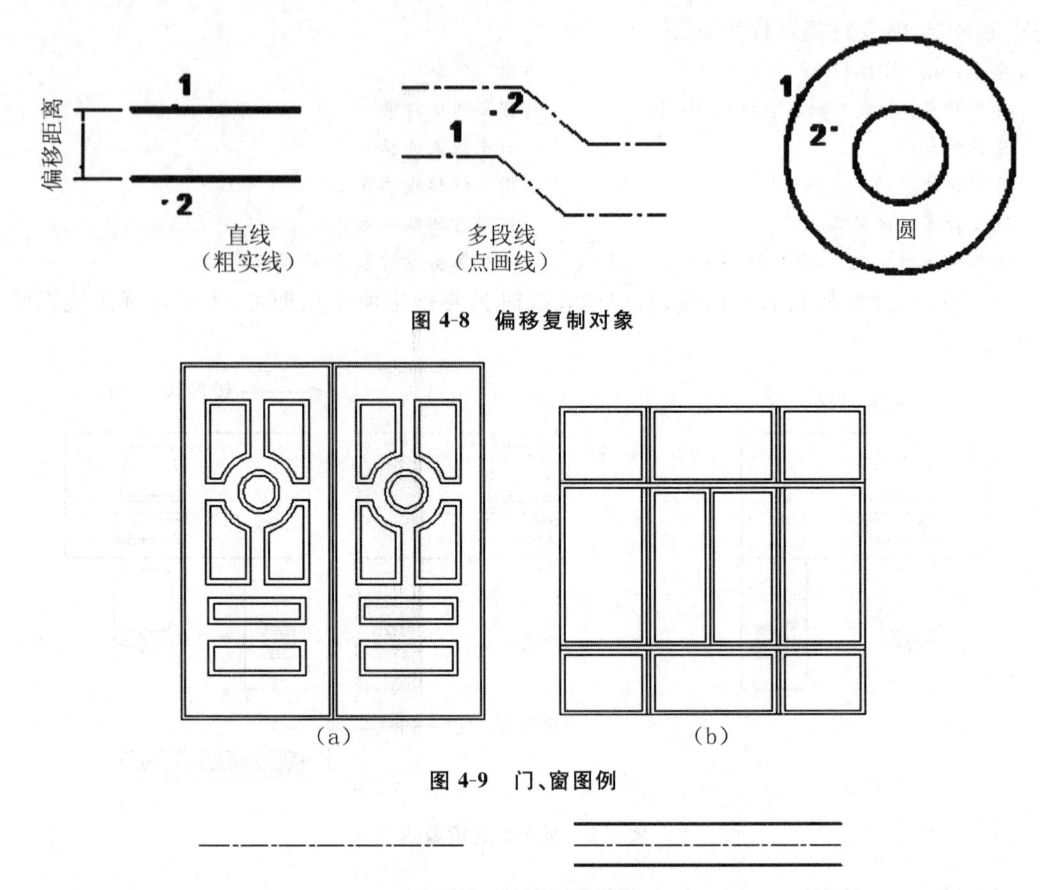

图 4-8　偏移复制对象

图 4-9　门、窗图例

图 4-10　偏移到当前层

作图时，先在“轴线”层绘制点画线，以“墙体”层为当前层，执行偏移命令如下。

```
命令：_offset                                                    ；单击启动命令
当前设置：删除源＝否　图层＝源　OFFSETGAPTYPE＝0                 ；看清当前设置
指定偏移距离或［通过(T)/删除(E)/图层(L)］＜通过＞：l               ；选择图层(L)选项
输入偏移对象的图层选项［当前(C)/源(S)］＜源＞：c                   ；设对象偏移至当前层
指定偏移距离或［通过(T)/删除(E)/图层(L)］＜通过＞：                 ；输入半墙厚
选择要偏移的对象，或［退出(E)/放弃(U)］＜退出＞：                   ；选择轴线
指定要偏移的那一侧上的点，或［退出(E)/多个(M)/放弃(U)］＜退出＞：   ；偏移一条墙线
选择要偏移的对象，或［退出(E)/放弃(U)］＜退出＞：                   ；再选择轴线
指定要偏移的那一侧上的点，或［退出(E)/多个(M)/放弃(U)］＜退出＞：   ；偏移另一条墙线
选择要偏移的对象，或［退出(E)/放弃(U)］＜退出＞：                   ；回车退出
```

模块 4　阵列

按照一定规则排列的多个对象称为阵列。按排列方式，阵列可分为矩形阵列和环形阵列两种，如图 4-11 所示。

调用阵列命令的方法如下。

- 单击功能区的“常用”选项卡→“修改”面板的“阵列”按钮。

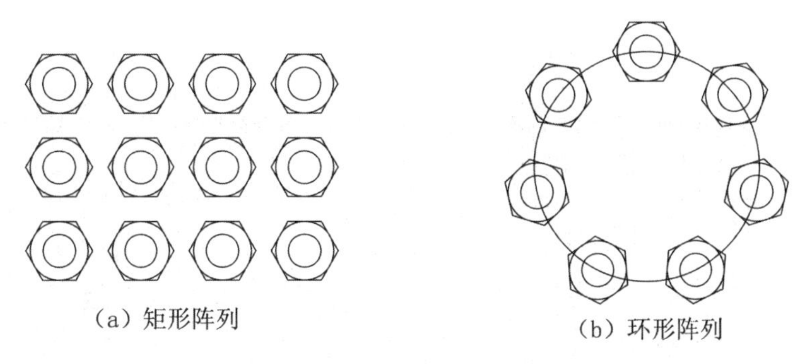

图 4-11　矩形阵列和环形阵列

- 单击“修改”工具栏按钮 。
- 在命令行输入命令 ARRAY(AR)。

1. 矩形阵列

以图 4-12(a)所示的 3×4 矩形阵列为例，操作说明如下。

启动“阵列”命令，系统弹出“阵列”对话框，如图 4-12(b)所示，对照图 4-12(a)设置相关几何参数：选择阵列对象、输入行数、列数，指定行偏移(行间距)、列偏移(列间距)等。

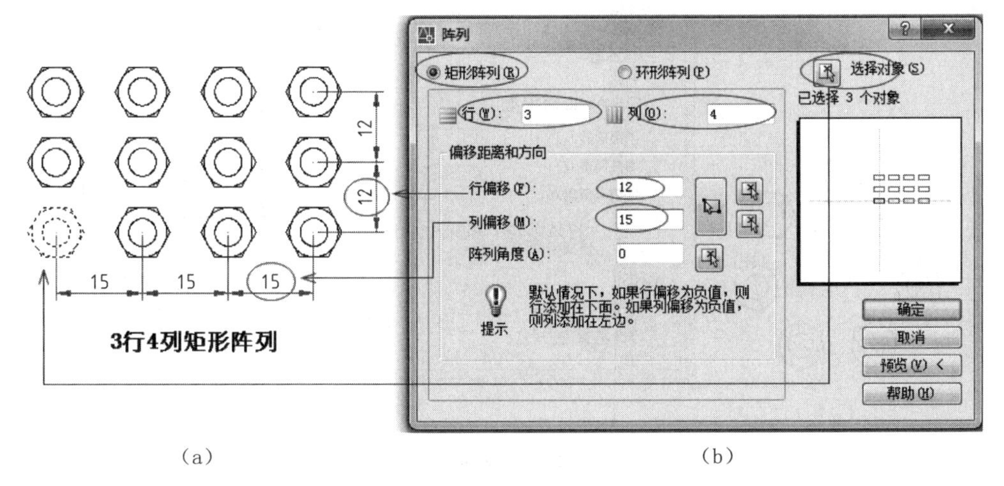

图 4-12　矩形阵列

图 4-13 所示的是建筑立面图，窗的立面就是一个矩形阵列(5 行 8 列)的例子。

2. 环形阵列

复制的多个对象按指定的中心等角度地分布在圆周上，称为环形阵列。图 4-14(a)所示的环形阵列的设置如图 4-14(b)所示。

【例 4-1】　使用偏移与阵列命令，完成图 4-15 所示的图案。

步骤 1：　默认样板建新图。

步骤 2：　按图 4-16(a)所示尺寸绘制多段线(先直线段后圆弧段)，命令行提示序列如下。

```
命令：pl
PLINE
指定起点：                                          ;指定起点 1
```

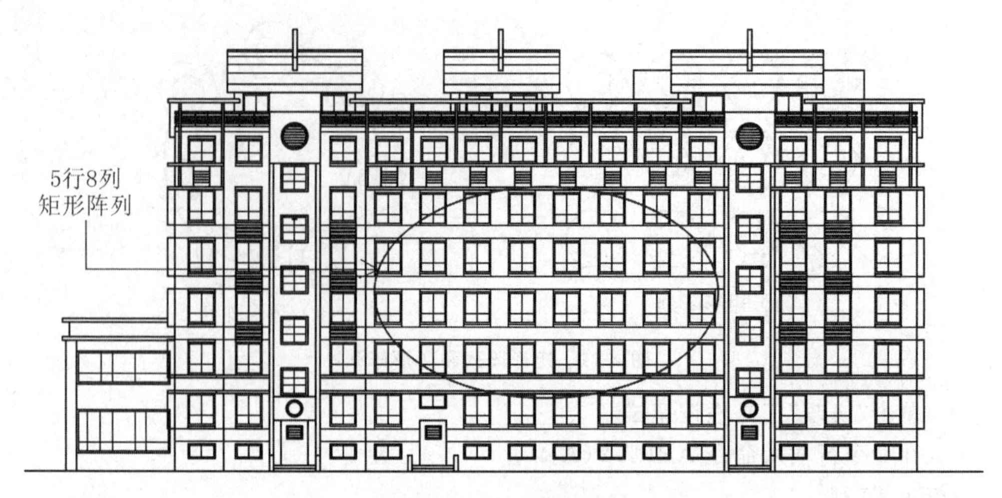

图 4-13　建筑立面图

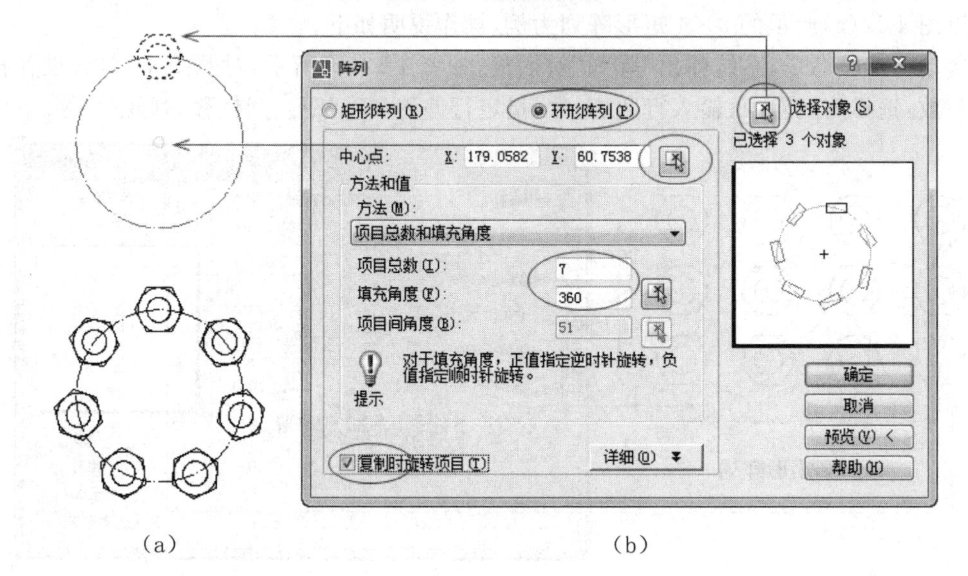

(a)　　(b)

图 4-14　环形阵列

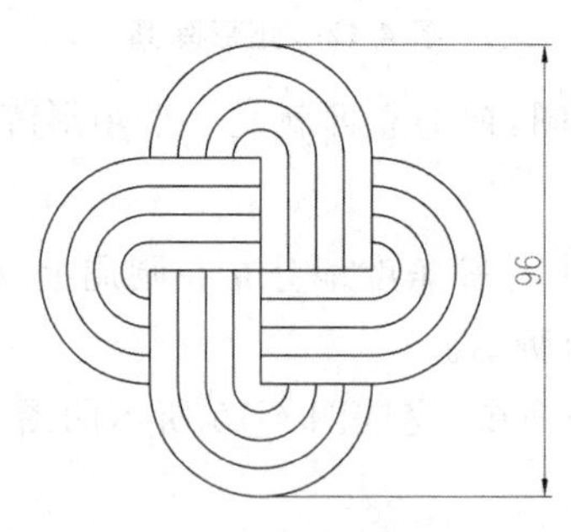

图 4-15　偏移与环形阵列作图

当前线宽为 0.0000

指定下一点或［圆弧(A)/半宽(H)/长度(L)/放弃(U)/宽度(W)］：24　　;指定点 2

指定下一点或［圆弧(A)/闭合(C)/半宽(H)/长度(L)/放弃(U)/宽度(W)］：a　;选择圆弧选项

指定圆弧的端点或

［角度(A)/圆心(CE)/闭合(CL)/方向(D)/……/宽度(W)］：12　　;鼠标右移，极轴追踪指定点 3
指定圆弧的端点或
［角度(A)/圆心(CE)/闭合(CL)/方向(D)/ ……/宽度(W)］：　　;回车结束

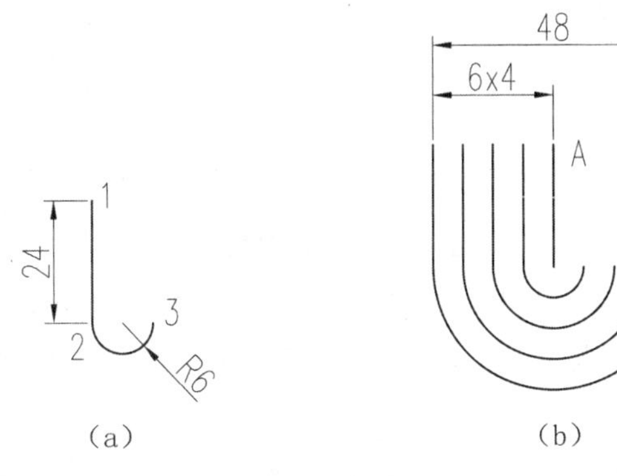

(a)　　(b)

图 4-16　偏移

步骤 3：　以偏移距离 6，偏移完成图 4-16(b)所示的图形。

步骤 4：　以 A 点为中心，环形阵列得最后结果。

任务 3　改变对象的位置和大小

知识目标

理解移动(MOVE)、旋转(ROTATE)、缩放(SCALE)、对齐(ALIGN)、修剪(TRIM)、延伸(EXTEND)、打断(BREAK)、合并(JOIN)、拉伸(STRETCH)的功能及特点。

能力目标

熟练掌握移动、旋转、缩放、修剪、拉伸的操作方法。

模块 1　移动、旋转、缩放与对齐

1. 移动

很多时候可以先绘制图形，然后通过“移动”命令调整图形在图纸上的位置。要精确移动对象，可使用对象捕捉功能。调用移动命令的方法如下。

- 单击功能区的“常用”选项卡→“修改”面板的“移动”按钮。
- 单击“修改”工具栏按钮。
- 在命令行输入命令 MOVE(M)。

如图 4-17(a)所示，将 101 房间的部分家具移动到 102 房间，操作如下。

命令：_move　　;单击输入命令
选择对象：　　;选择左侧墙边的家具
选择对象：　　;回车结束选择
指定基点或［位移(D)］＜位移＞：　　;捕捉中点 A
指定第二个点或 ＜使用第一个点作为位移＞：　　;捕捉中点 B

作图时，为了按定位尺寸确定几何对象间的相对位置，往往需要作辅助线。这种情况下可以先不确定位置，待绘制好图形后再通过移动对象进行精确定位。下面是两个应用例子。

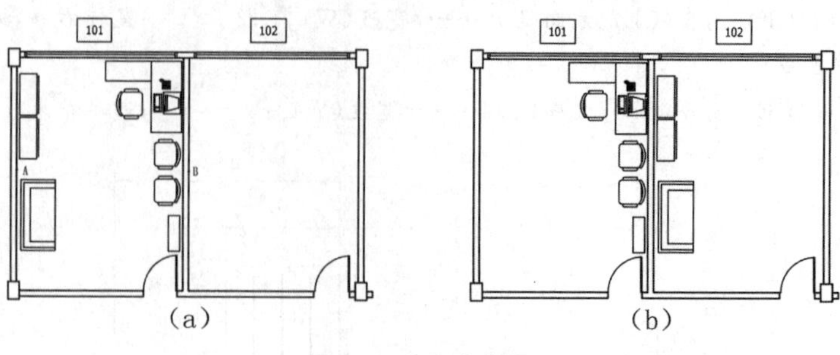

图 4-17 移动家具

如图 4-18(a)所示的椅子的作图：椅子面板可以不考虑准确定位，先在任意位置画图 4-18(b)所示的图形，再以 A 点为基点，B 点为追踪参照点移动矩形，如图 4-18(c)所示。

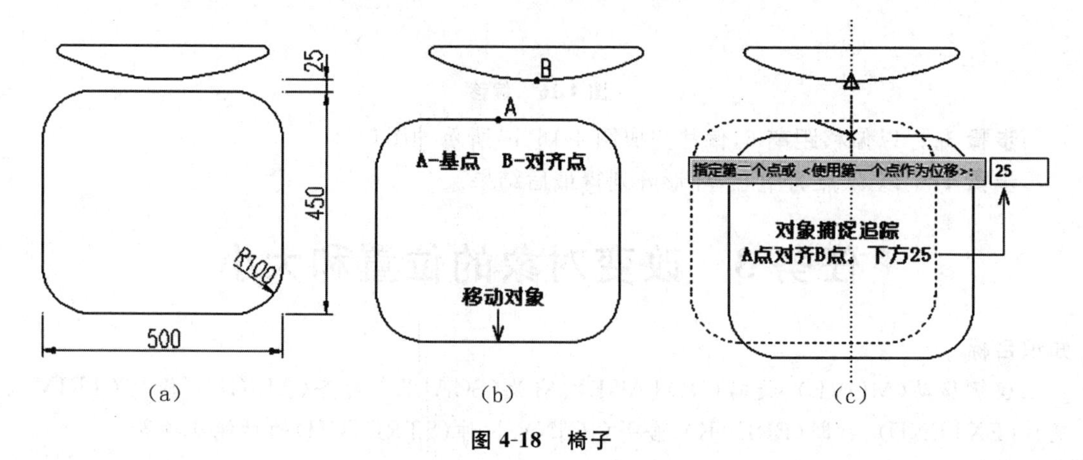

图 4-18 椅子

图 4-19(a)所示的 12×10 矩形也不必定位画图，先在其他位置绘制，如图 4-19(b)所示，再移动矩形到正确位置，如图 4-19(c)所示。移动时可以先移动 A 点到 C 点，再分别向右移动 7 单位、向上移动 10 单位。

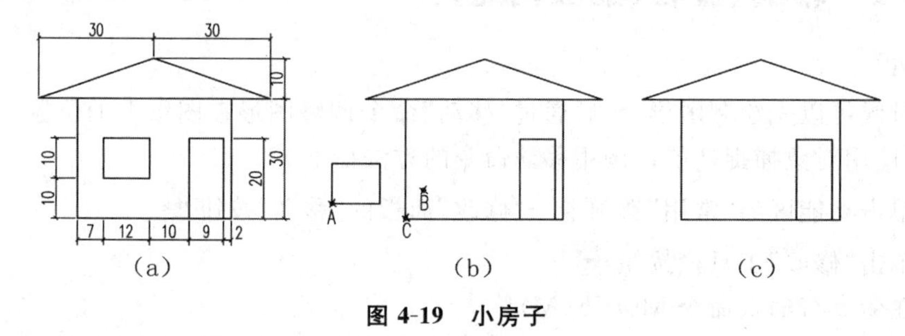

图 4-19 小房子

移动只改变被移动对象的位置，而不改变其大小和方向。

在不需要精确定位的时候可以采取如下方法移动图形：不输入命令，在选择对象后按住鼠标右键拖动图形到指定位置后松开，在弹出的快捷菜单中选择“移动到此处”，可移动对象。或选择图形后，按住鼠标左键拖动图形到指定位置后松开鼠标即移动图形。

2. 旋转

调用旋转命令的方法如下。

- 单击功能区的“常用”选项卡→“修改”面板的“旋转”按钮 。

- 单击“修改”工具栏按钮。
- 在命令行输入命令 ROTATE(RO)。

1)默认操作

默认操作即按照指定的角度旋转图形。

以图 4-20 为例,旋转命令的默认操作如下。

```
命令:_rotate                                             ;单击 输入命令
UCS 当前的正角方向:  ANGDIR=逆时针   ANGBASE=0
选择对象:指定对角点:找到 11 个                             ;单击 1、2 窗口选择,包含两个耳环及其中心线
选择对象:                                                 ;回车结束选择
指定基点:                                                 ;指定基点 3(即旋转中心)
指定旋转角度,或 [复制(C)/参照(R)] <0>:40                   ;输入旋转角度,逆时针为正
```

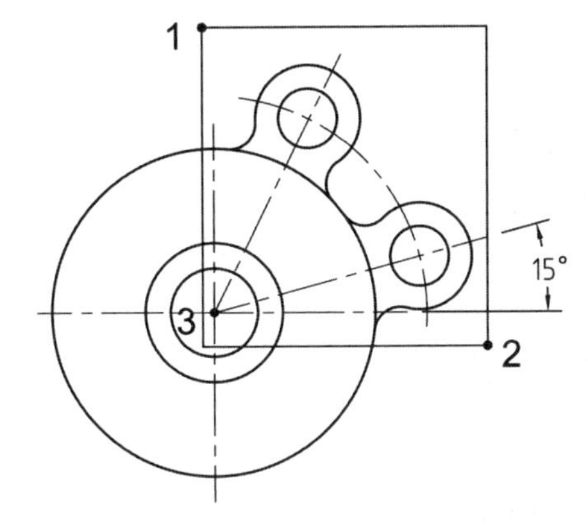

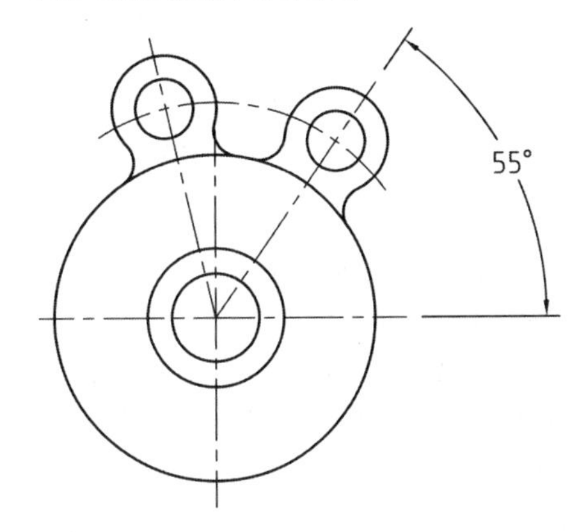

图 4-20 旋转对象

2)旋转并复制

默认情况下,旋转之后,对象的位置和方向发生改变。“复制(C)”可以在旋转的同时复制源对象至新的位置。如图 4-21 所示,将椭圆与其轴线连续旋转并复制 3 次,操作如下。

```
命令:ro ROTATE
UCS 当前的正角方向:  ANGDIR=逆时针   ANGBASE=0
选择对象:指定对角点:找到 2 个                              ;选择椭圆与轴线
选择对象:                                                 ;回车结束选择
指定基点:                                                 ;捕捉轴线下端点
指定旋转角度,或 [复制(C)/参照(R)] <0>: c                   ;选择“复制(C)”选项
旋转一组选定对象:
指定旋转角度,或 [复制(C)/参照(R)] <0>: -20                 ;输入旋转角度,顺时针旋转为负
……                                                        ;重复以上操作 2 次,完成图形
```

3)参照旋转

有的情况下,旋转的绝对角度未知,如图 4-22 所示,要求旋转小五星,使其一个角指向大五星中心,这时选择“参照(R)”选项来完成,操作如下。

要点:

旋转中心点 1

参照方向(参照角) 1~2

目标方向(新角度) 1~3

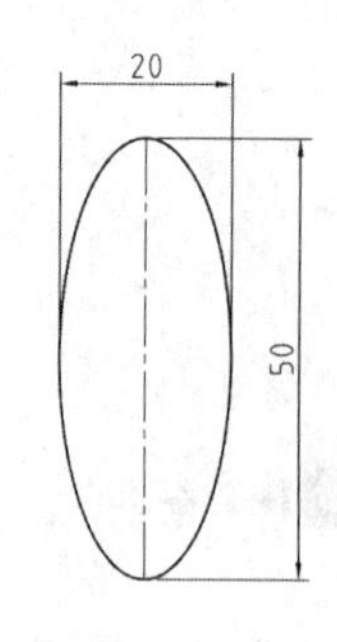

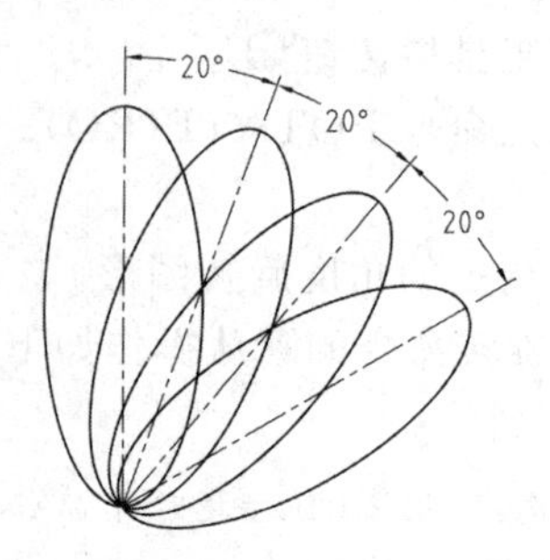

图 4-21 旋转并复制

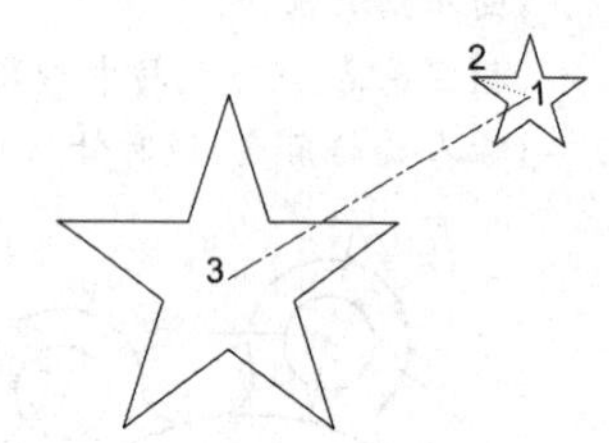

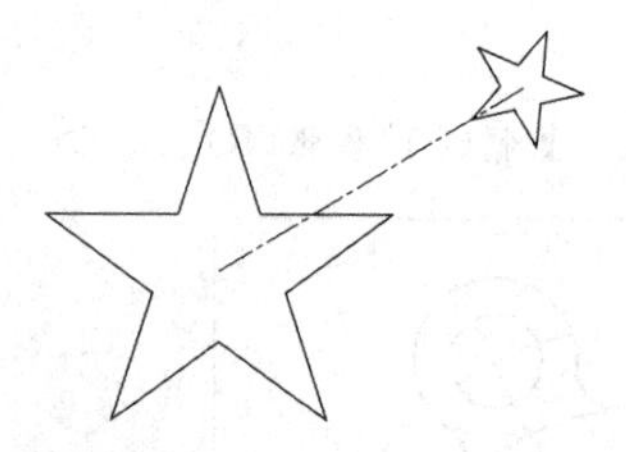

图 4-22 参照旋转

命令行提示序列如下。

命令：ro ROTATE

UCS 当前的正角方向： ANGDIR=逆时针 ANGBASE=0

选择对象：指定对角点：找到 1 个

选择对象：

指定基点： ;捕捉端点 1

指定旋转角度，或［复制(C)/参照(R)］<340>：r ;选择"参照(R)"选项

指定参照角 <0>： 指定第二点： ;先捕捉 1，再捕捉 2，1、2 连线为参照方向(参照角)

指定新角度或［点(P)］<0>： ;捕捉点 3，1、3 连线为目标方向(新角度)

3. 缩放

调用缩放命令的方法如下。

- 单击功能区的"常用"选项卡→"修改的"面板的"缩放"按钮。
- 单击"修改"工具栏按钮。
- 在命令行输入命令 SCALE(SC)。

"缩放"命令用来按比例缩小或放大所选对象的尺寸。与旋转类似，缩放也有 3 种应用方式。

1)默认操作

直接指定比例因子进行缩放，输入放大或缩小的倍数。

如图 4-23 所示，将图 4-23(a)放大 1.5 倍的结果如图 4-23(b)所示，操作序列如下。

命令：_scale ;单击输入命令

选择对象：指定对角点：找到 4 个 ;框选要缩放的对象

选择对象： ;回车结束选择

指定基点： ;捕捉点 A 作为基点，基点是缩放中心

指定比例因子或［复制(C)/参照(R)］：1.5 ;放大 1.5 倍

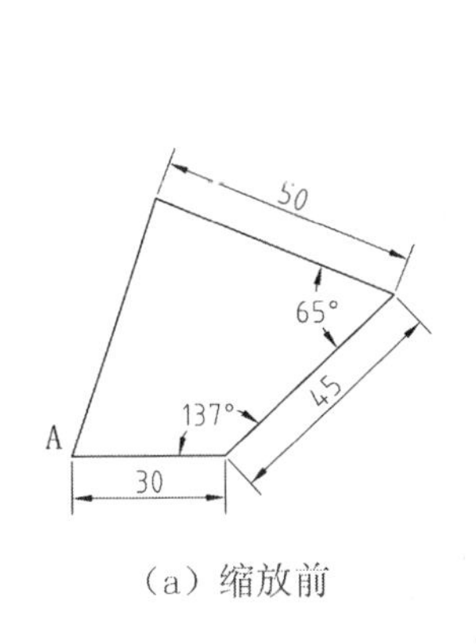

(a) 缩放前

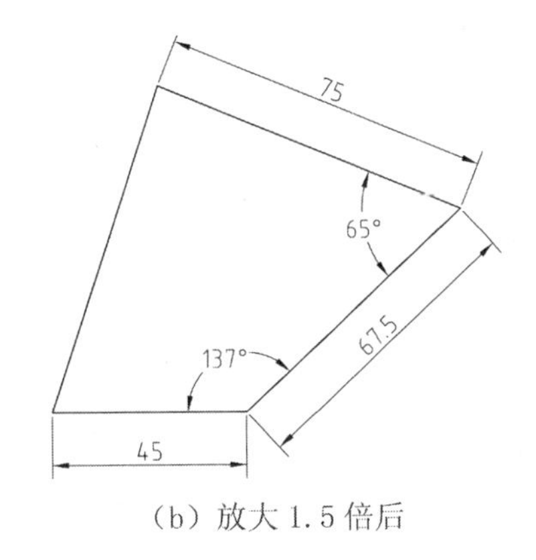

(b) 放大1.5倍后

图4-23　缩放图形

2)缩放并复制

默认操作时,源对象直接变为目标对象,源对象消失,如需保留源对象,可以用“复制(C)”选项,在缩放的同时保留源对象。

如图4-24所示,要求将图4-24(a)所示的小五星放大3倍,同时保留小五星,如图4-24(b)所示,操作如下。

命令:sc SCALE
选择对象:指定对角点:找到1个　　　　;选择小五星
选择对象:　　　　;回车结束选择
指定基点:　　　　;捕捉圆心作为基点
指定比例因子或[复制(C)/参照(R)]<1.0000>: c　　　　;选择“复制(C)”选项
缩放一组选定对象。
指定比例因子或[复制(C)/参照(R)]<1.0000>: 3　　　　;输入放大倍数

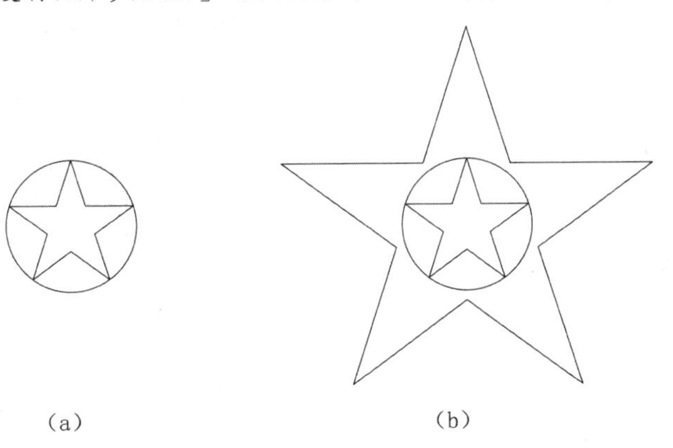

(a)　　(b)

图4-24　缩放并复制

3)参照缩放

当放大倍数未知时,可以使用“参照(R)”选项。如图4-25所示,图(a)中的图形尺寸未知,要求缩放成如图(b)中图形的大小。

操作如下。

命令:sc SCALE
选择对象:指定对角点:找到11个　　　　;选择对象,回车退出选择

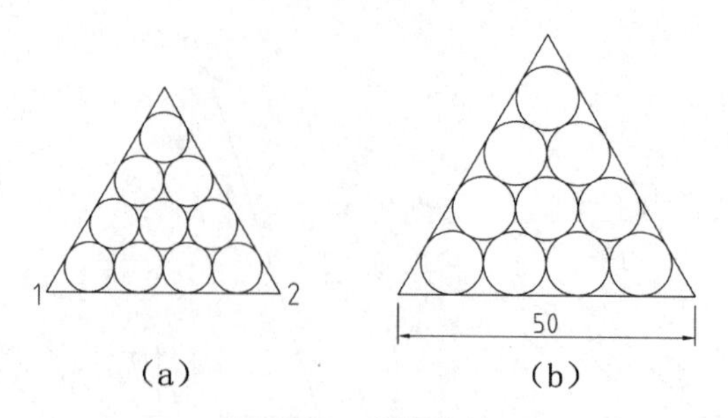

图 4-25　参照缩放

选择对象：

指定基点：　　;指定基点 1

指定比例因子或［复制(C)/参照(R)］＜1.0000＞：r　;选择“参照(R)”选项

指定参照长度＜1.0000＞：指定第二点：　　;先单击 1,再单击 2,点 1 到点 2 距离为参照长度

指定新的长度或［点(P)］＜1.0000＞：50　　;输入要求的长度 50

4. 对齐

调用对齐命令的方法如下。

- 单击功能区的“常用”选项卡→“修改”面板的“对齐”按钮。
- 执行“修改”→“三维操作”→“对齐”命令。
- 在命令行输入命令 ALIGN(AL)。

对齐命令可以将一个对象与另一个对象对齐,对齐的对象可以是二维实体也可以是三维实体。

如图 4-26 所示,对齐操作如下。

命令：al ALIGN　　;输入命令

选择对象：　　;选择对齐的对象,要移动位置的对象为源对象

选择对象：　　;回车结束选择

指定第一个源点：　　;源对象上第一个点,如点 1

指定第一个目标点：　　;目标位置的第一个点,如点 3

指定第二个源点：　　;源对象上第二个点,如点 2

指定第二个目标点：　　;目标位置的第二个点,如点 4

指定第三个源点或＜继续＞：　　;回车

是否基于对齐点缩放对象？［是(Y)/否(N)］＜否＞：;这里不缩放源对象,回车完成

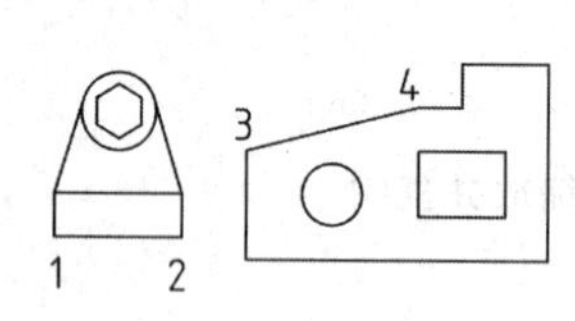

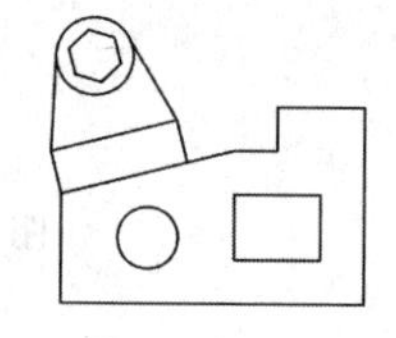

图 4-26　对齐对象

模块 2　修剪与延伸

1. 修剪

用 AutoCAD 绘图时,有时需要按照一定的边界将图线的一部分剪去,这时需要用到修

剪命令。可以修剪的对象包括圆弧、圆、椭圆弧、直线、多段线、射线、样条曲线等。

调用修剪命令的方法如下。

- 单击功能区的“常用”选项卡→“修改”面板的“修剪”按钮。
- 单击“修改”工具栏按钮。
- 在命令行输入命令 TRIM(TR)。

修剪命令执行时有两次提示选择对象，先提示选择“剪切边”(此时直接回车表示全部图线都是剪切边)，确定剪切边之后提示选择“要修剪的对象”。

如图 4-27 所示，修剪过程如下。

```
命令：tr TRIM                                        ;单击 输入命令
当前设置：投影=UCS，边=无
选择剪切边：
选择对象或 <全部选择>： 找到 1 个                     ;拾取剪切边
选择对象：                                           ;回车
选择要修剪的对象，或按住 Shift 键选择要延伸的对象，或
[栏选(F)/窗交(C)/投影(P)/边(E)/删除(R)/放弃(U)]：     ;拾取要修剪的对象
选择要修剪的对象，或按住 Shift 键选择要延伸的对象，或
[栏选(F)/窗交(C)/投影(P)/边(E)/删除(R)/放弃(U)]：     ;修剪完毕回车退出命令
```

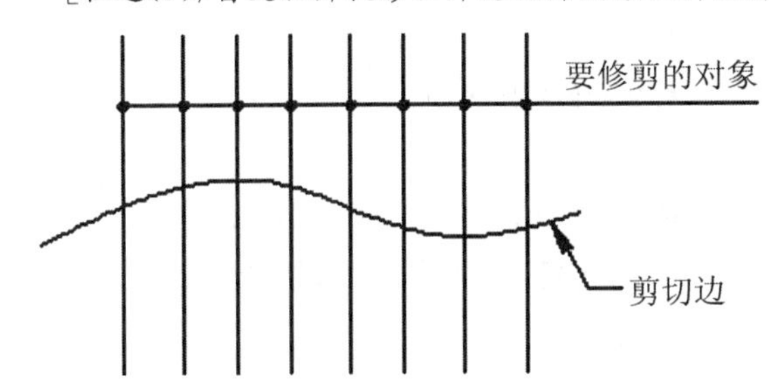

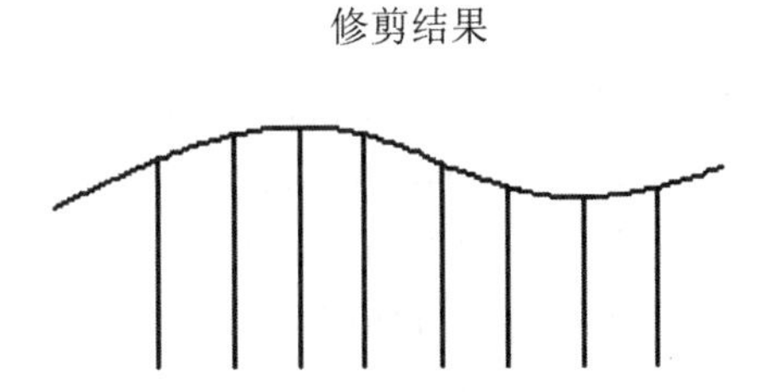

图 4-27 修剪对象

剪切边与要修剪的对象可以是独立的，如上例，也可以是交叉的，如图 4-28 所示五角星的修剪，每一边既是剪切边又是要修剪的对象。

图 4-28 互为剪切边与被修剪对象

五角星修剪操作序列如下。

```
命令：tr TRIM
当前设置：投影=UCS，边=无
选择剪切边...
```

选择对象或 ＜全部选择＞： ;直接回车
选择要修剪的对象,或按住 Shift 键选择要延伸的对象,或
[栏选(F)/窗交(C)/投影(P)/边(E)/删除(R)/放弃(U)]： ;拾取要修剪的对象
…… ;连续拾取
选择要修剪的对象,或按住 Shift 键选择要延伸的对象,或
[栏选(F)/窗交(C)/投影(P)/边(E)/删除(R)/放弃(U)]： ;修剪完毕回车退出命令

【例 4-2】 使用偏移与修剪命令,完成图 4-29(f)所示图案。

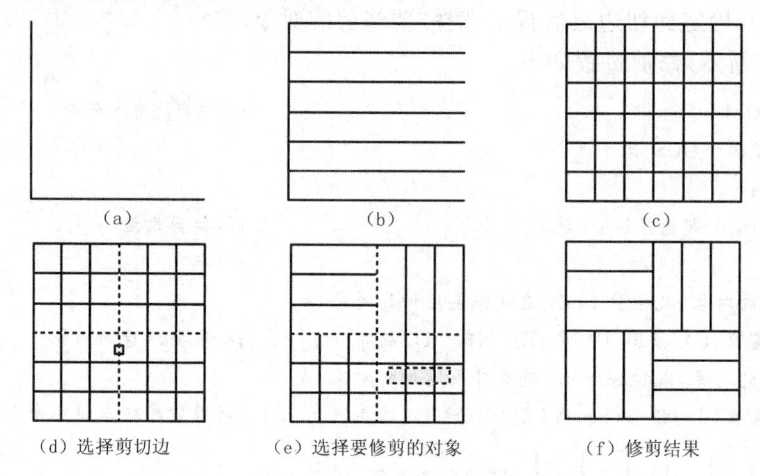
(a) (b) (c)
(d) 选择剪切边 (e) 选择要修剪的对象 (f) 修剪结果

图 4-29 使用偏移与修剪命令创建图案

步骤 1： 默认样板建新图。

步骤 2： 先绘制一条垂直线和一条水平线,长度为 24,如图 4-29(a)所示。

步骤 3： 使用偏移命令创建网格。以间距 4 向上偏移 6 条水平线,如图 4-29(b)所示;以同样的间距向右偏移 6 条垂直线,如图 4-29(c)所示。

步骤 4： 修剪网格,操作如下。

命令：tr TRIM ;输入命令
当前设置：投影＝UCS,边＝无 ;提示投影方法与隐含边延伸模式
选择剪切边：
选择对象或 ＜全部选择＞： 找到 1 个 ;选择一条剪切边,参考图 4-29(d)
选择对象：找到 1 个,总计 2 个 ;选择另一条剪切边,2006 版可以窗选
选择对象： ;剪切边选择完毕回车
选择要修剪的对象,或按住 Shift 键选择要延伸的对象,或
[栏选(F)/窗交(C)/投影(P)/边(E)/删除(R)/放弃(U)]： ;选择要修剪的对象,参考图 4-29(e)
…… ;可以连续选择要修剪的对象
选择要修剪的对象,或按住 Shift 键选择要延伸的对象,或
[栏选(F)/窗交(C)/投影(P)/边(E)/删除(R)/放弃(U)]： ;修剪完毕回车后退出命令

2. 延伸

调用延伸命令的方法如下。

- 单击功能区的“常用”选项卡→“修改”面板的“延伸”按钮。
- 单击“修改”工具栏按钮。
- 在命令行输入命令 EXTEND(EX)。

如图 4-30 所示图形，延伸操作序列如下。

```
命令：_extend                                    ;输入命令
当前设置：投影=UCS，边=无
选择边界的边：                                   ;选择延伸边界
选择对象或 <全部选择>： 找到 1 个                ;选择完毕回车结束
选择对象：
选择要延伸的对象，或按住 Shift 键选择要修剪的对象，或
[栏选(F)/窗交(C)/投影(P)/边(E)/放弃(U)]：;选择要延伸的对象，2006 版可以窗选
选择要延伸的对象，或按住 Shift 键选择要修剪的对象，或
[栏选(F)/窗交(C)/投影(P)/边(E)/放弃(U)]：;延伸完毕，回车退出
```

延伸命令中各选项的含义与修剪命令的相类似，此处不再赘述。

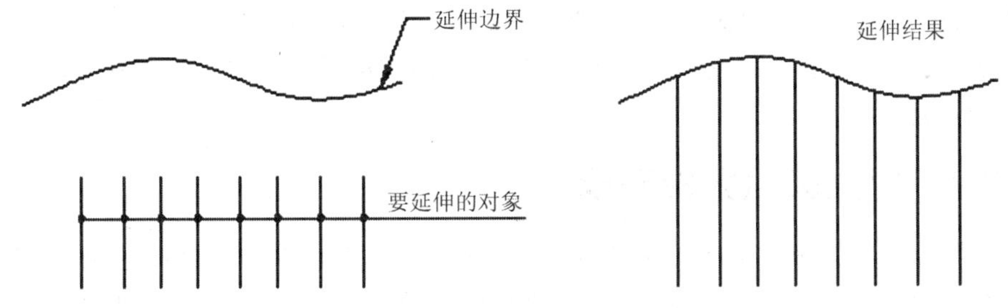

图 4-30 延伸对象

模块 3 拉伸

调用拉伸命令的方法如下。

- 单击功能区的“常用”选项卡→“修改”面板的“合并”按钮。
- 单击“修改”工具栏按钮。
- 在命令行输入命令 STRETCH(S)。

拉伸用于移动图形中指定的部分，同时保持与图形的其他未移动部分相连接。例如，使用拉伸命令将单人沙发编辑成为双人沙发，参考图 4-31，操作如下。

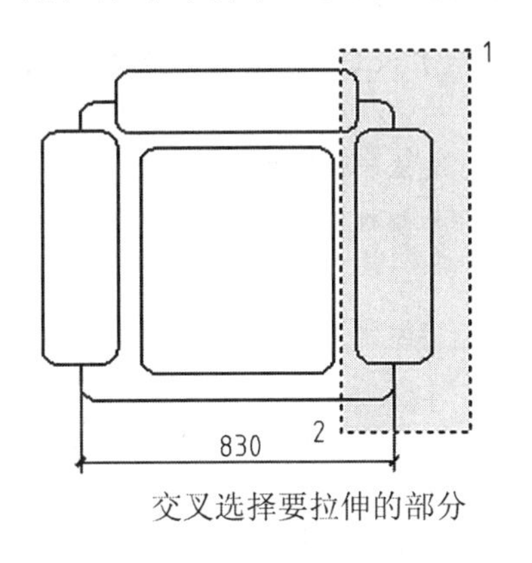

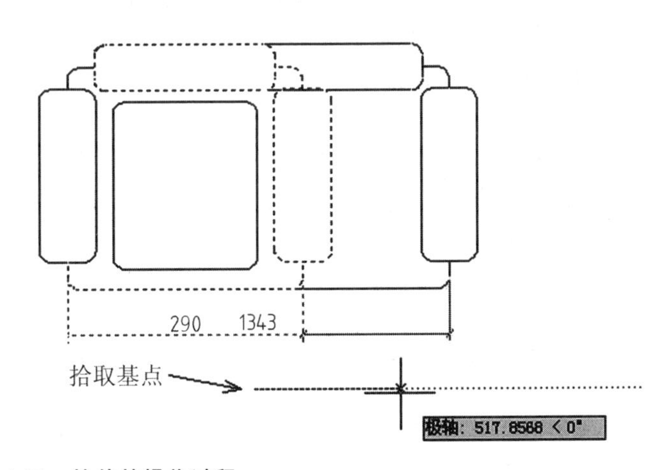

图 4-31 拉伸的操作过程

命令：_stretch
以交叉窗口或交叉多边形选择要拉伸的对象
选择对象： ；单击 1、2 窗交方式选择拉伸对象，参照图 4-31
选择对象： ；回车退出
指定基点或［位移(D)］＜位移＞： ；适当位置单击一点作为基准点
指定第二个点或使用第一个点作为位移： ；鼠标右移，在 0°极轴下直接输入拉伸距离 570

拉伸完毕再镜像复制一个垫子，完成全图。

拉伸命令的操作要点如下。

(1)选择方法要求：窗交方式选择拉伸对象。

(2)对象移动规律：在窗口内的端点随拉伸而平移，窗口之外的端点不动。

对于具有填充和尺寸的图形，当填充与其边界关联时，拉伸改变边界后，填充能自动更新。同样，当尺寸与标注对象关联时，拉伸改变图形，其尺寸也自动更新。

特殊地，交叉窗口包含圆或椭圆的圆心、文字与图块的插入点时，操作结果是平移被拉伸对象，而不改变大小。

模块 4 使用夹点编辑对象

夹点是对象上的控制点，如直线的端点和中点、多段线的顶点以及圆的圆心和象限点等。在没有命令执行的情况下拾取对象，被拾取的对象上就显示夹点标记，如图 4-32 所示。

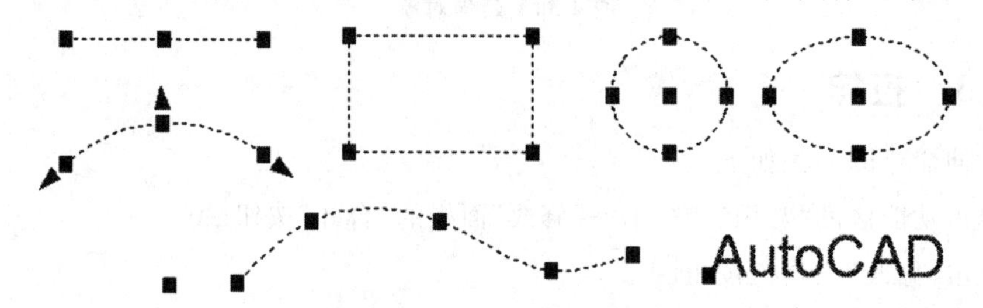

图 4-32 不同对象上的夹点

AutoCAD 的夹点功能是一种非常灵活的编辑功能，利用夹点可以实现对对象的拉伸、移动、旋转、比例缩放、镜像，同时还可以复制。

激活夹点功能只需先拾取对象(或框选多个对象)，再单击一个夹点，被点击的夹点会改变颜色，同时提示行出现如下提示。

* * 拉伸 * * ；激活了夹点拉伸编辑功能
指定拉伸点或［基点(B)/复制(C)/放弃(U)/退出(X)］： ；选择拉伸编辑操作

在这个提示下连续回车或按空格，提示依次循环显示：

* * 移动 * * ；激活了夹点移动编辑功能
指定移动点或［基点(B)/复制(C)/放弃(U)/退出(X)］：
* * 旋转 * * ；激活了夹点旋转编辑功能
指定旋转角度或［基点(B)/复制(C)/放弃(U)/参照(R)/退出(X)］：
* * 比例缩放 * * ；激活了夹点缩放编辑功能
指定比例因子或［基点(B)/复制(C)/放弃(U)/参照(R)/退出(X)］：
* * 镜像 * * ；激活了夹点镜像编辑功能
指定第二点或［基点(B)/复制(C)/放弃(U)/退出(X)］：

通常利用夹点功能进行拉伸、移动操作。例如，修改中心线的长度时，单击一个端夹点，按需要的长度移动光标后再单击“确定”按钮，如图 4-33 所示。

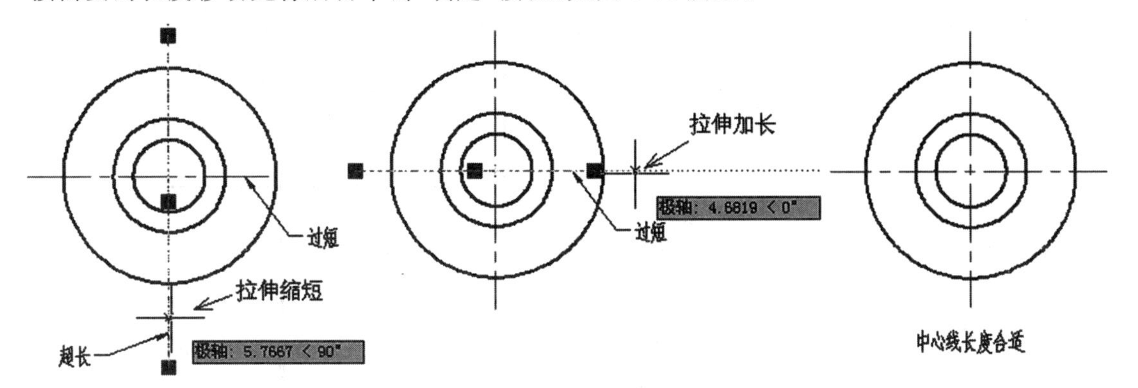

图 4-33　夹点拉伸修改线段长度

夹点的移动功能同样很有效。单击一个夹点后按一次空格，移动鼠标即可移动对象了，如图 4-34(a)所示。如果单击圆心和文字插入夹点，就能直接移动对象，如图 4-34(b)所示。

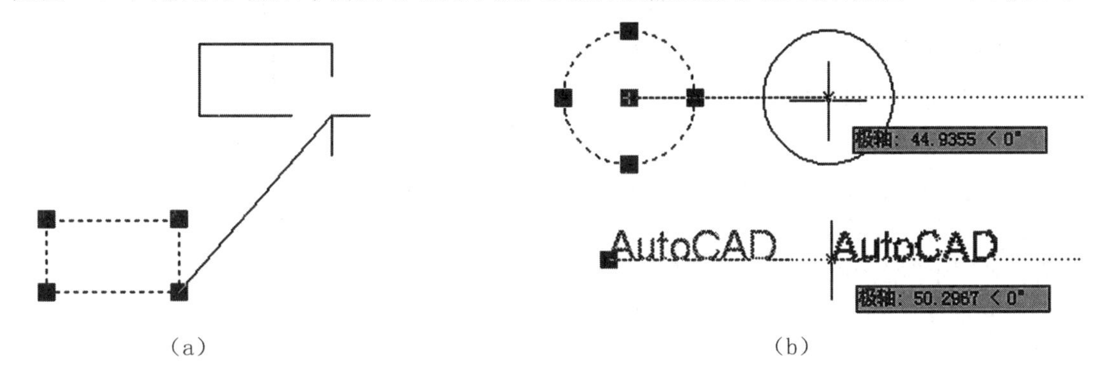

图 4-34　夹点移动对象

注意：夹点编辑完成后，及时按 Esc 键取消夹点显示。

任务 4　边、角、长度的编辑

模块 1　打断与合并

1. 打断

调用打断命令的方法如下。

- 单击功能区的“常用”选项卡→“修改”面板的“打断”按钮。
- 单击“修改”工具栏按钮。
- 在命令行输入命令 BREAK(BR)。

打断对象既可以在两点之间打断选定的对象，也可以在一点打断选定的对象。可以打断的对象包括直线、圆、圆弧、多段线、椭圆、样条曲线等。

如图 4-35 所示，打断直线、圆弧等非闭合对象，任意选择两点；对矩形、椭圆等闭合对象，打断点按逆时针选择，操作提示如下。

命令：br BREAK 选择对象： ；在点 1 拾取打断对象，拾取点为第一点

指定第二个打断点 或［第一点(F)］： ；在点 2 附近单击即可（最好 F3 关闭对象捕捉）

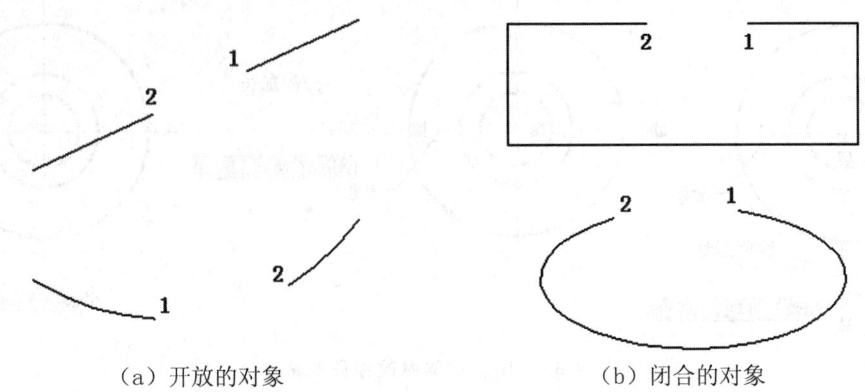

（a）开放的对象　　（b）闭合的对象

图 4-35　打断对象

2. 合并

调用合并命令的方法如下。

- 单击功能区的“常用”选项卡→“修改”面板的“合并”按钮。
- 单击“修改”工具栏按钮。
- 在命令行输入命令 JOIN(J)。

最常用的就是将位于一条直线上且分离的几个线段，合并为一条直线，可以合并的对象还有同心、同半径的圆弧等。

合并如图 4-36 所示的线段，操作提示如下。

命令：j ；输入命令

JOIN 选择源对象： ；单击 1，选择一段执行

选择要合并到源的直线： 指定对角点：找到 2 个 ；选择其他分离的线段，如 2、3

选择要合并到源的直线： ；回车结束

已将 2 条直线合并到源 ；圆弧按逆时针方向合并

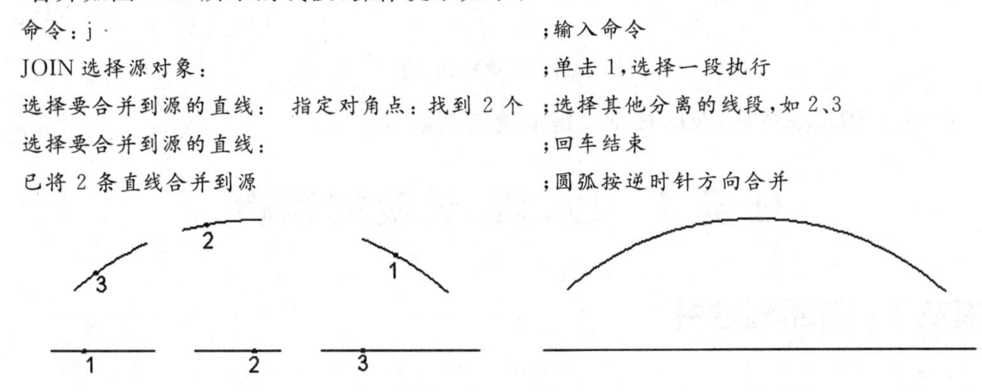

图 4-36　合并对象

模块 2　圆角与倒角

零件上很多地方需要进行圆角和倒角，如图 4-37 所示，这些圆弧和斜线不需要用圆弧和直线命令来画，利用圆角和倒角可以方便地自动生成。

1. 圆角

圆角就是用一个指定半径的圆弧来光滑地连接两个对象。可以进行圆角操作的对象包括直线、圆、圆弧、椭圆（弧）、多段线等。如果被圆角连接的两个对象位于同一图层，则圆角

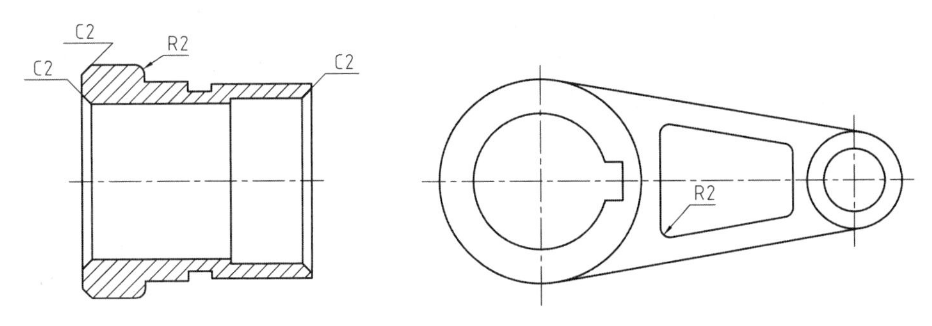

图 4-37　圆角和倒角

弧线创建于该层；反之，圆角弧线在当前层并具有当前层的颜色、线型和线宽等。

调用圆角命令的方法如下。

- 单击功能区的“常用”选项卡→“修改”面板的“圆角”按钮。
- 单击“修改”工具栏按钮。
- 在命令行输入命令 FILLET(F)。

执行圆角命令，操作提示如下。

```
命令：_fillet                                                          ；输入命令
当前设置：模式 = 修剪，半径 = 0.0000                                     ；当前设置信息
选择第一个对象或[放弃(U)/多段线(P)/半径(R)/修剪(T)/多个(M)]：            ；选择第一条线
选择第二个对象，或按住 Shift 键选择要应用角点的对象：                      ；选择第二条线
```

主要选项含义如下。

“多段线(P)”可以对多段线的顶点处进行圆角处理。

“半径(R)”可以设定圆角半径大小，默认值是 0。在选择边时按住 Shift 键，可以用 0 值替代当前圆角半径。

“修剪(T)”设置是否将选定的边修剪或延伸到圆角弧线的端点。默认为修剪或延伸。修剪与不修剪的圆角效果如图 4-38 所示。

“多个(M)”可以对多个边进行圆角而不退出，默认情况下只圆角一次即退出命令。

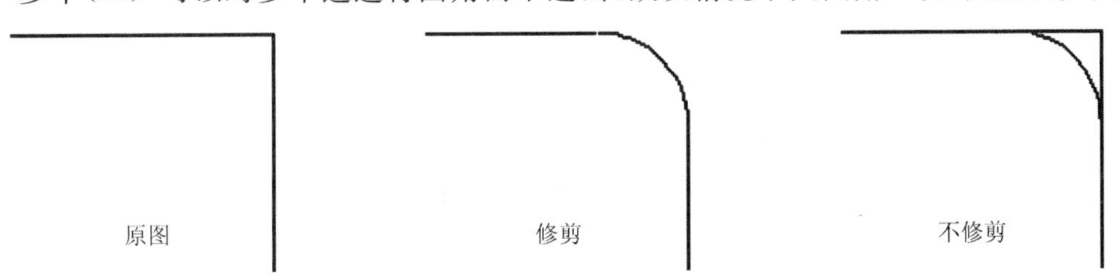

图 4-38　修剪与不修剪的比较

【例 4-3】 如图 4-39 所示，参照图(b)将图(a)进行圆角，所有圆角均为 $R2$。操作提示如下。

```
命令：_fillet                                                          ；单击启动命令
当前设置：模式 = 修剪，半径 = 0.0000                                     ；当前设置
选择第一个对象或[放弃(U)/多段线(P)/半径(R)/修剪(T)/多个(M)]：r           ；选择“半径(R)”选项
指定圆角半径<0.0000>：2                                                 ；设置半径为 2
选择第一个对象或[放弃(U)/多段线(P)/半径(R)/修剪(T)/多个(M)]：m           ；启用多个圆角方式
```

选择第一个对象或［放弃(U)/多段线(P)/半径(R)/修剪(T)/多个(M)］：　;选择边 1
选择第二个对象，或按住 Shift 键选择要应用角点的对象：　;选择边 2，圆第一个角
选择第一个对象或［放弃(U)/多段线(P)/半径(R)/修剪(T)/多个(M)］：　;选择边 2
选择第二个对象，或按住 Shift 键选择要应用角点的对象：　;选择边 3，圆第二个角
……　;依次选择各个角的两边

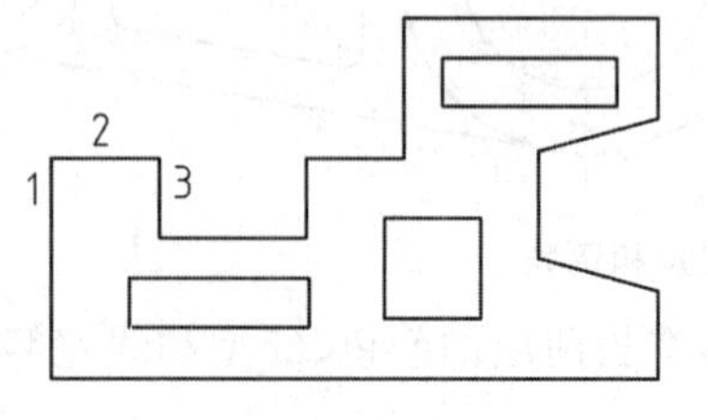

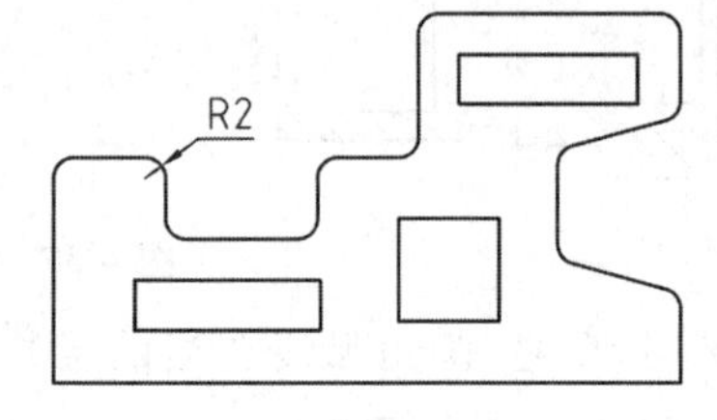

图 4-39　圆角

【例 4-4】　圆角命令在圆弧连接中的应用。

用 CIRCLE/T 命令作圆再修剪是圆弧连接的基本方法。对于外切圆弧(见图 4-40 中的 R35)，则利用 FILLET/R 是一种便捷方法。

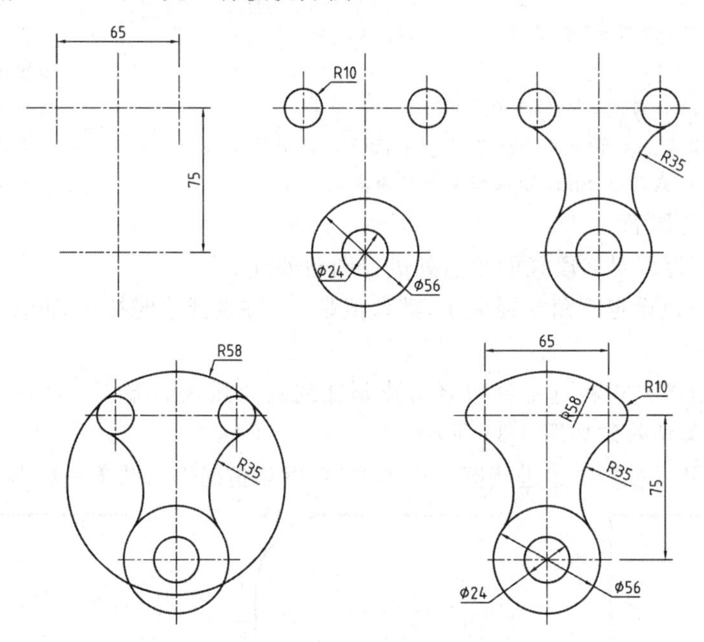

图 4-40　圆弧之间作圆角

步骤 1：　设置绘图环境。以公制样板新建图形文件，参考图 4-41 设置必要图层。

状	名称	开.	冻结	锁...	颜色	线型	线宽	打印...	打.
✔	0				白	Continuous	—— 默认	Color_7	
	标注				蓝	Continuous	—— 0.40 毫米	Color_5	
	点画线				红	CENTER2	—— 0.18 毫米	Color_1	
	轮廓线				白	Continuous	—— 0.18 毫米	Color_7	

图 4-41　图层设置参考

步骤2： 绘制中心线。以“中心线”为当前层，可根据尺寸65、75绘制定位中心线。

步骤3： 绘制已知圆弧。以“轮廓线”为当前层，作已知圆弧R10、ϕ24、ϕ56。

步骤4： 用圆角命令制作外切圆弧，操作提示如下。

```
命令：f FILLET
当前设置：模式 = 修剪，半径 = 0.0000
选择第一个对象或[放弃(U)/多段线(P)/半径(R)/修剪(T)/多个(M)]：r ;选择“半径(R)”选项
指定圆角半径<0.0000>：35                                       ;输入圆角半径
选择第一个对象或[放弃(U)/多段线(P)/半径(R)/修剪(T)/多个(M)]：   ;拾取R10圆
选择第二个对象，或按住Shift键选择要应用角点的对象：            ;拾取φ56圆，绘制出R35圆弧
……                                                              ;重复一次制作另一边R35
```

步骤5： 作内切圆。FILLET/R只能制作外切圆弧，不能制作内切圆弧，R58只能用CIRCLE/T绘制公切圆。

步骤6： 修剪。选择边界R10、R58、R35，按需修剪R10和R58即可。

2. 倒角

将两个不平行的对象用直线相连即为倒角。调用倒角命令的方法如下。

- 单击功能区的“常用”选项卡→“修改”面板的“倒角”按钮。
- 单击“修改”工具栏按钮。
- 在命令行输入命令CHAMFER(CHA)。

执行倒角命令，系统提示如下。

```
命令：cha CHAMFER
(“修剪”模式)当前倒角距离1 = 0.0000，距离2 = 0.0000              ;当前设置信息
选择第一条直线或[放弃(U)/多段线(P)/距离(D)/角度(A)/修剪(T)/方式(E)/多个(M)]：
```

主要选项含义与圆角的类似。

【例4-5】 将图4-42(a)参照图4-42(b)进行倒角，所有倒角均为$C2$。操作提示如下。

```
命令：cha CHAMFER
(“修剪”模式)当前倒角距离1 = 0.0000，距离2 = 0.0000
选择第一条直线或[放弃(U)/多段线(P)/距离(D)/角度(A)/修剪(T)/方式(E)/多个(M)]： d
指定第一个倒角距离<0.0000>：                                      ;设置第一个倒角距离为2
指定第二个倒角距离<2.0000>：                                      ;回车，第二个倒角距离为2
选择第一条直线或
[放弃(U)/多段线(P)/距离(D)/角度(A)/修剪(T)/方式(E)/多个(M)]：m   ;倒多个角
选择第一条直线或
[放弃(U)/多段线(P)/距离(D)/角度(A)/修剪(T)/方式(E)/多个(M)]：    ;选择第1边
选择第二条直线，或按住Shift键选择要应用角点的直线：               ;选择第2边，倒第一个角
选择第一条直线或
[放弃(U)/多段线(P)/距离(D)/角度(A)/修剪(T)/方式(E)/多个(M)]：    ;选择第3边
选择第二条直线，或按住Shift键选择要应用角点的直线：               ;选择第4边，倒第二个角
……                                                                 ;如此反复，完毕回车结束
```

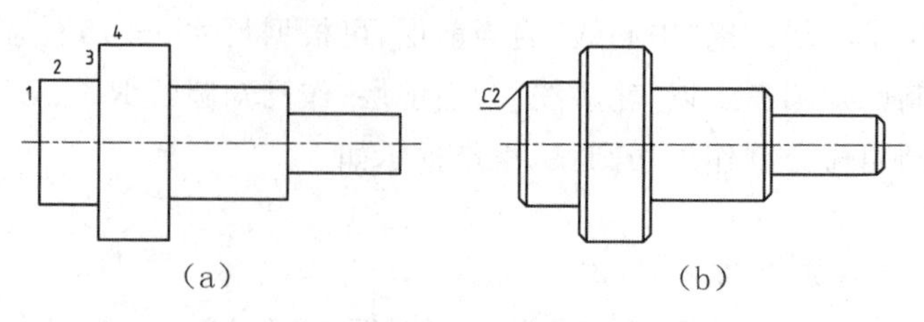

图 4-42　倒角

任务 5　编辑复杂对象

编辑复杂对象包括编辑多段线、编辑多线、编辑图案填充、分解对象，还有文字的编辑、尺寸标注的编辑、图块和属性的编辑都将在相应的任务中介绍。

模块 1　编辑多段线

调用编辑多段线命令的方法如下。

- 单击功能区的"常用"选项卡→"修改"面板的"编辑多段线"按钮。
- 单击"修改 II"工具栏按钮。
- 在命令行输入命令 PEDIT(PE)。

执行编辑多段线命令，操作提示如下。

命令：pe PEDIT 选择多段线或［多条(M)］：　　;选择一条多段线
输入选项
［闭合(C)/合并(J)/宽度(W)/编辑顶点(E)/拟合(F)/样条曲线(S)/非曲线化(D)/线型生成(L)/放弃(U)］：

各选项的功能如下。

"闭合(C)"：将多段线首尾连接。

"打开(O)"：删除多段线的闭合线段，将闭合的多段线变成开放的。

"合并(J)"：将首尾相连的直线、圆弧或多段线合并成一条多段线，这是常用的选项。

"宽度(W)"：指定整个多段线的统一宽度。

"编辑顶点(E)"：对多段线的各个顶点进行编辑，可以进行插入、删除、改变切线方向、移动等操作。

"拟合(F)"：用圆弧来拟合多段线(由圆弧连接每对顶点的平滑曲线)，曲线经过多段线的所有顶点。

"样条曲线(S)"：使用多段线的顶点作为近似 B 样条曲线的曲线控制点或控制框架，生成近似的样条曲线。

"非曲线化(D)"：删除由拟合或样条曲线插入的其他顶点，并拉直所有多段线线段。

"线型生成(L)"：生成经过多段线顶点的连续图案的线型。

【例 4-6】 如图 4-43 所示，画一个五角星，将其编辑为一条多段线，并设置多段线的宽度为 5。

编辑过程如下。

(1)绘制一个正五边形，用直线将其不相邻的顶点两两连接，并修剪为五角星。

图 4-43　编辑多段线

(2)编辑多段线,操作如下。

```
命令: pe PEDIT
选择多段线或 [多条(M)]: m                                 ;选择"多条(M)"选项,选择多条线段
选择对象: 指定对角点: 找到 10 个
选择对象:
是否将直线和圆弧转换为多段线? [是(Y)/否(N)]? <Y>          ;回车,将选定线段转换为多段线
输入选项
[闭合(C)/打开(O)/合并(J)/宽度(W)/拟合(F)/样条曲线(S)/非曲线化(D)/线型生成(L)/放
弃(U)]: j                                                 ;选择"合并(J)"选项
合并类型 = 延伸
输入模糊距离或 [合并类型(J)] <0.0000>:                    ;回车
多段线已增加 9 条线段
输入选项
[闭合(C)/打开(O)/合并(J)/宽度(W)/拟合(F)/样条曲线(S)/非曲线化(D)/线型生成(L)/放
弃(U)]: w                                                 ;设置多段线的宽度
指定所有线段的新宽度: 5                                    ;指定宽度为 5
输入选项
[闭合(C)/打开(O)/合并(J)/宽度(W)/拟合(F)/样条曲线(S)/非曲线化(D)/线型生成(L)/放
弃(U)]:                                                   ;回车结束
```

模块 2　编辑多线

调用编辑多线命令的方法如下。

- 执行"修改"→"对象"→"多线"命令。
- 在命令行输入命令 MLEDIT。

执行编辑多线命令,弹出"多线编辑工具"对话框,如图 4-44 所示。此对话框中包含有 4 列工具,第一列用于处理十字相交的多线,第二列用于处理 T 形相交的多线,第三列用于处理角点连接和顶点的编辑,第 4 列用于处理多线的修剪和结合。

如图 4-45 所示的墙体相交处,编辑过程如下。

启动 MLEDIT,选择"T 形合并",根据提示行进行操作,操作提示如下。

```
命令: mledit                      ;弹出"多线编辑工具"对话框,选择"T 形合并"
选择第一条多线:                   ;单击 1,选择一条多段线
选择第二条多线:                   ;单击 2,选择另一条多段线
选择第一条多线 或 [放弃(U)]:      ;回车结束命令
```

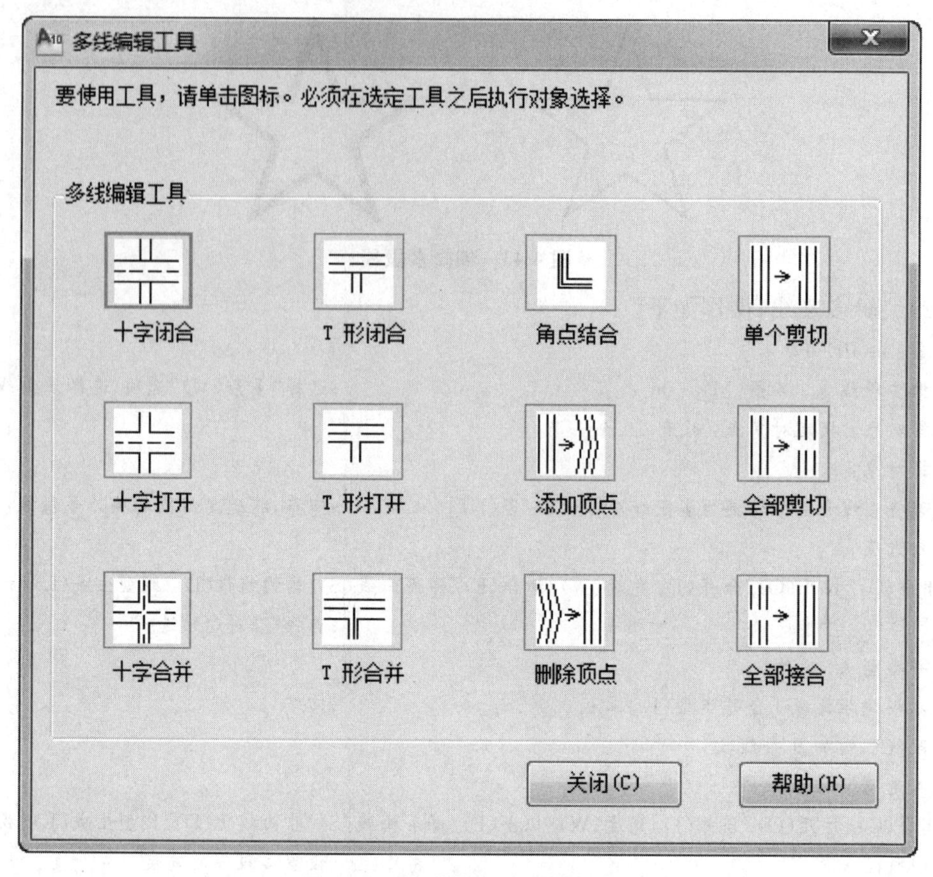

图 4-44 “多线编辑工具”对话框

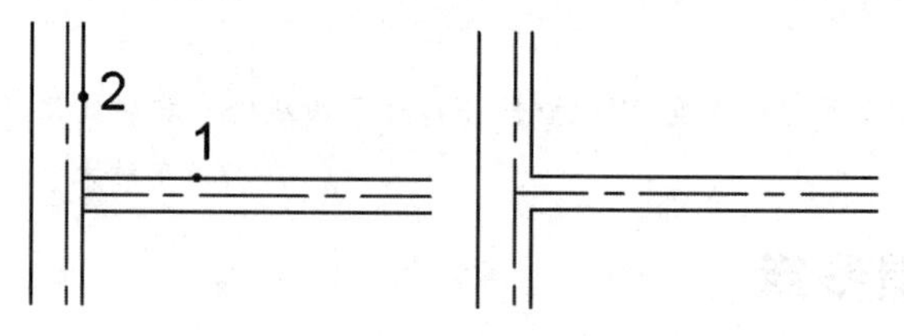

图 4-45 多线编辑中选择对象的次序

模块 3 编辑图案填充

调用编辑图案填充命令的方法如下。

- 单击功能区的“常用”选项卡→“修改”面板的“编辑多段线”按钮。
- 单击“修改 II”工具栏按钮。
- 在命令行输入命令 HATCHEDIT(HE)。

可以对已完成的图案填充进行更改,如修改“比例”、修改“图案填充原点”、“重新创建边界”等。启动编辑图案填充命令,弹出“图案填充编辑”对话框,如图 4-46 所示,显示了被选择填充的相关参数设置,可根据需要进行修改。

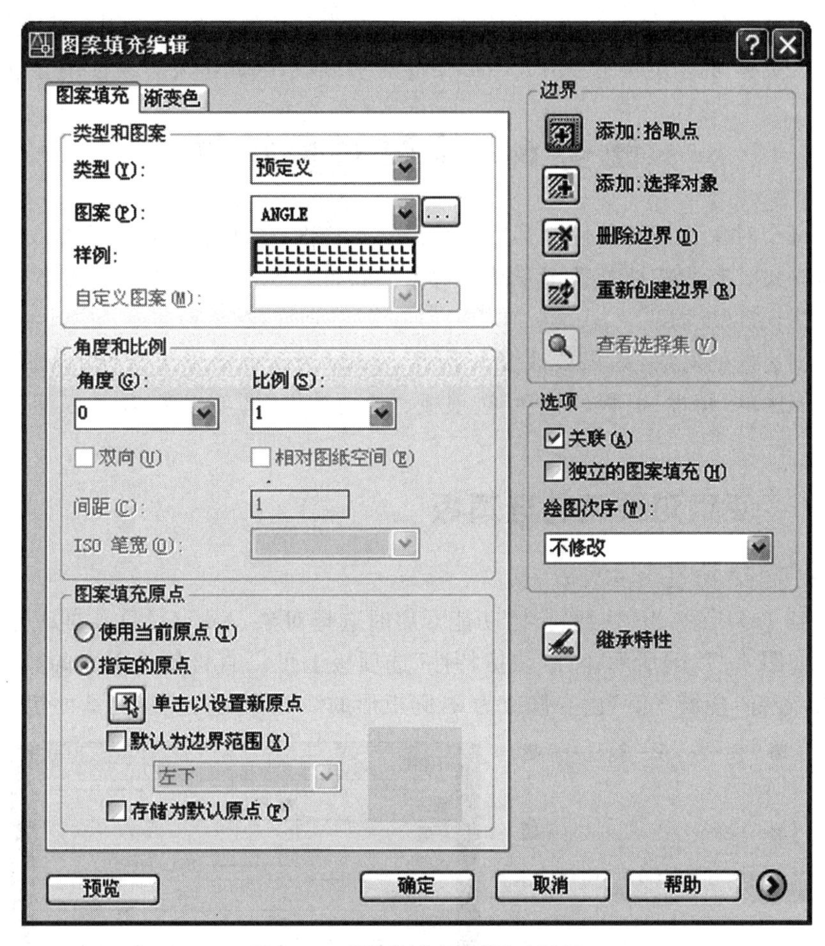

图 4-46　“图案填充编辑”对话框

模块 4　分解

绘图设计过程中，会生成很多组合对象，如矩形、正多边形、多段线、圆环、多线、图案填充、尺寸标注、图块等。这些对象通过分解可以分离成各单个组成对象，例如，矩形分解为 4 条直线。

调用分解命令的方法如下。

- 单击功能区的“常用”选项卡→“修改”面板的“分解”按钮。
- 单击“修改”工具栏按钮。
- 在命令行输入命令 EXPLODE(X)。

分解命令的操作非常简单，启动命令，选择要分解的对象，回车即完成分解。有时，对象分解后外观上没有变化，例如，矩形分解为四条简单的直线段，只有拾取它们才能看出来。

分解命令的命令行提示如下。

```
命令：_explode
选择对象：                    ;选择对象，回车
```

组合对象分解后将失去相关特性，例如，多段线分解不再具有宽度信息，当分解包含属

性的块时，属性将显示为创建时设置的属性标记，分解后的尺寸标注与图案填充不能再随图形的编辑自动更新等。分解还会增大图形文件的字节数，因此不要轻易使用分解操作。

任务 6　修改对象特性

绘制的每个对象都具有特性。某些特性是基本特性，适用于大多数对象，如图层、颜色、线型和打印样式。有些特性是特定于某个对象的特性，例如，圆的特性包括半径和面积，直线的特性包括长度和角度。

对于已创建好的对象，如果要改变其特性，AutoCAD 也提供了方便的修改方法，主要可以使用功能区的“特性”面板、“特性”选项板、“快捷特性”选项板和“特性匹配”命令来修改对象特性。

模块 1　使用对象特性选项板

1. 使用“快捷特性”选项板

如图 4-47 (a)所示，当“快捷特性”功能开启时选择对象，AutoCAD 会自动弹出“快捷特性”选项板，如图 4-47(b)所示。在“快捷特性”选项板上可以直接修改对象的颜色、图层、线型等。例如，若将“全局宽度”由 0 修改为 2，则矩形的线宽将变为宽度为 2 的粗线。

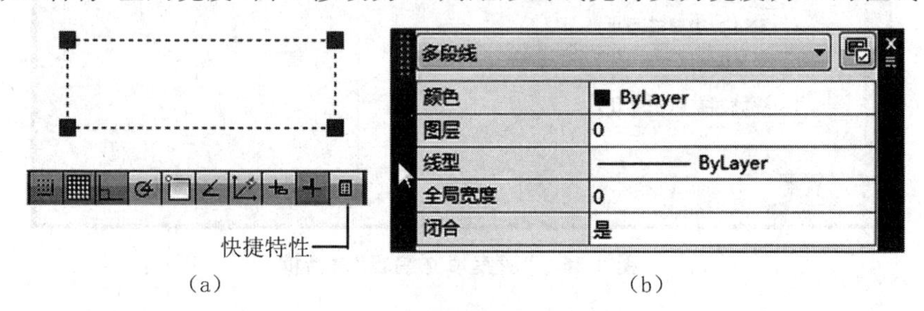

图 4-47　“快捷特性”选项板

2. 使用“特性”面板

如图 4-48 所示，使用功能区的“特性”面板可以显示和修改对象的颜色、线型和线宽。操作方法是：选择对象，在面板的颜色、线型、线宽下拉列表中选择要更改的特性。

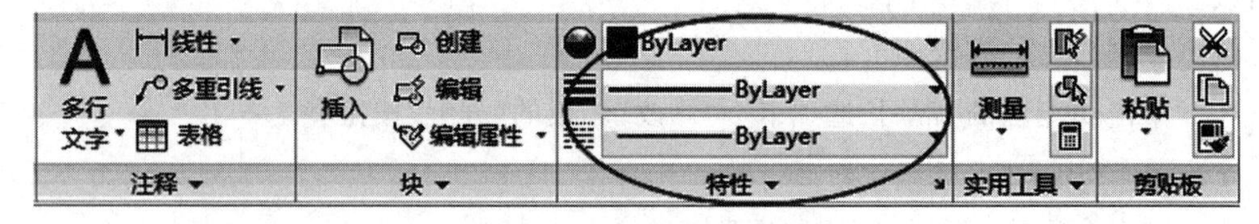

图 4-48　功能区“特性”面板

3. 使用“特性”选项板

打开对象“特性”选项板的方法如下。

- 单击功能区的“视图”选项卡→“选项板”面板的“特性”按钮。
- 单击功能区的“常用”选项卡→“特性”面板的右下角按钮。
- 使用快捷键 Ctrl+1。

利用“特性”选项板可以更加全面地查看和修改对象的特性，如图 4-49 所示。

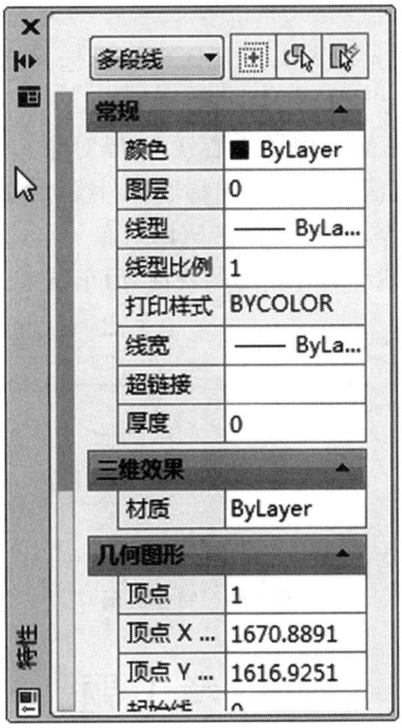

图 4-49　“特性”选项板

“特性”选项板一般出现的选项组有“基本”、“几何图形”、“文字”、“打印样式”、“视图”、“其他”等，如图 4-49 所示。展开这些选项组就会在其中看到对象的各种特性以表格形式列出，如果要修改某一特性，单击特性值所在的单元格，会发现单元格中出现了输入提示符或下拉列表等，输入或选择要设定的特性值，再按 Esc 键取消对象的选中状态，关闭“特性”选项板，就完成了对象特性的修改。

模块 2　特性匹配

调用特性匹配命令的方法如下。

- 单击功能区“常用”选项卡→“剪贴板”面板的“特性匹配”按钮。
- 单击“标准”工具栏按钮。
- 在命令行输入命令 MATCHPROP(MA)。

执行特性匹配命令，操作提示如下。

```
命令：_matchprop
选择源对象：　　　　　　　　　　;选中一个对象，只能单选，选择后不需回车
当前活动设置： 颜色 图层 线型 线型比例 线宽 厚度 打印样式 文字 标注 填充图案
多段线 视口 表格
选择目标对象或[设置(S)]：　　　;选择目标对象，可以框选
```

使用特性匹配命令就会将一个对象(源对象)的特性部分或全部地复制到其他对象(目标对象)，输入命令先选择源对象后再选择要修改的目标对象。操作之后源对象特性不变，目标对象的特性与源对象特性完全一致或部分一致。

特性匹配是修改对象特性最常用的操作。下面看一个例子，如图 4-50 所示，将图(a)修改为图(b)所示特性，操作如下。

(1)启动特性匹配命令，先拾取圆周 1(源对象)，再选择椭圆 2(目标对象)，则椭圆修改为与圆相同特性的图线，回车结束。

(2)重复特性匹配命令，先拾取椭圆中心线 3(源对象)，再选择圆的中心线 4(目标对象)，则圆的中心线修改为与椭圆中心线相同特性的图线，回车结束。

(3)重复使用特性匹配命令，先拾取文字 5(源对象)，再选择文字 6(目标对象)，则“圆和椭圆”与“AutoCAD 2014 中文版”具有相同的特性，回车结束。

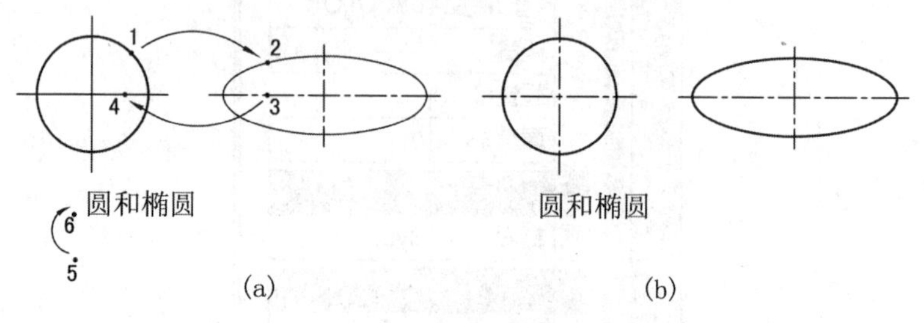

图 4-50 特性匹配

思 考 题

1. 窗交选择和窗口选择有何异同之处？
2. 栏选一般用于哪些情形？
3. 复制对象时基点和第二点的关系是什么？
4. 用偏移命令生成矩形时，矩形的尺寸改变吗？
5. 偏移命令能对多条直线一次偏移吗？
6. 环形阵列可以改变对象的角度吗？
7. 矩形阵列中行偏移为负数，列偏移为正数，说明要将对象向哪个方向偏移？
8. 旋转对象时，角度的正负有何说法？
9. 缩放对象时，缩放的基点有何特征？
10. 拉伸对象时，应该采用何种选择对象的方式？
11. 执行修剪命令时，剪切边与修剪对象不相交该如何处理？
12. 如何使用夹点编辑实现对象的移动和旋转？
13. 多段线合并时，“模糊距离”有何意义？
14. 多线的三种对正方式分别适用于何种情形？
15. 图案填充的图样比例大小有何意义？
16. 分解后的图案填充还可以改变图案吗？
17. 使用特性工具栏改变对象的颜色和线型以后，该对象的颜色和线型特性还受图层控制吗？
18. 改变对象图层的方法有哪几种？

项目5 图纸注释

项目重点

文字、尺寸的标注及创建表格的方法。

教学目标

能正确创建文字样式，合理使用单行文字和多行文字；能设置符合国标的尺寸标注样式，正确标注线性尺寸、角度、直径与半径尺寸；能创建简单的表格。

任务1 文　　字

知识目标

创建不同的文字样式，创建和编辑单行文字和多行文字。

能力目标

能正确、快速地进行图形中文字的输入和编辑。

文字是工程图纸中的重要组成部分，创建文字对象的常用命令见"常用"选项卡中的"注释"面板，如图5-1所示。更加完整的文字相关命令见"注释"选项卡中的"文字"面板。

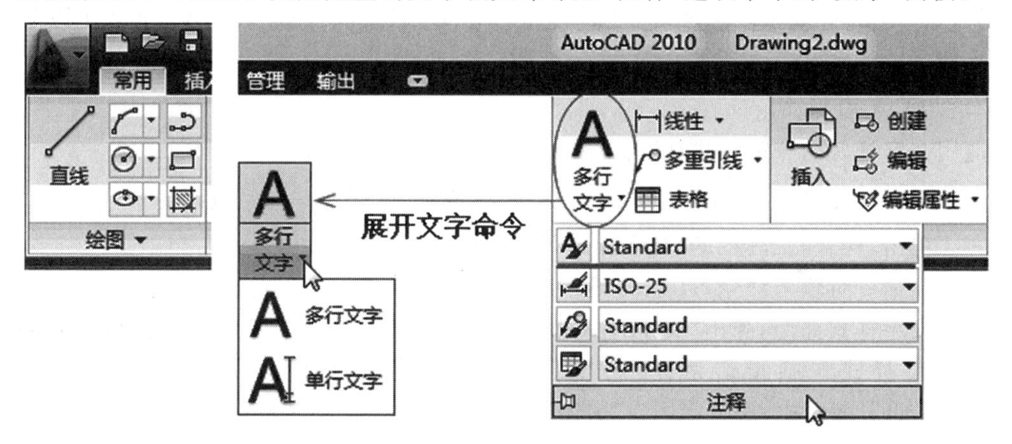

图5-1　常用的文字相关命令

模块1　文字样式

图形中的所有文字都具有与之关联的文字样式。因此，书写文字之前要先定义文字样式，对每一种字体设置一种文字样式，然后通过改变文字样式来达到改变字体的目的，即字体随样式而变。

1. AutoCAD字体

在AutoCAD中可以使用两种类型的字体，分别为Windows自带的TrueType字体和AutoCAD专用的形(SHX)字体，这两种字体的比较如图5-2所示。

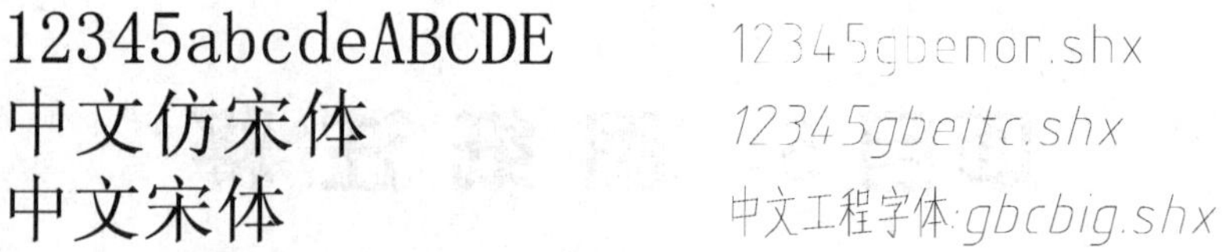

12345abcdeABCDE
中文仿宋体
中文宋体

12345gbenor.shx
12345gbeitc.shx
中文工程字体:gbcbig.shx

（a）通用字体　　（b）专用字体

图 5-2　TrueType 字体与 SHX 字体的比较

TrueType 字体是 Windows 下各应用软件的通用字体，如宋体、楷体、黑体、仿宋体等，这些字体文件在 Windows 的 Fonts 目录下。这种字体的优点是，字形美观，并且有较多的字体供选择；最大缺点是，耗计算机资源，比如使用较多 TrueType 字体时，屏幕显示的视图会有“拖不动”的感觉。

SHX 字体是 AutoCAD 的专用字体。它的特点是，字形简单，占用计算机系统资源少；缺点是，字形不够美观。在 AutoCAD 中绘制工程施工图时，推荐使用 SHX 字体。而对于视觉效果要求高的图纸，还是采用 TrueType 字体。

SHX 字体文件在 AutoCAD 安装目录的 Fonts 文件夹，后缀是 shx，如 txt. shx、gbeitc. shx、gbenor. shx、gbcbig. shx 等。AutoCAD 专门为使用中文的用户提供一种称为“大字体”的 SHX 字体文件，这就是 gbcbig. shx，字形类似“长仿宋”体的汉字。所谓大字体是指亚洲语言的字符集，如中文、韩文等。

AutoCAD 除了使用系统提供的 gbcbig. shx 支持汉字以外，还可以使用第三方开发的大字体，如 hztxt. shx、hzfs. shx 等，要使用这些字体，只要将其拷贝到 AutoCAD 的 Fonts 文件夹即可。

2. 创建文字样式

调用文字样式命令的方法如下。

- 单击功能区的“常用”选项卡→“注释”面板的“文字样式”按钮。
- 单击“样式”工具栏的“文字样式”按钮。
- 在命令行输入命令 STYLE(ST)。

启动文字样式命令，弹出“文字样式”对话框，如图 5-3 所示。从该对话框可以看到，设置一种文字样式包括指定字体、高度、宽度因子、倾斜角度等。系统已有一个名为“Standard”的文字样式，采用字体为“宋体”，这是系统自动创建的默认样式。一般应根据需要，创建自己的文字样式。

创建文字样式的步骤如下。

(1)执行文字样式命令，打开“文字样式”对话框。

(2)设置文字样式名称。

单击“新建”按钮，弹出“新建文字样式”对话框，如图 5-4 所示，默认样式名为“样式 1”，推荐将其进行改写，比如以选择的字体文件名作为样式名，输入样式名后单击“确定”按钮。

(3)选择字体文件。

“文字样式”对话框的“字体”选项区用于设置字体和字高。

需要支持中文字体时，通过“使用大字体”选项可以切换是使用 TrueType 字体还是使用 SHX 字体，如图 5-5 所示。两种情况详细说明如下。

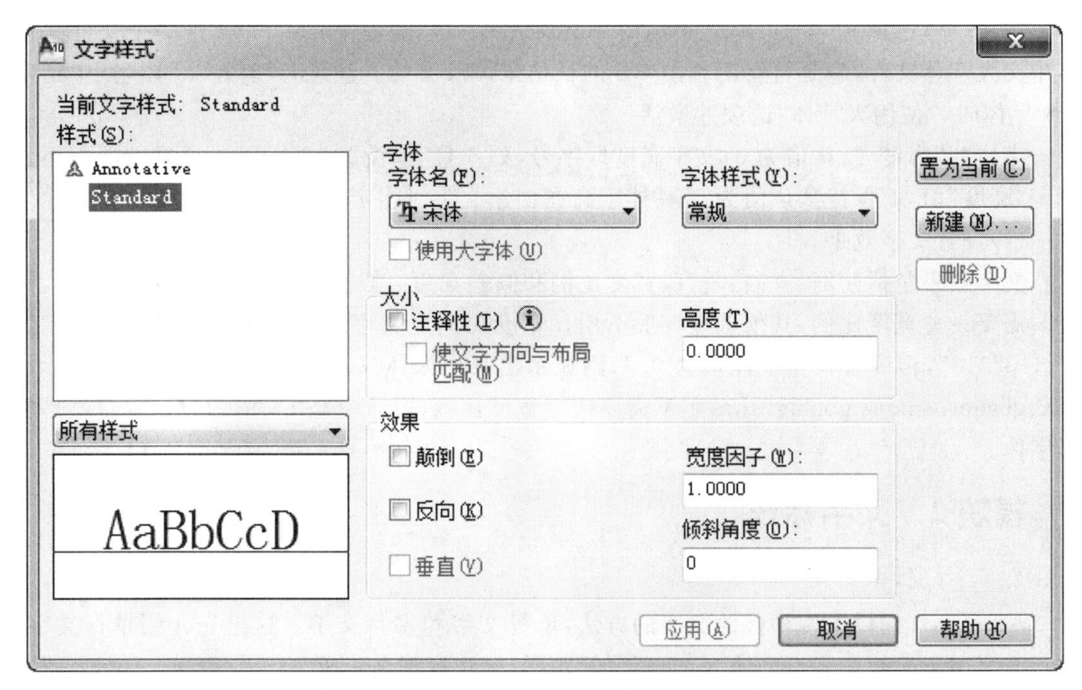

图 5-3　“文字样式”对话框

图 5-4　命名文字样式

图 5-5　TrueType 与 SHX 字体

①使用 TrueType 字体：不要勾选“使用大字体”，在“字体名”下拉列表中可以选择 Windows 的中文字体，如“仿宋体”或“宋体”汉字。

②使用 SHX 字体：先在“SHX 字体”列表中选择英文字体，再勾选“使用大字体”选项后，在“大字体”列表中选择中文字体。英文字体推荐 gbeitc. shx(斜体)和 gbenor. shx(直

体),中文字体选择 gbcbig.shx。单纯的 AutoCAD 系统,只有 gbcbig.shx 这一个文件是简体中文大字体文件,它是符合工程图 GB 的长仿宋体汉字的。注意,只有在“字体名”中指定 shx 字体时,“使用大字体”选项才激活。

字体的“高度”默认值为 0,文字高度即字号,如 5 号字,设置高度为 5。通常情况下不宜固定“高度”值,而保持默认值为 0,具体字高在创建文字时指定。

(4)设置文字效果。

文字效果包括颠倒、方向、垂直、宽度比例和倾斜角度,这些效果可以在“预览”区查看。有时需要设置宽度比例,其他选项一般不用。宽度比例是文字的宽高比,如选择字体为“仿宋_GB2312”,再设置其宽度比例为 0.7,则显示出长仿宋体汉字的效果。如果选择 gbeitc.shx、gbenor.shx 或 gbcbig.shx,则不需要改变宽度比例(默认值是 1),因为它们本身就是长形字体。

模块 2　文字标注

1. 单行文字

AutoCAD 提供了两种标注文字的方法:单行文字和多行文字。这里先介绍单行文字。单行文字用于简短文字行的输入,如填写标题栏、标注视图名称等。

调用单行文字命令的方法如下

- 单击功能区的“常用”选项卡→“注释”面板的“单行文字”按钮A̲I̲。
- 单击“文字”工具栏的“单行文字”按钮A̲I̲。
- 在命令行输入命令 TEXT(DT)。

默认情况下,执行单行文字命令,指定起点、高度、旋转角度(见图 5-6)后开始输入文字,命令行提示序列如下。

```
命令: dt TEXT                                  ;输入命令
当前文字样式:  Standard  当前文字高度:  2.5000
指定文字的起点或[对正(J)/样式(S)]:          ;指定文字的起始点(文字基线的左端点)
指定高度 <2.5000>:                             ;指定文字的高度
指定文字的旋转角度 <0>:                        ;指定文字行的角度,0°表示水平书写
```

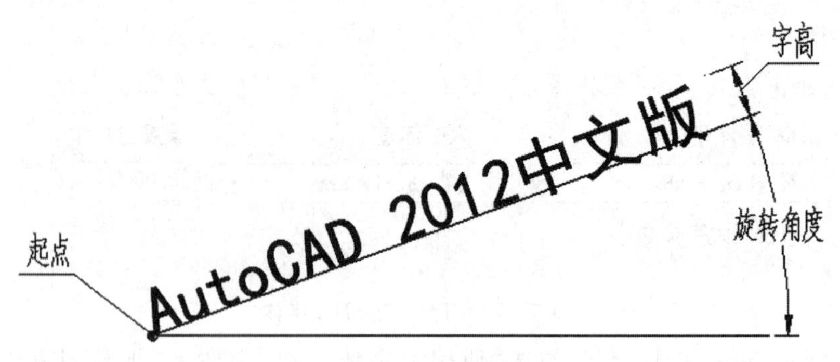

图 5-6　单行文字

输入文字时命令行不显示,而是在起点处显示“在位文字编辑框”,编辑框会随着输入而展开,如图 5-7 所示。输入的文字字体由当前文字样式确定,所以在启动文字命令前,先切换恰当的文字样式。

图 5-7　单行文字的“在位文字编辑框”

单行文字的每行文字是一个独立对象。回车可结束一行并开始下一行，输入完毕回车两次退出命令。

关于文字高度的两点说明。

(1)文字样式为何不宜固定高度？这是因为一旦高度固定，“指定高度：”的提示就不会显示，创建的文字高度即为样式指定的统一高度。如果需要有不同高度的文字，则只能在标注完成之后，再用“特性”选项板修改其高度。所以，为了灵活地标注出不同高度的文字，样式中最好不要固定高度。

(2)如何指定合适的文字高度？严格来说，图纸上文字的高度应该符合工程图的国标规定，字号分别为 20、14、10、7、5、3.5、2.5(汉字不宜使用 2.5 号)。表达不同的内容采用不同的字号(即字高)。

首先要明确的是，DWG 中的文字打印输出到图纸上，文字高度随打印比例而缩放。例如，指定高度为 10(图形单位)，当 1:1(1 mm=1 图形单位)出图时，打印在图纸上的文字将是 10 mm 高；当 1:2(1 mm=2 图形单位)打印出图时，则文字为 5 mm 高。所以图形 1:n 打印，文字高度为指定高度的 $1/n$。反过来说，如果图形拟定 1∶n 出图，高度应指定为图纸上要求高度的 n 倍。

2. 多行文字

当标注的文字较多且具有段落要求时，如技术要求、施工说明等，使用多行文字较为合适，因为多行文字具有自动换行等排版功能。

调用多行文字命令的方法如下。

- 单击功能区的“常用”工具栏→“注释”面板的“多行文字”按钮 A。
- 单击“绘图”工具栏的“单行文字”按钮 A。
- 在命令行输入命令 MTEXT(MT 或 T)。

启动多行文字命令过程如下。

命令：t MTEXT 当前文字样式："Standard"　当前文字高度：2.5　　；输入命令，系统提示相关信息
指定第一角点：　　；指定一个角点
指定对角点或 [高度(H)/对正(J)/行距(L)/旋转(R)/样式(S)/宽度(W)]：；指定另一个对角点

在指定第一角点后，用鼠标拉出一个方框(这是要书写文字的区域)，拉至适当大小单击对角点，如图 5-8 所示。

确定书写区域后，界面切换到“文字编辑器”，如图 5-9 所示。经典界面的“文字编辑器”如图 5-10 所示。

在文字编辑框开始输入文字，输入完毕单击“关闭文字编辑器”或“确定”按钮或直接在编辑框外单击屏幕绘图区任意一点，即退出多行文字编辑器。

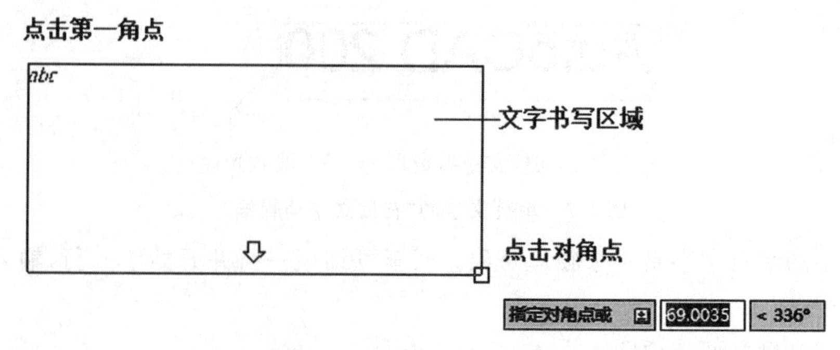

图 5-8　多行文字书写区域

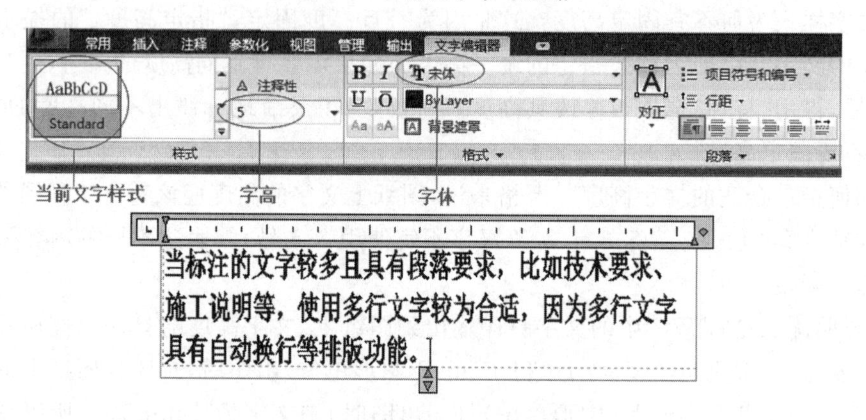

图 5-9　功能区“文字编辑器”

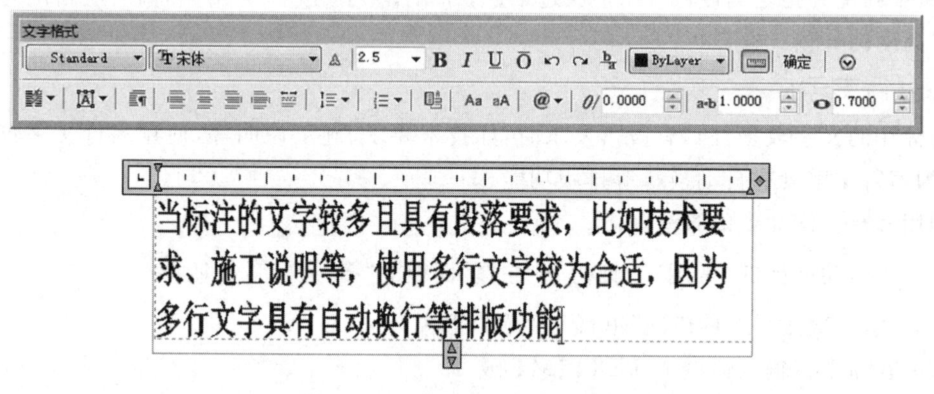

图 5-10　经典界面“文字编辑器”

3. 文字编辑

修改输入文字中的错误，完善表述的文字内容，重新设置文字的外观等，这些都需要对已有文字进行编辑处理，也许需要反复调整和修改才能满足要求。因此，文字编辑也是一种常用的编辑功能。

1)修改文字内容

要修改文字内容，最直接的方法是双击文字，随后出现在位编辑框，在编辑框外单击屏幕即退出编辑器。

2)修改文字外观

修改文字外观主要有修改字高、更换样式或修改样式设置。

（1）利用“快捷特性”选项板更换文字样式或修改字高，如图5-11所示。修改后按Esc键取消选择完成修改。

当标注的文字较多且具有段落要求，比如技术要求、施工说明等，使用多行文字较为合适，因为多行文字具有自动换行等排版功能

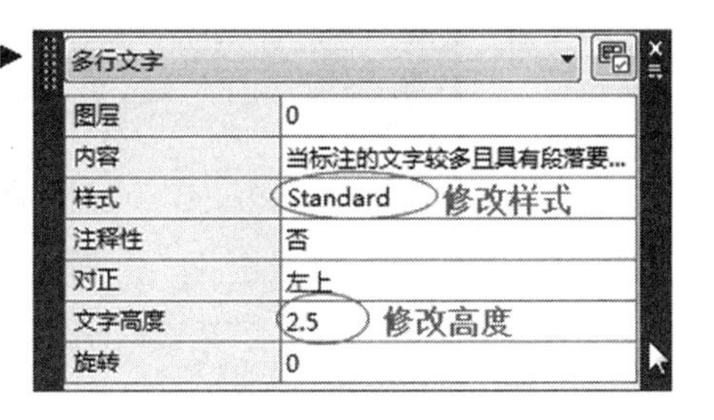

图5-11　用“快捷特性”修改文字的外观

（2）利用“特性”选项板可以修改文字的各种外观特性，如样式、字高、宽度比例等，如图5-12所示。在“文字”选项组，显示了被选择文字的外观特性值，在要修改的项目名称上单击，其右侧会显示输入框或下拉列表框，从中输入新值或选择需要的选项，再按Esc键取消夹点，完成修改操作。

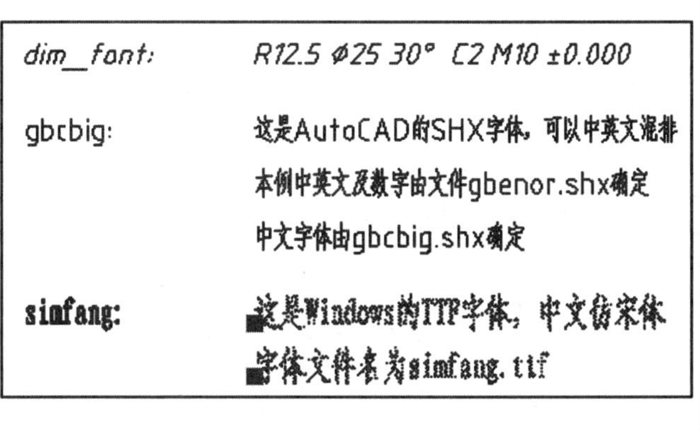

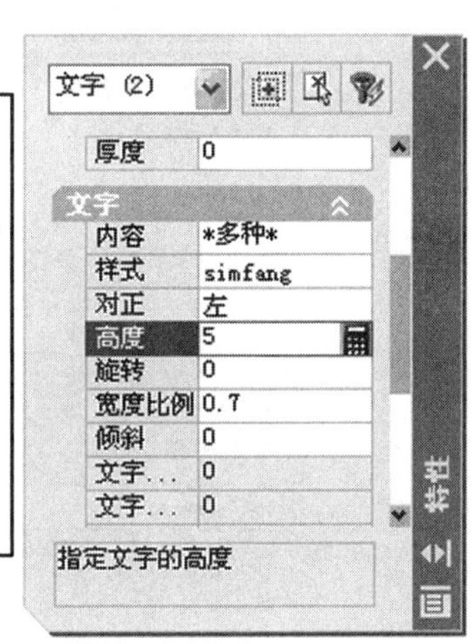

图5-12　用“特性”选项板修改文字的外观

【例5-1】　缺少大字体的解决方法。

在实际工作中，如果和其他人共享图形，当打开别人的图形文件时，常常碰到缺少字体的情况。如图5-13所示的“指定字体给样式HZ”的信息框，下方还显示“未找到字体：hztxt”，这表明本系统没有该文件中名为HZ的样式所设置的hztxt字体。

碰到这样的问题时一般采取如下方法解决。

（1）临时替换，即在出现的信息框内选择本系统的大字体替换“未找到字体”，如选择gbcbig.shx。

（2）修改文字样式的设置。临时替换只有当前有效，以后再次打开还会出现该提示。只有修改原文字样式的设置并保存，才能解决字体问题。打开“文字样式”对话框，在“样式名”选择HZ，可以看到原设置的字体为tssdeng2.shx、hztxt.shx，如图5-14所示。按图5-15所示进行修改并保存图形文件，下次再打开就不会提示缺少字体了。

（3）获取相应的字体文件。从相关软件商可以获得有关字体文件，将其复制到

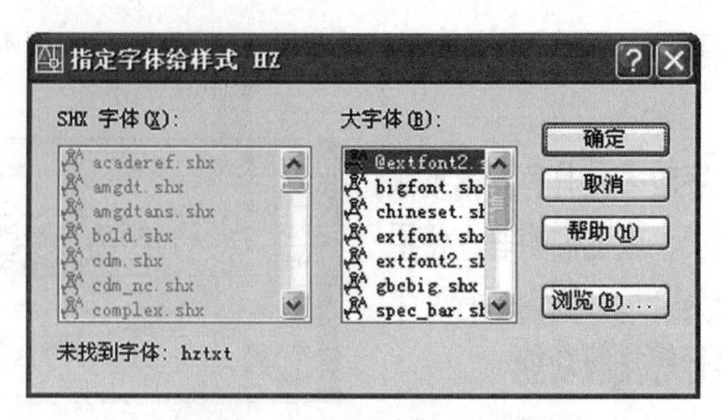

图 5-13　缺少字体文件的提示信息

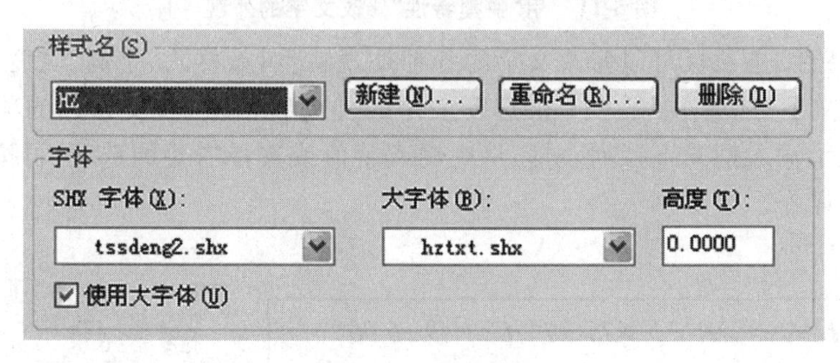

图 5-14　原设置

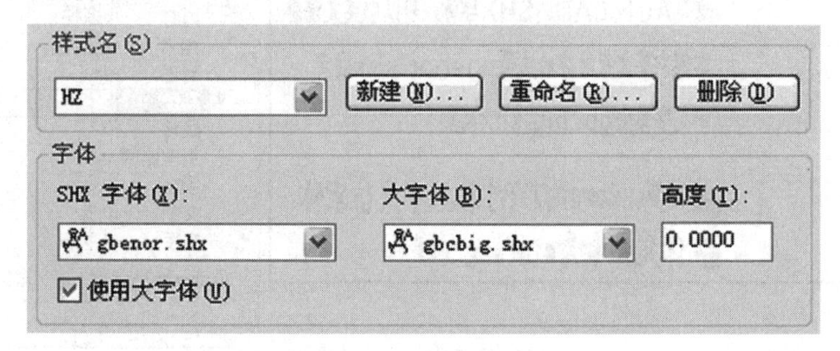

图 5-15　更改设置

AutoCAD 的 Fonts 文件夹，这样也从根本上解决了文字问题。

任务 2　尺　　寸

知识目标

尺寸标注的基本方法及如何控制尺寸标注的外观；怎样创建和编辑不同类型的尺寸。

能力目标

根据各专业的规范要求，能设置不同的标注样式，迅速创建和标注出符合工程设计标准的尺寸。

准确的尺寸标注是工程图纸中必不可少的部分，创建尺寸对象的常用命令见“常用”选项卡中的“注释”面板，如图 5-16 所示。更加完整的尺寸相关命令见“注释”选项卡“标注”面板。图 5-17 所示的是 AutoCAD 经典界面的标注命令。

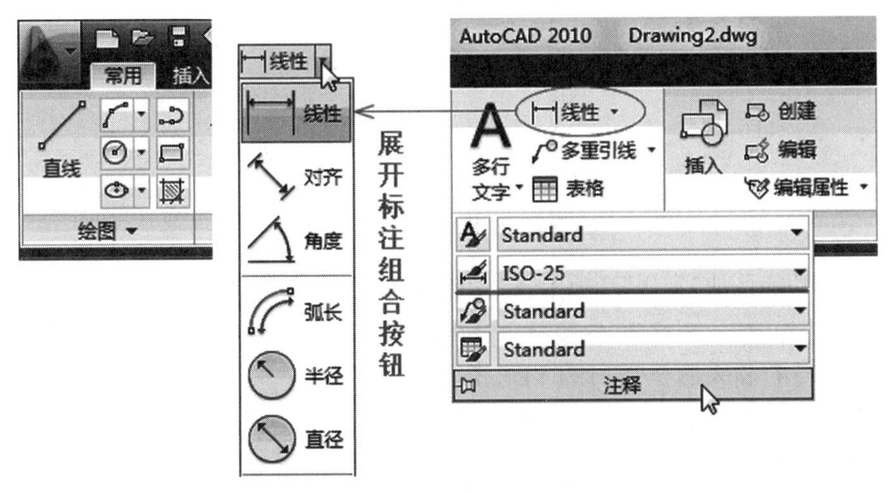

图 5-16 Ribbon 界面尺寸相关命令

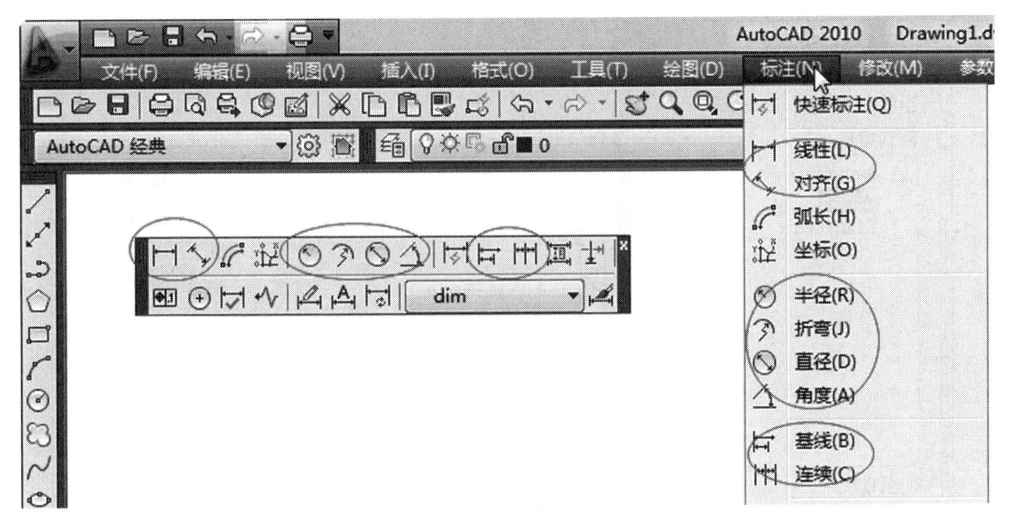

图 5-17 经典界面尺寸相关命令

模块 1 尺寸样式

标注样式中定义了标注的外观格式，一种标注样式决定一种外观格式。图 5-18 所示的标注分别为英制与公制环境下系统默认标注样式的尺寸外观，图 5-19 所示的为自定义的符合国标的尺寸标注。

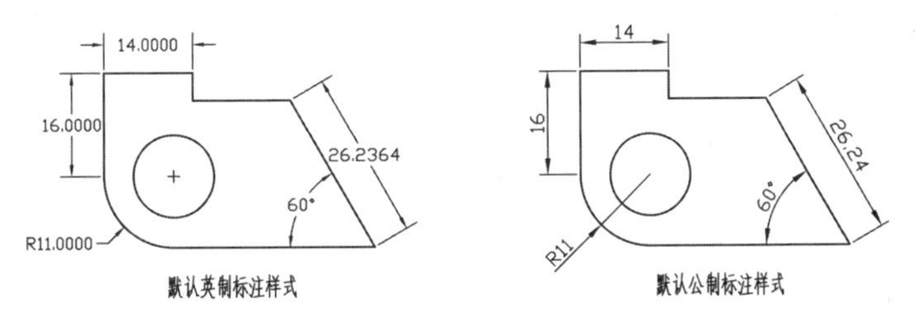

图 5-18 默认标注样式标注的尺寸

调用标注样式命令的方法如下。

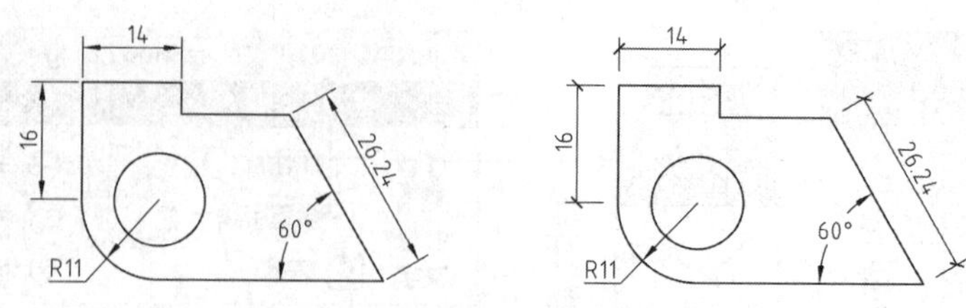

图 5-19 自定义样式标注的尺寸

- 单击功能区的“常用”选项卡→“注释”面板的“标注样式”按钮。
- 单击“样式”工具栏的“标注样式”按钮。
- 在命令行输入命令 DIMSTYLE(D)。

下面基于公制样板设置符合国标的标注样式。

1. 设置主样式

单击按钮启动“标注样式管理器”对话框，如图 5-20 所示。

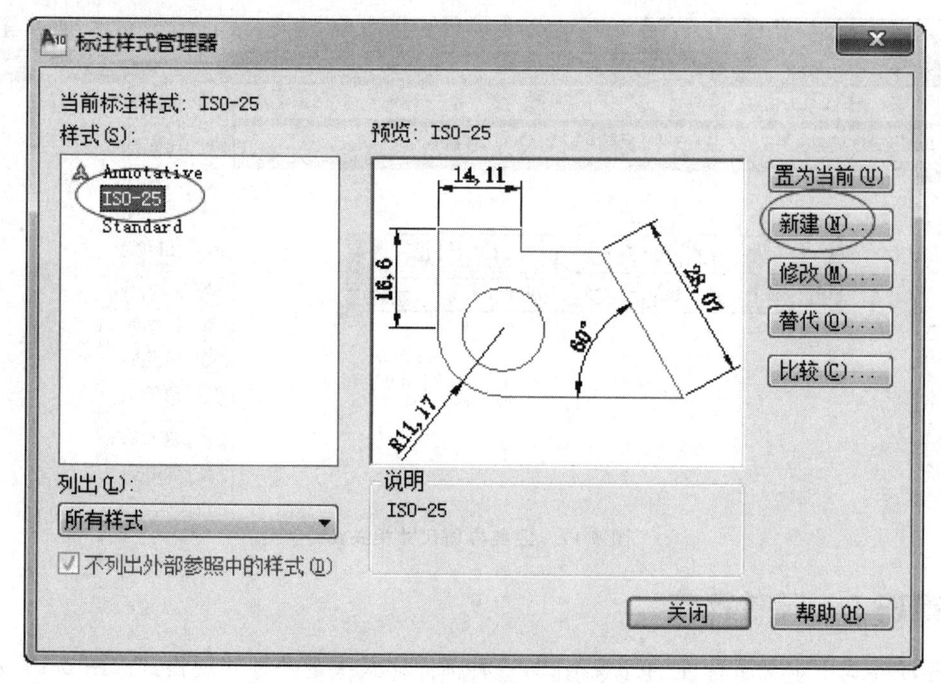

图 5-20 “标注样式管理器”对话框

1)命名新样式

选择公制标注样式 ISO-25，单击“新建”按钮，弹出“创建新标注样式”对话框，输入新样式名如 dim，如图 5-21 所示。

2)设置尺寸线与尺寸界线

接上操作，单击“继续”按钮，弹出“新建标注样式：dim”对话框，如图 5-22 所示。选择“线”选项卡，按图示设置尺寸线和尺寸界线相关参数：尺寸线的基线间距修改为 7，尺寸界线超出尺寸线修改为 2，尺寸界线的起点偏移量修改为 2，其他保留 ISO-25 的默认设置。

3)符号和箭头

接上操作，选择“符号和箭头”选项卡，水工图可以不做任何修改；对于建筑图可修改箭

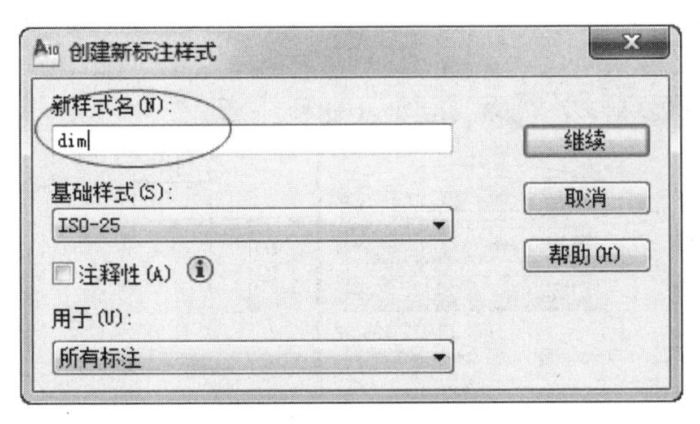

图 5-21　输入新样式名

头为“建筑标记”，大小设置为1.5，其他按默认设置。

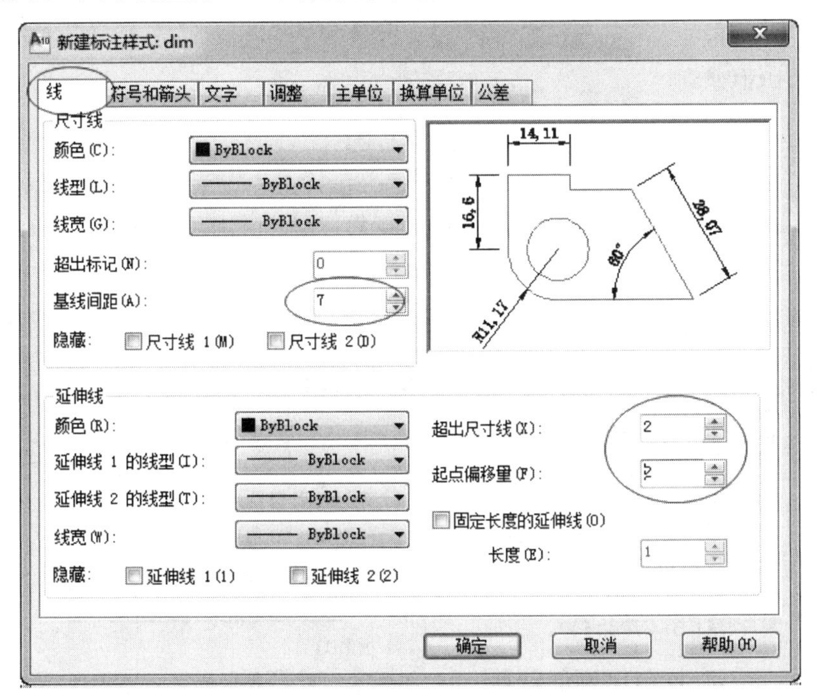

图 5-22　设置尺寸线和尺寸界线

4)设置文字

接上操作，单击“文字”选项卡，选择预先设置的文字样式 simplex(如果没有设置，单击按钮[...]可以启动“文字样式”对话框进行设置，选择 simplex.shx 字体)，设置文字高度为3.5，其他取默认值，如图5-23所示。

5)标注特征比例

接上操作，选择“调整”选项卡，如图5-24所示。根据不同的标注环境设置标注特征比例，方法如下。

(1)使用全局比例。在模型空间标注尺寸时，前述标注要素的特征大小会随打印比例变化，如当1∶1打印时，文字高度为3.5 mm；当1∶100打印时，文字高度仅为0.035 mm。这时需要将所有特征值按打印比例反比例放大，以保证各要素的打印大小合适。因此，全局比例

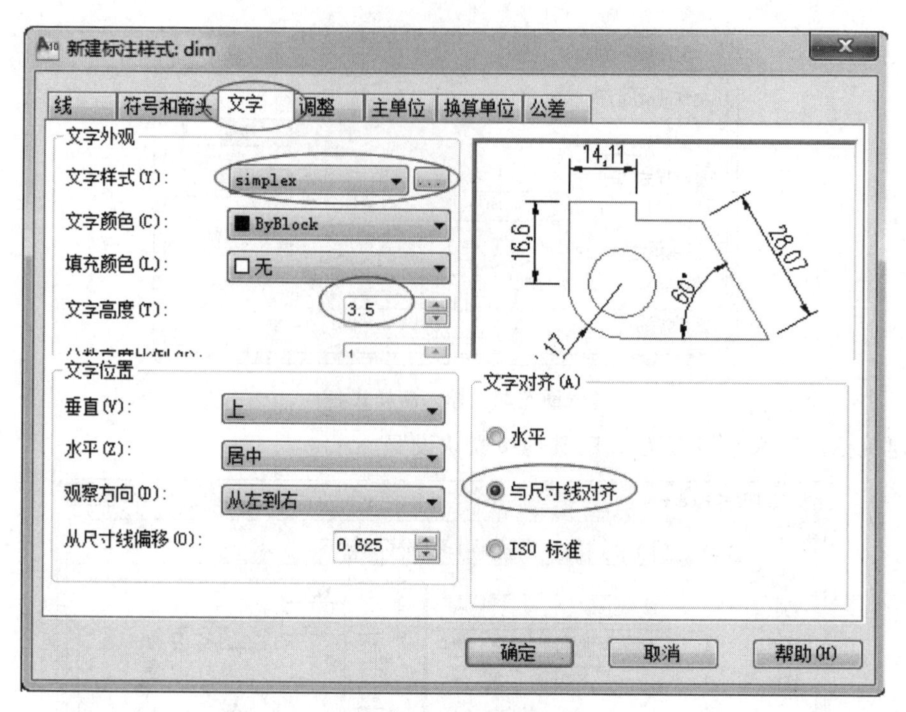

图 5-23 设置文字

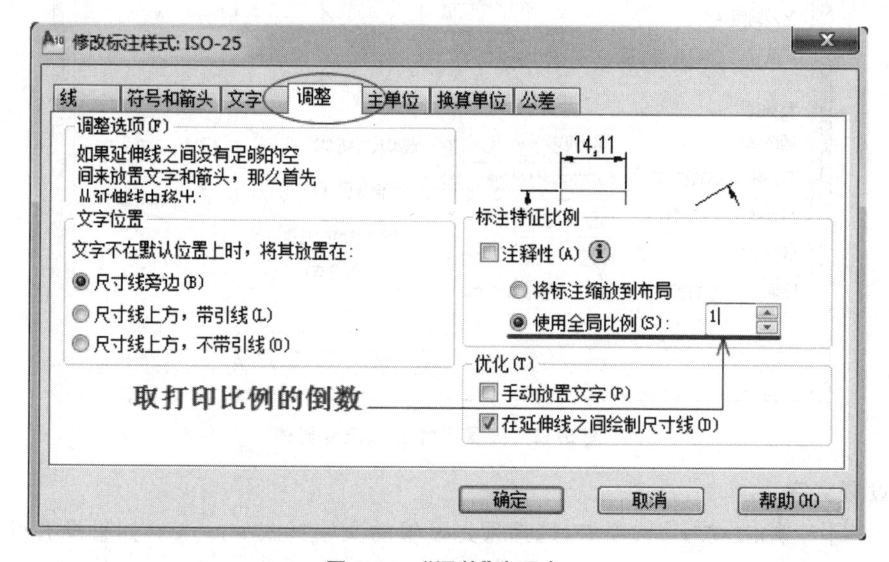

图 5-24 “调整”选项卡

设置为打印比例的倒数，若打印比例为 1∶100，则设为 100。

(2)将标注缩放到布局。如果在图纸空间标注尺寸，则需选择“将标注缩放到布局”，这时全局比例无效，前述设置的标注要素的特征大小就是打印出来的大小。

(3)注释性标注。当需要同一标注自动在布局上不同视口比例的视口中显示时，使用“注释性”。勾选“注释性”时，以上两项设置失效。

6)完成主样式设置

单击“确定”按钮，返回“标注样式管理器”，一个名为 dim 且符合国标的标注样式设置完成，如图 5-25 所示。如果图形中只有线性尺寸，没有角度、直径、半径等标注，则可单击“确定”按钮完成设置。如果还需标注线性尺寸之外的其他尺寸，则进入下一步，设置其他子样式。

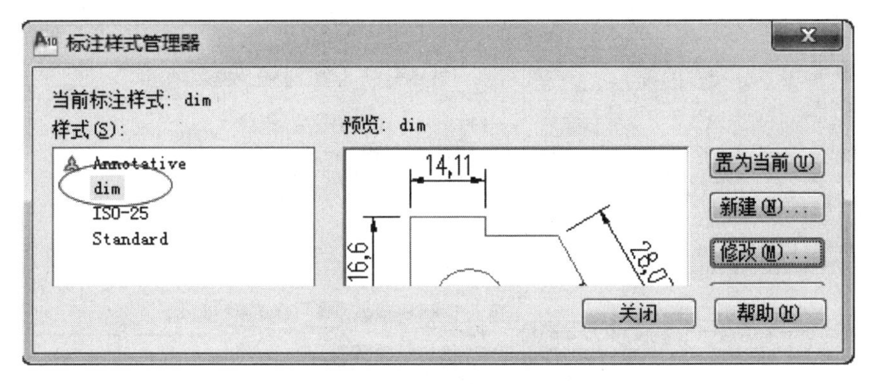

图 5-25　完成主样式设置

2. 设置子样式

1)线性标注

在图 5-25 中选择样式 dim，单击“新建”按钮，弹出如图 5-26 所示的“创建新标注样式”对话框，在该对话框的“用于”下拉列表中选择“线性标注”，单击“继续”按钮，接下来不作任何修改，单击“确定”按钮保持主样式的参数设置即可。

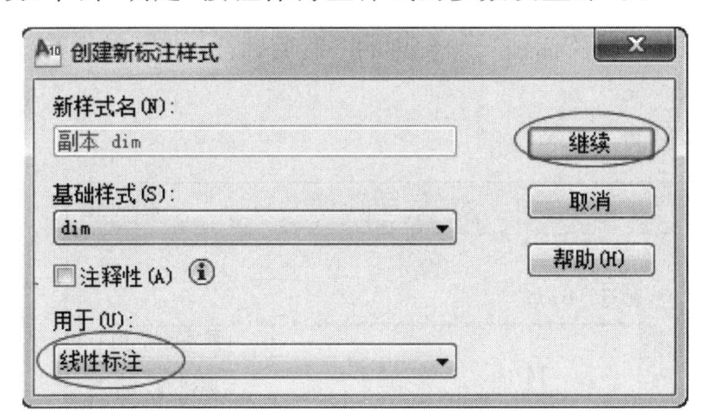

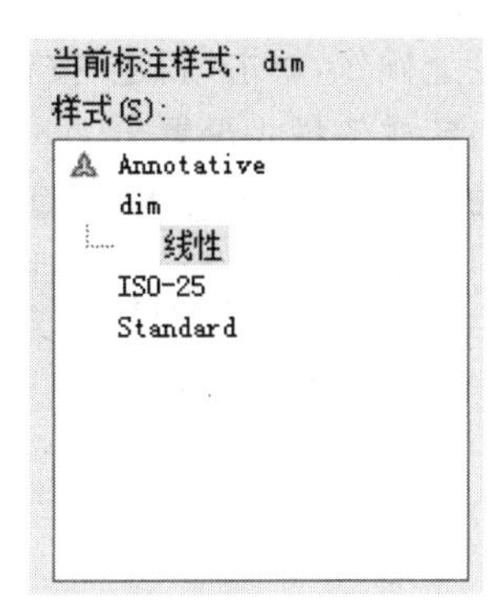

图 5-26　设置“线性标注”子样式

2)角度标注

接上操作，单击“新建”按钮，设置“角度标注”子样式。按图 5-27 在“文字”选项卡中选择文字对齐为“水平”。

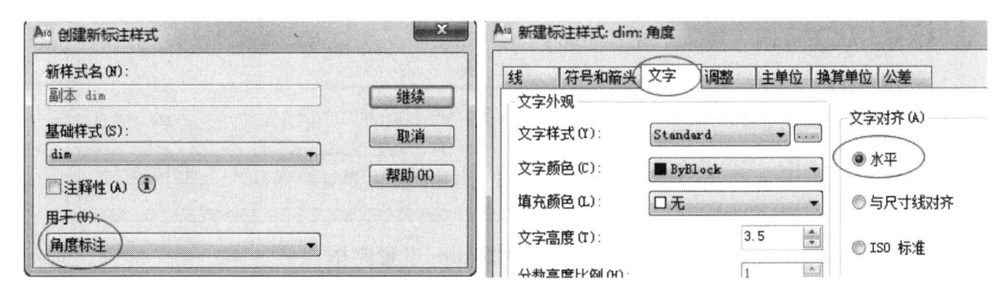

图 5-27　设置“角度标注”子样式

3)半径标注

接上操作，单击“新建”按钮，设置“半径标注”子样式。按图 5-28 在“文字”选项卡中选择文字对齐为“ISO 标准”；选择“调整”选项卡，在“调整选项”区选择“文字”，在“优化”区选择“手工放置文字”。

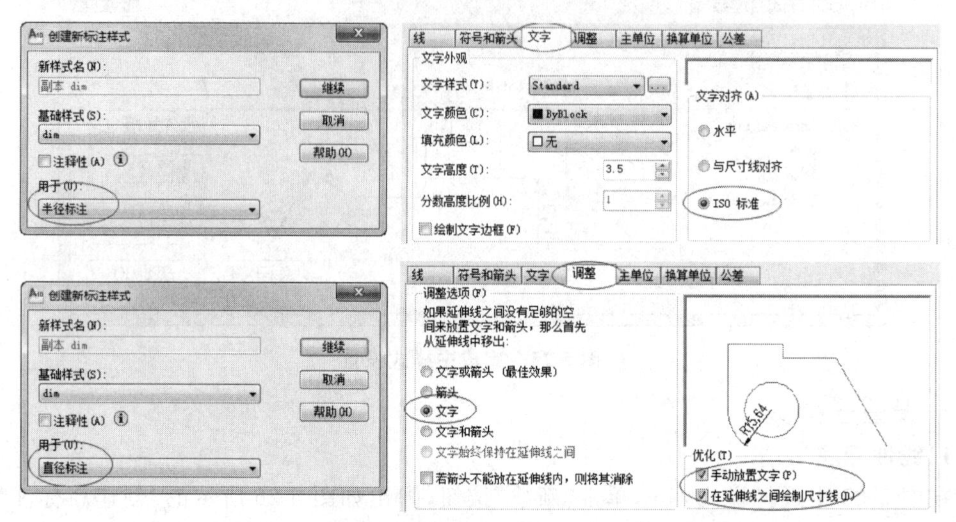

图 5-28 设置“半径标注”、“直径标注”子样式

4)直径标注

接上操作，单击“新建”按钮，设置“直径标注”子样式(同“半径标注”进行设置)。

5)完成子样式设置

如图 5-29 所示，完成子样式的设置。

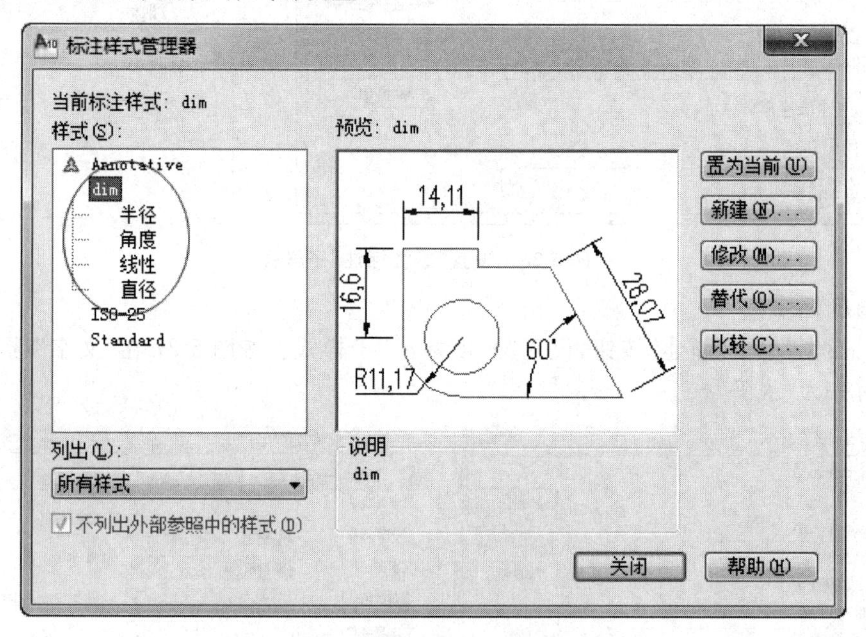

图 5-29 标注样式 dim 设置完毕

模块 2　尺寸标注

工程图上常见的标注类型有线性标注、对齐标注、角度标注、直径标注和半径标注，如图 5-30 所示。

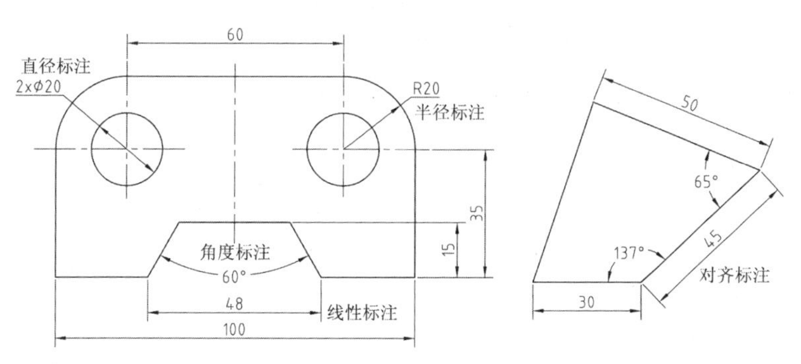

图 5-30　常见的尺寸标注类型

一个尺寸标注由尺寸线、尺寸界线、尺寸箭头和尺寸文字四部分组成。这四部分是一个整体，一个标注是一个对象。

1. 线性标注与对齐标注

线性标注用于创建水平与垂直尺寸，对齐标注用于创建倾斜尺寸。以图 5-31 为例，说明线性标注与对齐标注的操作方法。

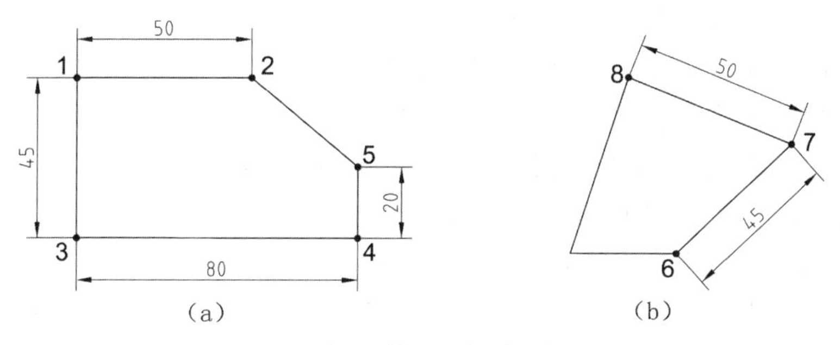

图 5-31　线性标注与对齐标注

1) 线性标注

调用线性标注命令的方法如下。

- 单击功能区的“常用”选项卡→“注释”面板的“线性”按钮。
- 单击“标注”工具栏的“线性”按钮。
- 在命令行输入命令 DIMLINEAR(DLI)。

如图 5-31 所示，先进行线性标注，命令行操作提示如下。

命令：_dimlinear　　;输入线性标注命令
指定第一条尺寸界线原点或 ＜选择对象＞：　　;捕捉端点 1(第一尺寸界线的定位点)
指定第二条尺寸界线原点：　　;捕捉端点 2(第二尺寸界线的定位点)
指定尺寸线位置或
[多行文字(M)/文字(T)/角度(A)/水平(H)/垂直(V)/旋转(R)]：;移动光标，间距适当时单击左键
标注文字 = 50　　;完成尺寸 50 的标注，命令结束

回车或按空格键重复上一个线性标注命令标注其他尺寸。

2)对齐标注

调用对齐标注命令的方法如下。

- 单击功能区的“常用”选项卡→“注释”面板的“对齐”按钮。
- 单击“标注”工具栏的“对齐”按钮。
- 在命令行输入命令 DIMALIGNED(DAL)。

参见图 5-31(b),命令行操作提示如下。

命令:_dimaligned ;输入对齐标注命令

指定第一条尺寸界线原点或 <选择对象>: ;捕捉端点 6

指定第二条尺寸界线原点: ;捕捉端点 7

指定尺寸线位置或

[多行文字(M)/文字(T)/角度(A)]:

标注文字 = 45 ;移动光标,间距适当时单击左键

继续。回车后捕捉端点 7、8,标注尺寸 50。

2. 直径与半径标注

标注直径和半径时,系统自动加半径符号“R”和直径符号“ϕ”。

调用直径标注命令的方法如下。

- 单击功能区的“常用”选项卡→“注释”面板的“直径”按钮。
- 单击“标注”工具栏的“直径”按钮。
- 在命令行输入命令 DIMDIAMETER(DDI)。

调用半径标注命令的方法如下。

- 单击功能区的“常用”选项卡→“注释”面板的“半径”按钮。
- 单击“标注”工具栏的“半径”按钮。
- 在命令行输入命令 DIMRADIUS(DRA)。

输入命令后直接选择圆(弧),再移动鼠标放置尺寸线与尺寸文字的位置。直径和半径尺寸线应倾斜放置,避免在接近水平或接近垂直位置放置尺寸线。

下面标注图 5-32 所示尺寸 R37.5 和 ϕ37.5,命令行操作提示如下。

命令:_dimradius ;单击半径标注按钮

选择圆弧或圆: ;拾取圆弧

标注文字 = 37.5 ;自动测量出半径大小

指定尺寸线位置或[多行文字(M)/文字(T)/角度(A)]: ;移动光标在适当位置单击

以上命令行操作标注了半圆的半径 R37.5,以下标注圆的直径。

命令:_dimdiameter ;单击直径标注按钮

选择圆弧或圆: ;拾取小圆

标注文字 = 37.5 ;自动测量出直径大小

指定尺寸线位置或[多行文字(M)/文字(T)/角度(A)]: ;移动光标在适当位置单击

3. 角度标注

调用角度标注命令的方法如下。

- 单击功能区的“常用”选项卡→“注释”面板的“角度”按钮。

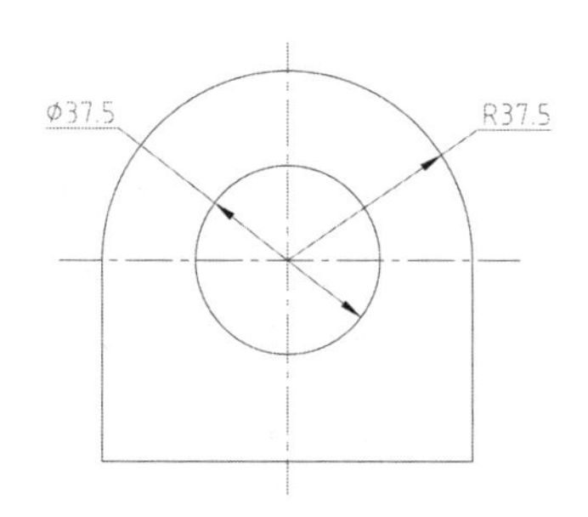

图 5-32 直径标注与半径标注

- 单击“标注”工具栏的“标注”按钮。
- 在命令行输入命令 DIMANGULAG(DAN)。

下面以图 5-33 为例说明角度的标注方法。

```
命令：_dimangular                                          ;执行角度标注命令
选择圆弧、圆、直线或 <指定顶点>：                           ;拾取直线 1
选择第二条直线：                                            ;拾取直线 2
指定标注弧线位置或[多行文字(M)/文字(T)/角度(A)]：           ;移动鼠标至适当位置单击
标注文字 = 65                                              ;可以放置 4 个角度中的任一个
```

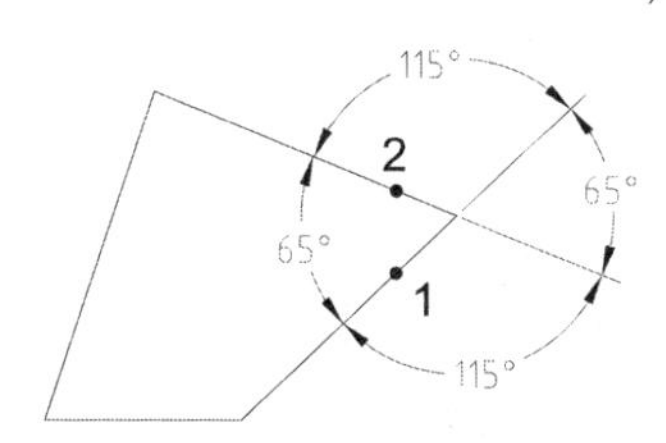

图 5-33 角度标注

【例 5-2】 标注图 5-34 的尺寸，并修改小尺寸的外观。

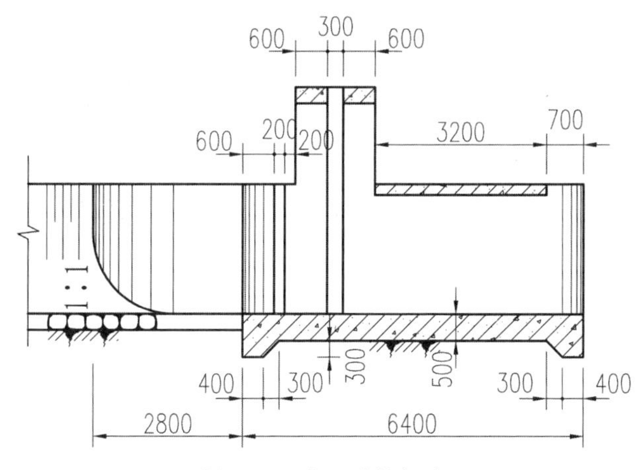

图 5-34 小尺寸的标注

步骤 1： 打开“小尺寸的标注. dwg”文件。

步骤 2： 参考图 5-35 添加“尺寸”图层并置为当前。

步骤 3： 设置文字样式，使用 simplex. shx 标注尺寸，如图 5-36 所示。

步骤 4： 设置标注样式(考虑图形按 1∶100 打印)，启动标注样式如图 5-37 所示，将

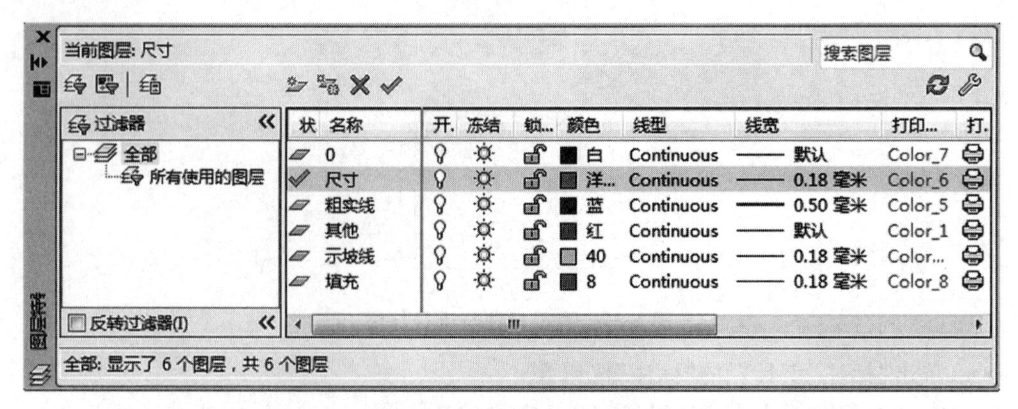

图 5-35 添加“尺寸”图层

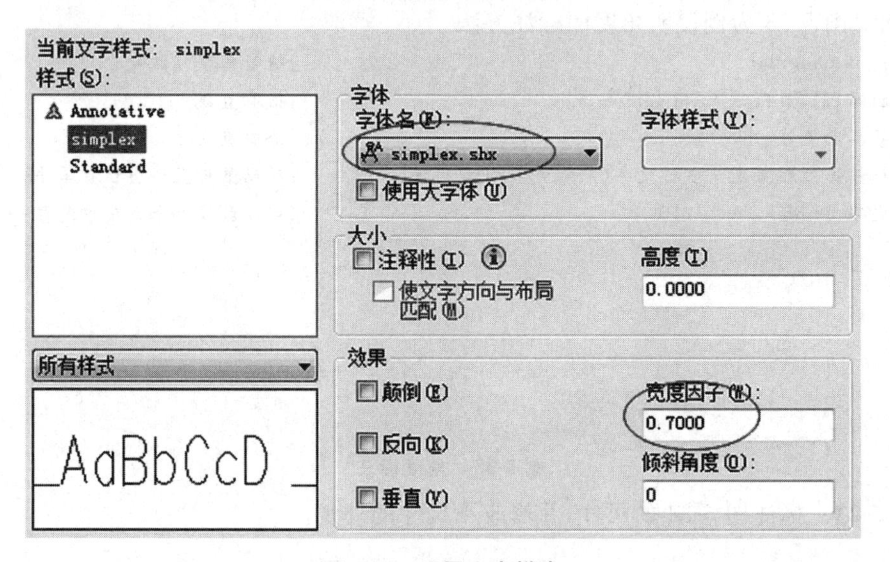

图 5-36 设置文字样式

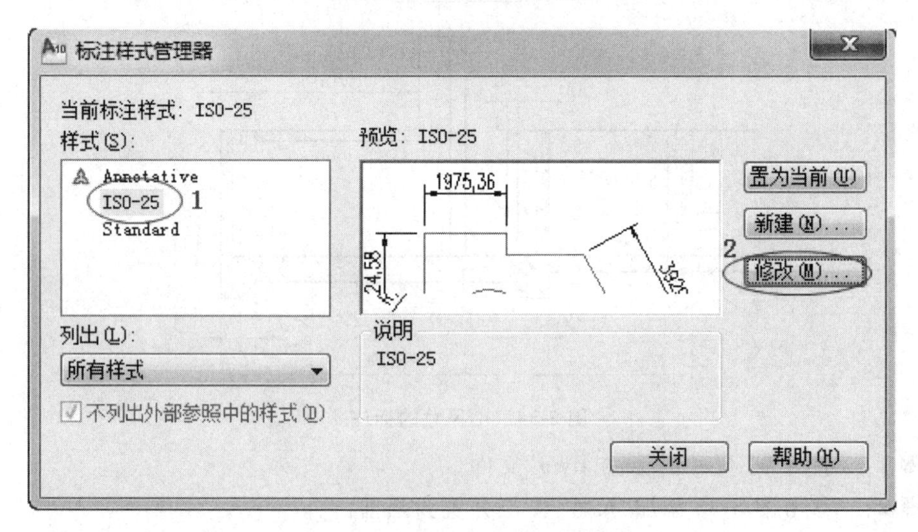

图 5-37 修改 ISO-25 标注样式

ISO-25 按图 5-38 进行修改，其他默认设置即可。

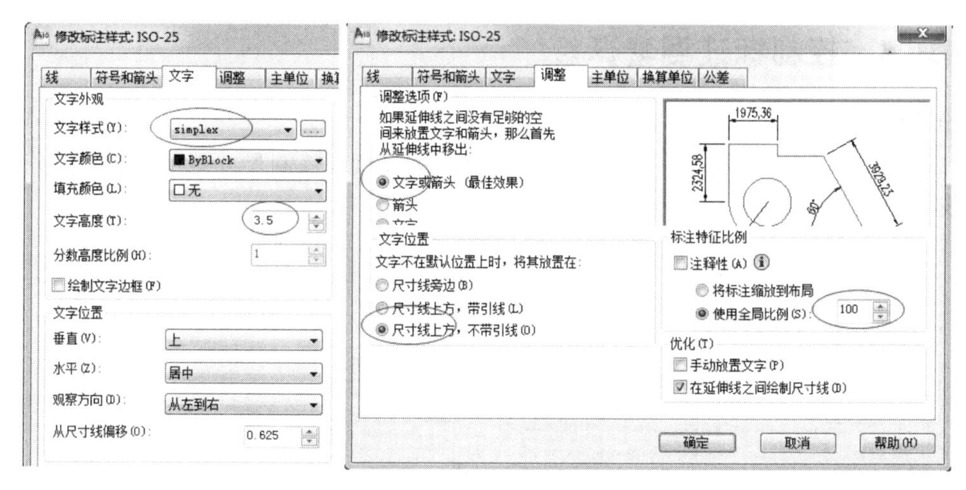

图 5-38　设置文字与调整选项

步骤 5：　标注尺寸。正常标注后，小尺寸处可能会出现如图 5-39 所示的重叠现象。

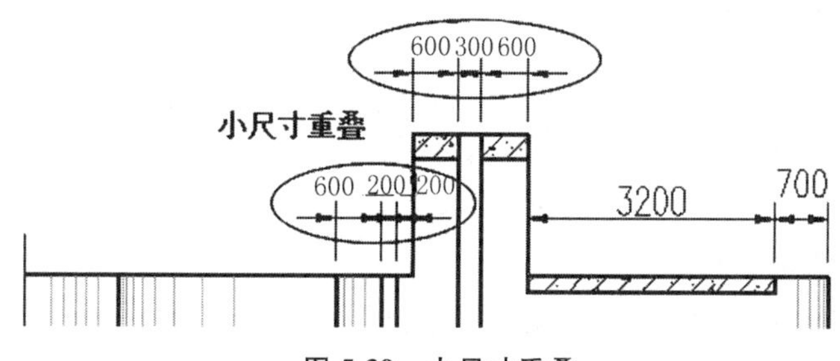

图 5-39　小尺寸重叠

步骤 6：　修改小尺寸。按图 5-40 所示修改小尺寸的箭头，保留一侧为箭头，另一侧改为“小点”。修改箭头之后，再利用夹点操作适当移动尺寸数字位置。

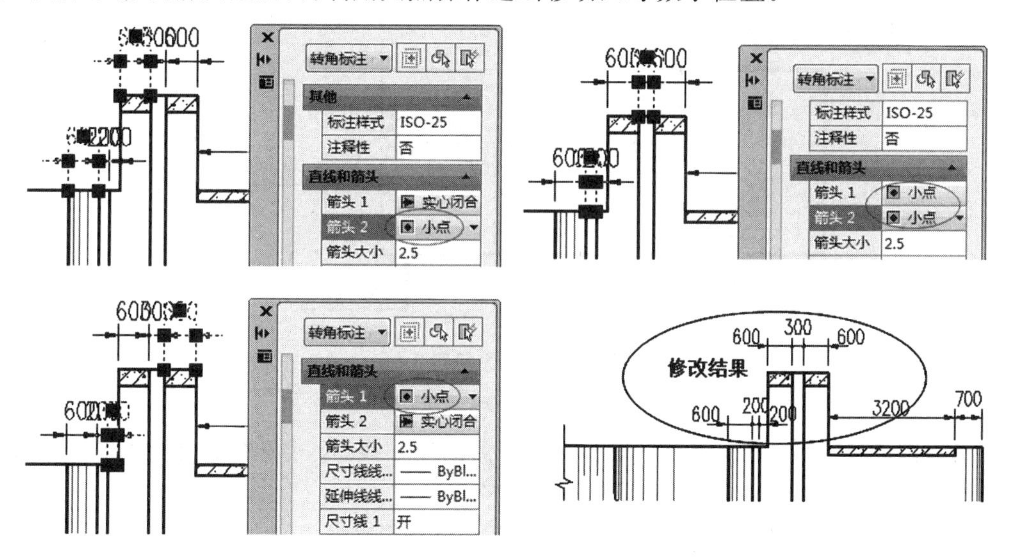

图 5-40　修改小尺寸

模块 3 控制标注要素详解

1. 控制尺寸线

在图 5-41 所示对话框的“线”选项卡，“尺寸线”区域可以控制尺寸线的特性，包括颜色、线型、线宽和基线间距等。

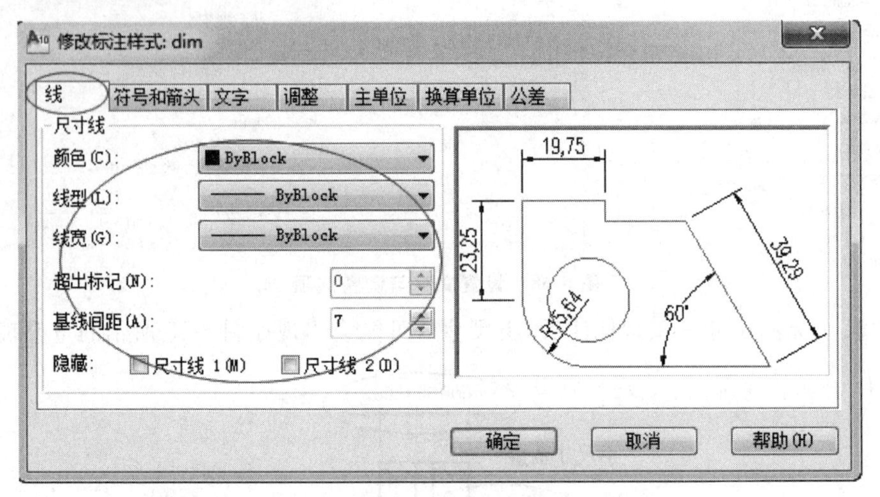

图 5-41 设置尺寸线

1)颜色、线型和线宽

分别设置尺寸线的颜色、线型和线宽，一般选择 ByBlock。控制颜色和线宽的系统变量是 DIMCLRD、DIMLWD。

2)基线间距

控制基线标注中尺寸线之间的间距，如图 5-42 所示。基线间距可以取值为 7～10 mm。控制基线间距的系统变量是 DIMDLI，默认值为 3.75。

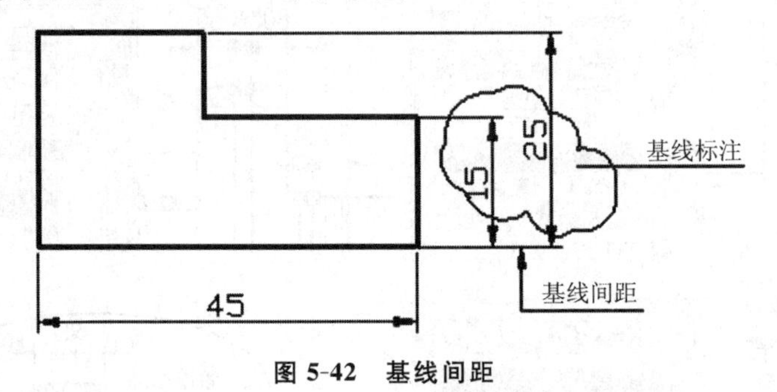

图 5-42 基线间距

3)隐藏尺寸线

在剖视图的尺寸标注中，有时只需要显示一侧的尺寸线、尺寸界线和标注箭头，就可以使用隐藏功能。图 5-43 所示的是隐藏功能应用的实例。

隐藏第一、第二尺寸线的系统变量为 DIMSD1、DIMSD2。

4)超出标记

当箭头使用倾斜、建筑标记时，尺寸线超过尺寸界线的长度；使用箭头时该项不可选。控制超出标记的系统变量是 DIMDLE，一般取默认值 0 即可。

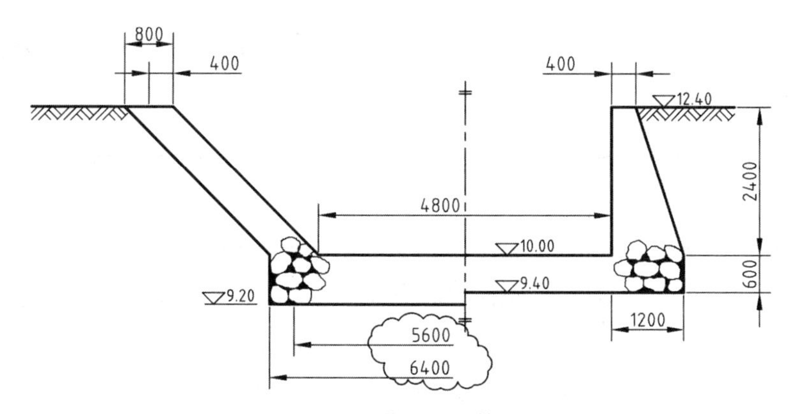

图 5-43　隐藏尺寸线等实例

2. 控制尺寸界线

如图 5-44 所示，在“尺寸界线”区域可以控制尺寸界线的外观。

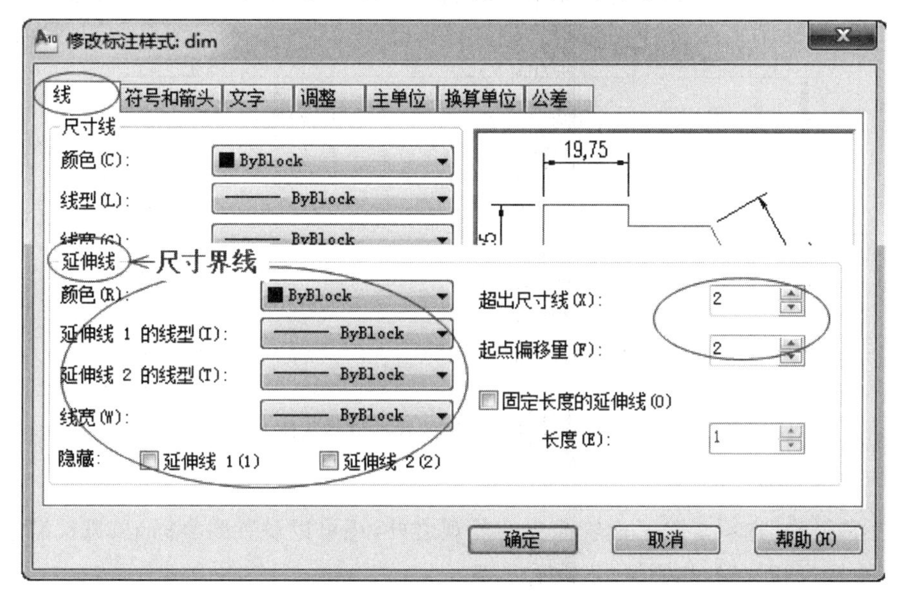

图 5-44　设置尺寸界线

1)颜色、线型和线宽

分别设置尺寸界线的颜色、线型和线宽，一般选择 ByBlock。控制颜色和线宽的系统变量是 DIMCLRE、DIMLWE。

2)隐藏尺寸界线

与隐藏尺寸线的意义相同。隐藏第一、第二尺寸界线的系统变量为 DIMSE1、DIMSE2。

3)超出尺寸线

指定尺寸界线超出尺寸线的长度，如图 5-45 所示。相应的系统变量是 DIMEXE，默认值为 1.25，可取 2～3 mm。

4)起点偏移量

设置标注时的拾取点(标注原点)到尺寸界线端点的距离，如图 5-45 所示。控制起点偏

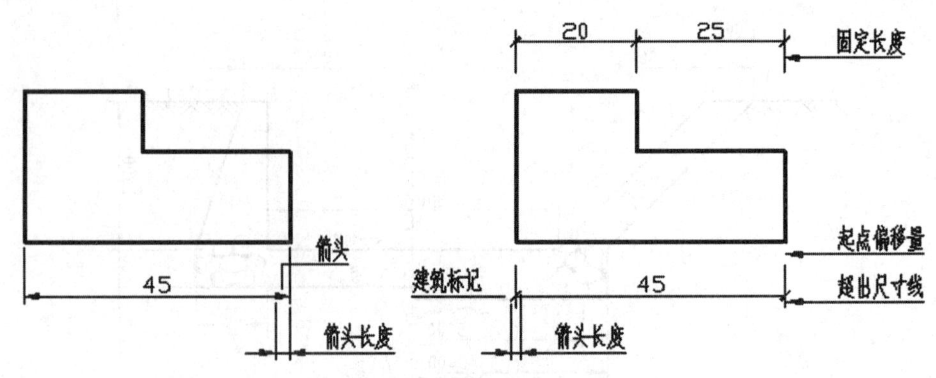

图 5-45 尺寸界线与箭头的外观

移量的系统变量是 DIMEXO，默认值为 0.625，对于水工图、建筑图，不小于 2 mm。

5）固定长度的尺寸界线

尺寸界线是从尺寸线开始到尺寸界线端点的总长度，此设置没有系统变量。建筑图常用此设置，如图 5-46 所示。

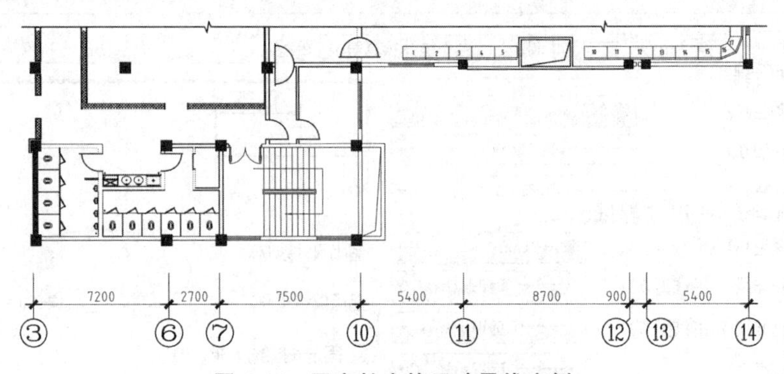

图 5-46 固定长度的尺寸界线实例

3. 控制标注箭头

“符号和箭头”选项卡除了设置箭头的外观之外，还可以设置圆心标记、弧长符号和半径折弯标注的格式和位置，如图 5-47 所示。

1）箭头

设置箭头的大小和形状，有多种形状的箭头供选择，水工图常用箭头，建筑图常用建筑标记，箭头和建筑标记的外观如图 5-45 所示。一个尺寸的两个箭头可以分别进行控制，其系统变量为 DIMBLK1 和 DIMBLK2。还可以使用自定义的箭头。

2）引线

设置快速引线的箭头形式，控制变量为 DIMLDRBLK。引线的箭头也可以在快速引线的命令选项中设置。

3）箭头大小

显示和设置箭头的大小，该值的定义如图 5-45 所示。控制箭头大小的系统变量为 DIMASZ，其默认值为 1.25，箭头的大小即箭头的长度按制图国标规定取 2～3 mm，建筑标记斜线的长度为 2～3 mm，可以取箭头大小（这时的大小即为斜线的水平投影长度）约为1.5 mm。

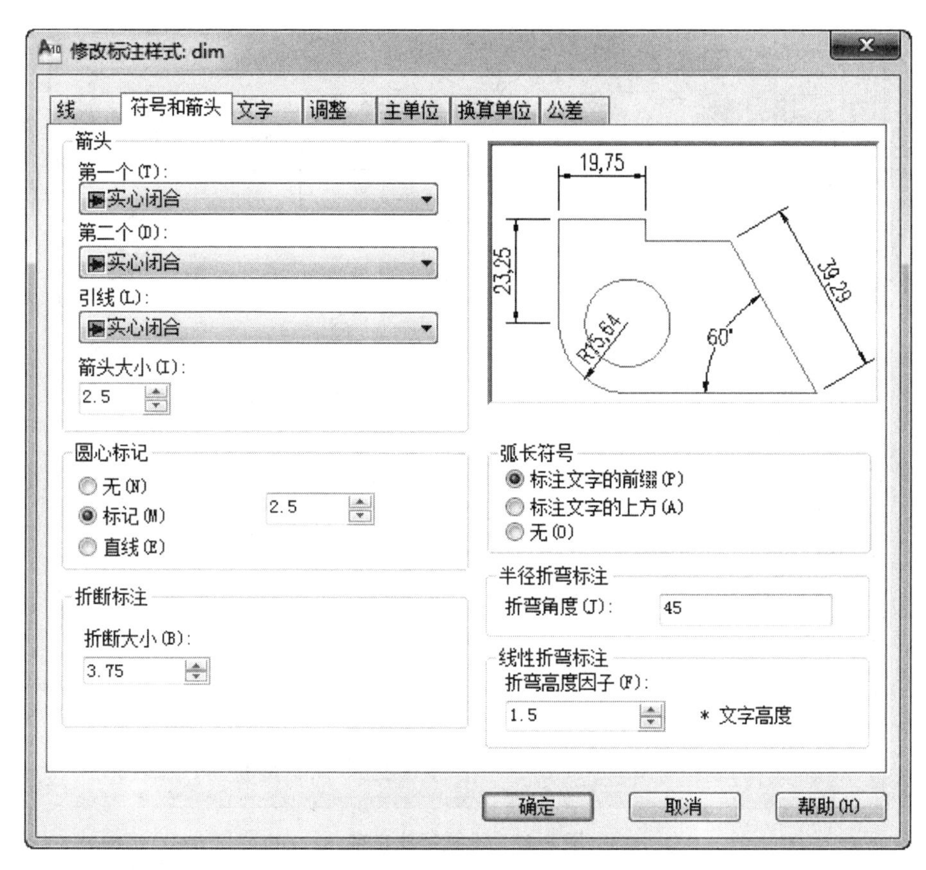

图 5-47　设置符号和箭头

4)圆心标记

控制直径标注和半径标注的圆心标记和中心线的外观。AutoCAD 规定,只有在圆(弧)之外标注直径或半径时才标注此标记。我国制图标准规定直径或半径尺寸线通过圆心画出,所以一般不考虑圆心标记。

5)弧长符号

控制弧长标注中圆弧符号的位置,可以放置在数值前或上方。

6)折弯角度

折弯角度是大半径圆弧采用折弯标注时的转折角度,如图 5-48 所示,默认值为 90°。

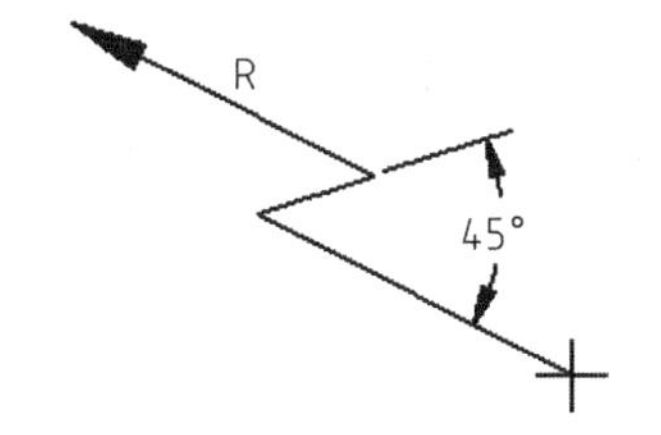

图 5-48　半径标注的折弯角度

4. 控制标注文字

"文字"选项卡用于控制文字外观、文字位置和文字对齐,如图 5-49 所示。

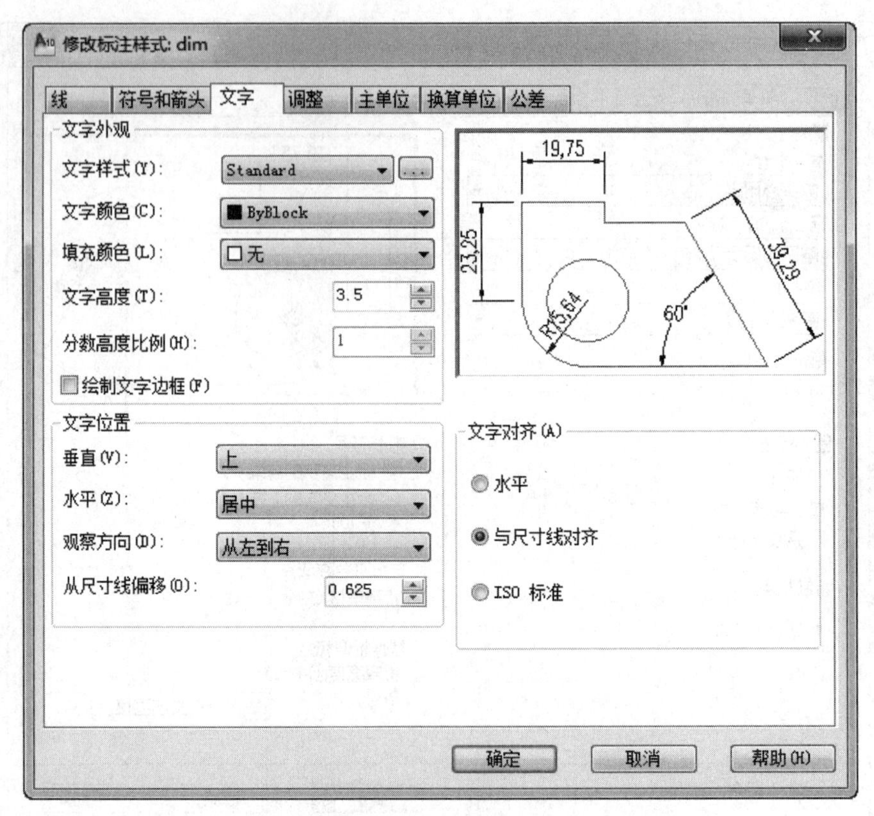

图 5-49　设置标注文字

1)文字外观

文字外观设置的重要项是文字样式和文字高度。

(1)文字样式。显示和设置当前标注文字样式,标注文字的字体由该样式确定。从列表中选择预先设置好的文字样式,或者单击旁边的按钮[...]来创建和修改文字样式。

应该为尺寸标注设置文字样式,尽量不用系统默认的样式“Standard”。工程施工生产用正式图纸,推荐选择 SHX 字体,如 gbeitc. shx、gbenor. shx、simplex. shx(除国标规定的字体外,其他 shx 字体可设置 0.7 宽度比例)等。当图面视觉效果重要时,可以选择 TTF 字体作为标注尺寸的字体。

控制标注文字样式的系统变量是 DIMTXSTY。

默认的标注文字样式是 Standard,对应字体是 txt. shx(低版本)或“宋体”(高版本)。

(2)文字颜色。设置标注文字的颜色,没有必要特意设置文字的颜色,通常取默认值 ByBlock。控制文字颜色的系统变量是 DIMCLRT。

(3)填充颜色。设置标注文字的背景颜色。国标规定,制图中要求图线不应穿过尺寸文字,不可避免时选择“背景”作为填充颜色可以起到断开图线的作用,如图 5-50(b)所示。只有个别标注有这样要求时,不必在样式中设置,通过特性修改即可。

(4)文字高度。设置标注文字的高度,在输入框输入需要的高度即可。在“文字样式”中文字高度应设置默认值为 0,否则这里输入的高度无效。控制文字高度的系统变量是 DIMTXT,默认值为 2.5。尺寸标注文字高度取 2.5～3.5 mm。

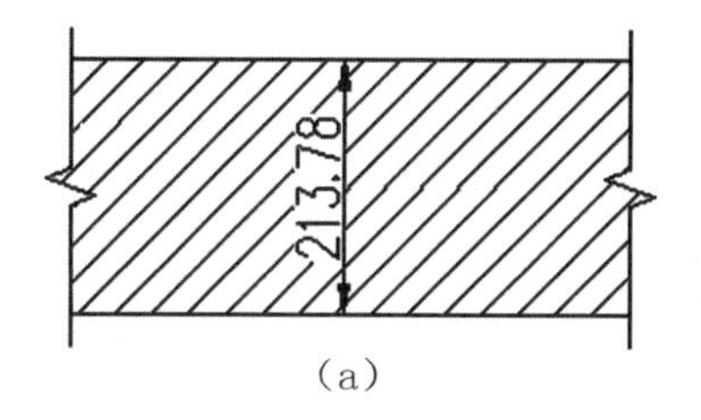

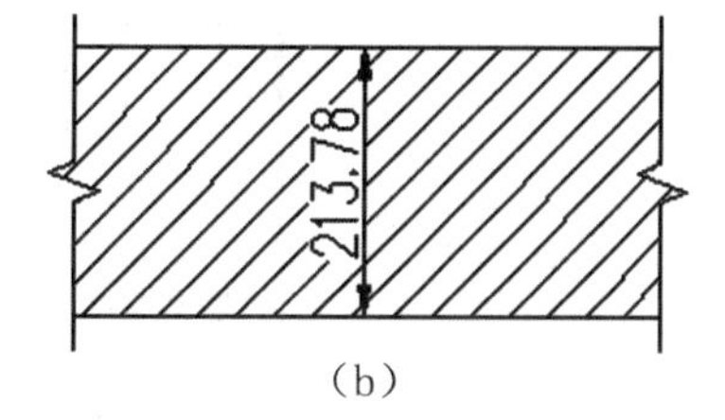

图 5-50　填充背景颜色

(5)绘制文字边框。一般不加标注文字边框。

2)文字位置

(1)垂直。相对于尺寸线的垂直位置,有上方、置中、外部等多种选择,如图 5-51 所示。按制图国标规定,通常取上方。相应的系统变量是 DIMTAD。

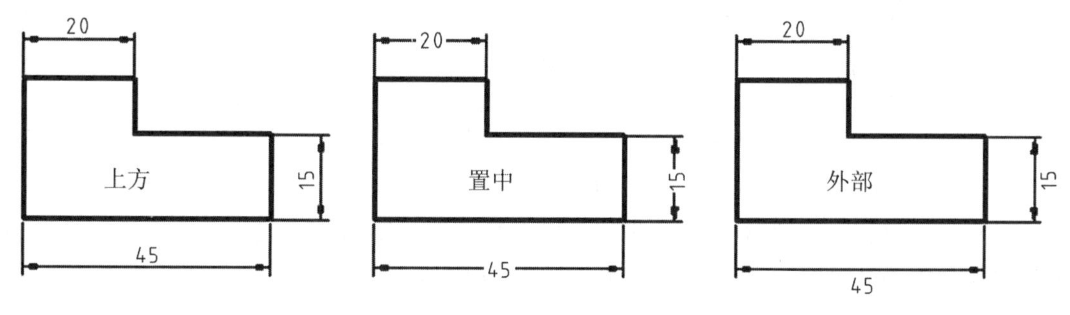

图 5-51　尺寸的垂直位置

(2)水平。相对于尺寸线的水平位置,有置中、第一条尺寸界线、第一条尺寸界线上方等多种选择,如图 5-52 所示,通常选择置中。系统变量是 DIMJUST。

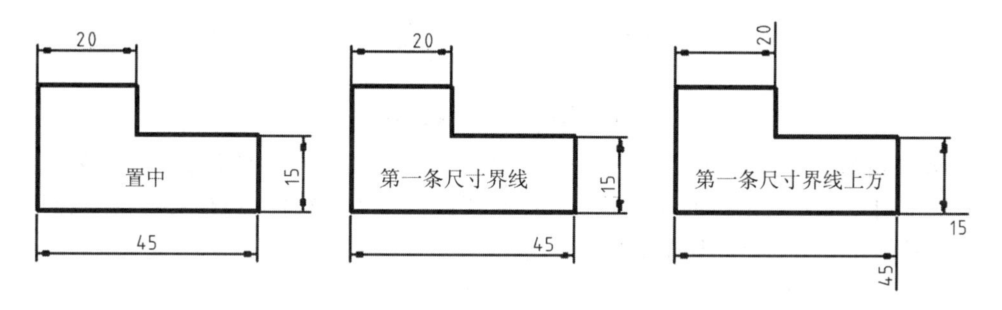

图 5-52　尺寸的水平位置

(3)从尺寸线偏移。通常用来设置文字与尺寸线之间的间距,如图 5-53 所示。默认值为 0.625(如果文字加外框,则该值为负),可以保留默认值。其对应的系统变量是 DIMGAP。

3)文字对齐

控制标注文字放在尺寸界线外边或里边时的方向是保持水平还是与尺寸界线平行。

推荐设置:线性标注选择“与尺寸线对齐”,直径标注和半径标注按“ISO 标准”,角度标注以“水平”方式对齐。

DIMTIH 和 DIMTOH 系统变量控制文字对齐方式。

(1)水平。所有标注文字都水平放置。角度标注推荐选择此项设置,因为国标规定角度

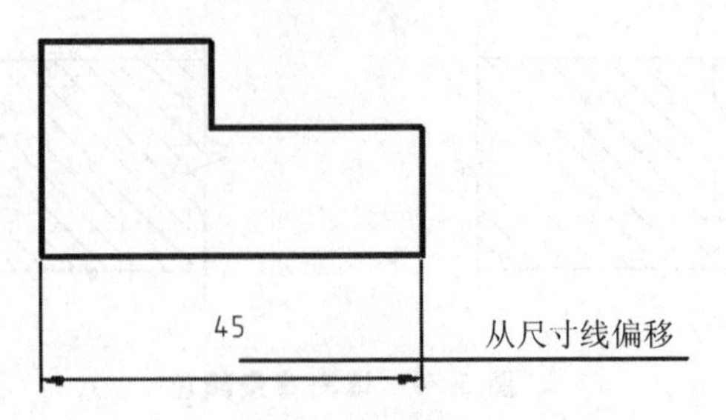

图 5-53 文字从尺寸线偏移的距离

值一律水平书写，如图 5-54 所示。

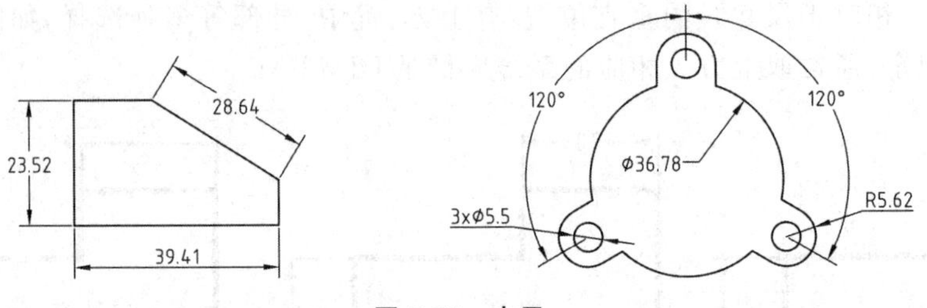

图 5-54 水平

(2)与尺寸线对齐。所有标注文字都与尺寸线平行放置，线性标注、直径标注和半径标注按此项设置都符合国标规定，标注外观如图 5-55 所示。

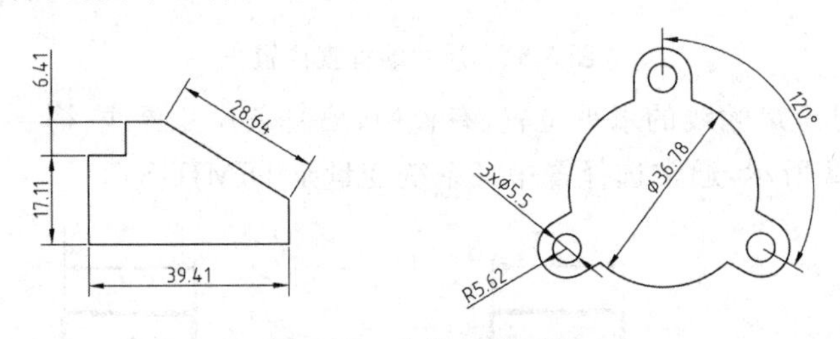

图 5-55 与尺寸线对齐

(3)ISO 标准。当文字在尺寸界线内时，文字与尺寸线对齐。当文字在尺寸界线外时，文字水平排列。直径与半径的标注通常选择此项进行设置，这样可以使直径或半径尺寸线水平转折后标注文字，标注外观如图 5-56 所示。

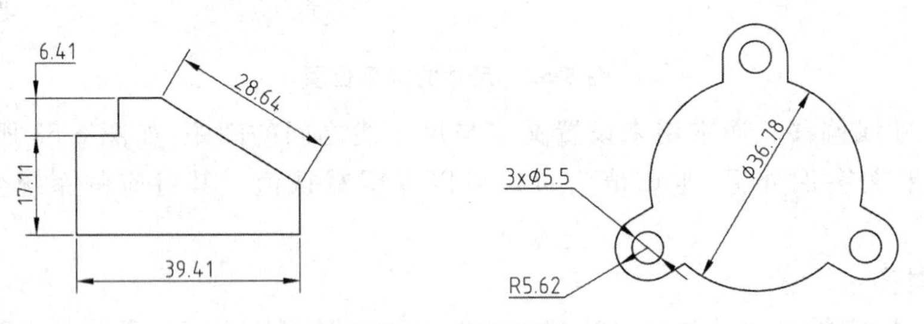

图 5-56 ISO 标准

5. 调整标注要素

对于小尺寸、直径和半径尺寸，完全靠上述方法来控制标注要素难以满足要求，这时需要进行适当的调整，以满足不同排列的要求。“调整”选项卡(见图 5-57)用于辅助调整标注文字、箭头、引线和尺寸线的放置，以及控制标注特征比例。

1)调整选项

调整选项主要用于调整小尺寸的文字与箭头的放置位置,也配合调整直径与半径的标注要素。各选项的功能如图 5-57 所示。

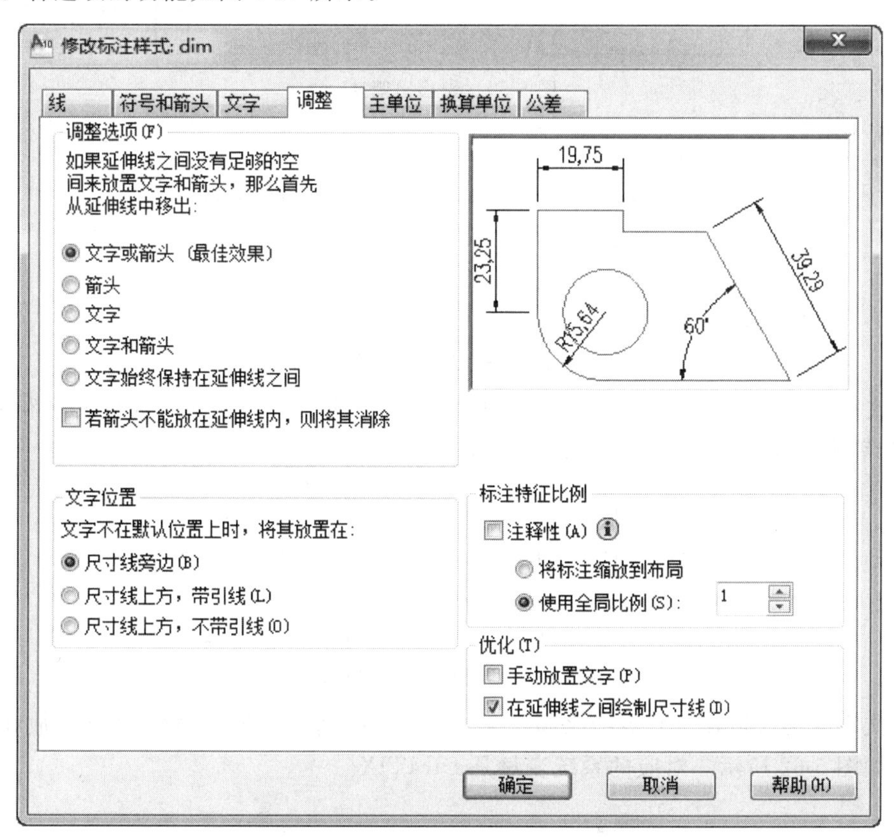

图 5-57　调整标注要素

(1)文字或箭头(最佳效果)。当尺寸界线间的距离不够同时放置文字和箭头时,AutoCAD 将文字和箭头单独放置,并移动较合适的一个(即一个在内侧,一个在外侧),单独放置也不够时,文字和箭头都放置在尺寸界线外侧,如图 5-58 所示。这是调整的默认选择项,对应的变量 DINATFIT=3。

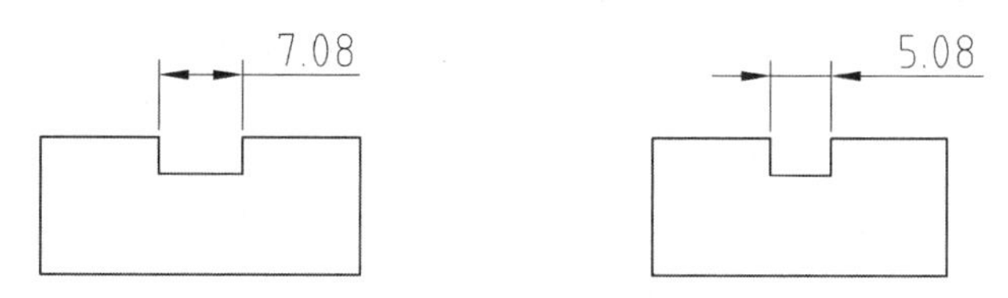

图 5-58　文字和箭头按"最佳效果"自动调整

(2)箭头(DINATFIT=1)。当尺寸界线间的距离不够同时放置文字和箭头时,先将箭头移至外侧。如果内侧能容纳文字,那么文字在内,箭头在外;否则文字和箭头都在外侧,如图 5-59 所示。

(3)文字(DINATFIT=2)。当尺寸界线间的距离不够同时放置文字和箭头时,先将文字移至外侧。如果内侧能容纳箭头,那么箭头在内,文字在外;否则文字和箭头都在外侧,如

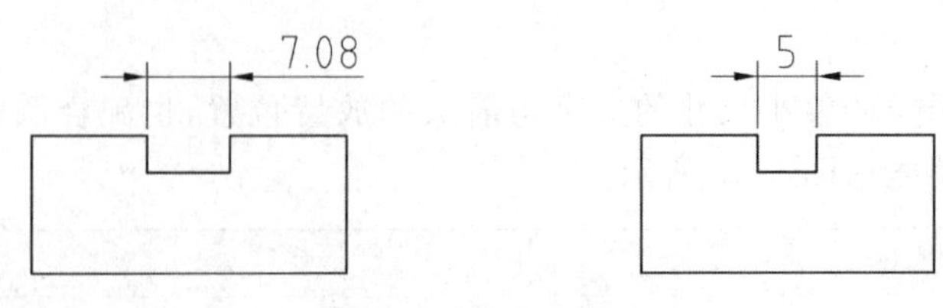

图 5-59　先移出箭头

图 5-60 所示。

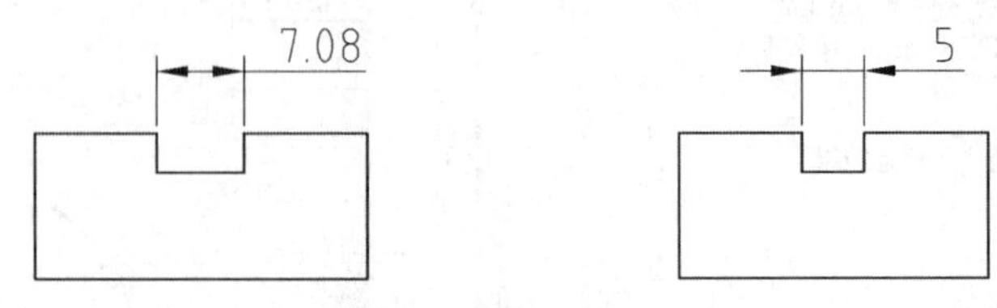

图 5-60　先移出文字

(4)文字和箭头(DINATFIT＝0)。当尺寸界线间的距离不够同时放置文字和箭头时，将文字和箭头都放置在尺寸界线外，如图 5-61 所示。

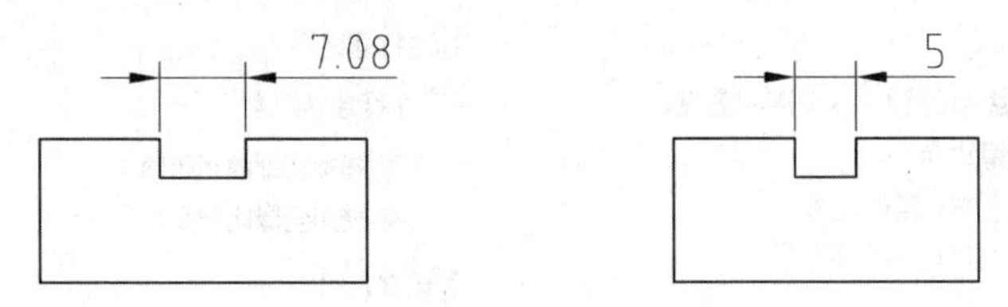

图 5-61　同时移出文字和箭头

(5)文字始终保持在尺寸界线之间。无论尺寸界线间距离多大，始终将文字放在尺寸界线之间，如图 5-62 所示。对应的系统变量是 DIMTIX。

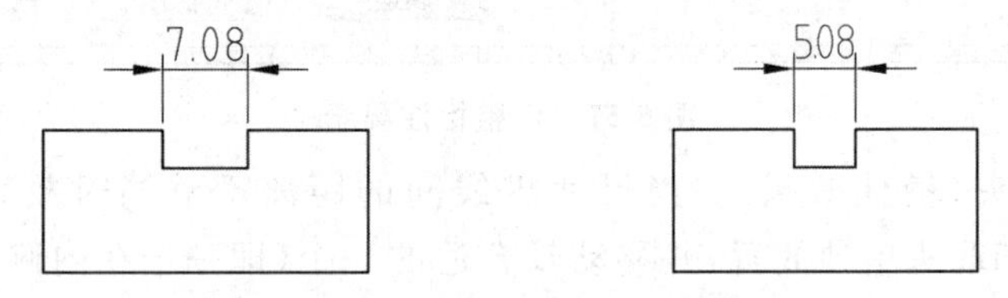

图 5-62　文字始终放在尺寸界线之间

(6)若不能放在尺寸界线内，则消除箭头。如果文字标注在尺寸界线内侧，而内侧没有足够的空间绘制箭头时，则隐藏箭头，如图 5-63 所示。对应的系统变量是 DIMSOXD。

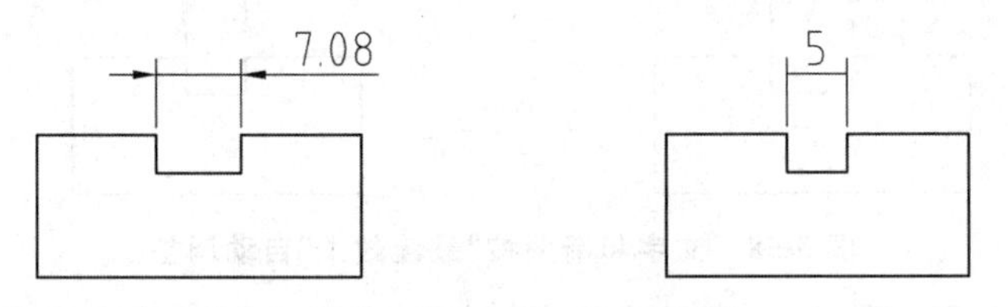

图 5-63　内侧空间不够时隐藏箭头

2)文字位置

设置文字从默认位置(由“文字”选项卡中定义的文字位置)移开时的移动规则，有 3 种移动规则，对应的外观格式如图 5-64 所示。对应的系统变量是 DIMTMOVE。

(1)尺寸线旁边(DIMTMOVE＝0)。移动标注文字时，文字放置在尺寸线一侧，且尺寸线和标注文字一起移动。

(2)尺寸线上方,带引线(DIMTMOVE=1)。移动标注文字时,尺寸线不动,但添加一条引线。

(3)尺寸线上方,不带引线(DIMTMOVE=2)。移动标注文字时,尺寸线不动,不添加引线。

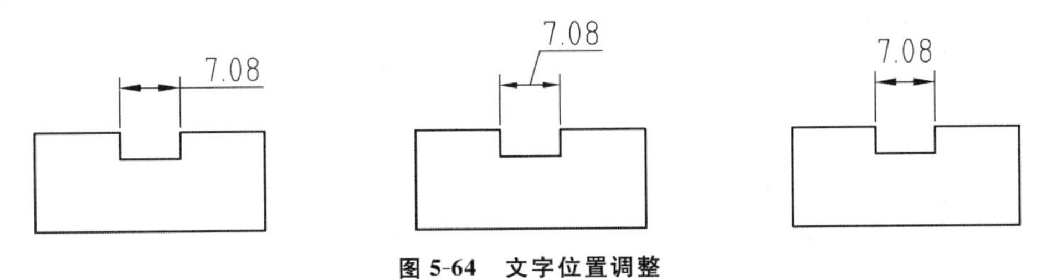

图 5-64　文字位置调整

移动规则适用于两种情况:小尺寸的文字位置由系统自动调整移开时;编辑标注(如夹点操作)手工移动文字时。

3)优化

提供用于放置标注文字的其他选项。

(1)手动放置文字。忽略所有水平对正设置,包括“文字”选项卡“文字位置”的水平对正设置,及“文字始终在尺寸界线之间”的调整设置,实际放置位置由鼠标指定。直径与半径的标注选择此项为宜,线性标注不必选择此项。对应的系统变量是 DIMUPT。

(2)在尺寸界线之间绘制尺寸线。选择此项表示在尺寸界线之间始终绘制尺寸线,这是公制环境的默认设置,也符合国标的设置。对应的系统变量是 DIMTOFL。

4)标注特征比例

设置全局标注比例值或图纸空间比例。

(1)使用全局比例。由于特征尺寸(如文字高度)是随打印比例缩放的,这意味着这些设置只有在图纸按 1:1打印时,标注要素的特征大小才符合标准。如果图纸按 1:n 来打印,就应该将各特征值放大 n 倍。为了省去手工一个个缩放修改的麻烦,AutoCAD 提供了“使用全局比例”这个选项,它设置一个比例因子,AutoCAD 将该比例因子作用于所有标注特征值,即将各特征的设置值乘以该比例因子作为新的特征大小。全局比例的取值应是打印比例的倒数,即 1:n 打印的图形,设置全局比例为 n。

标注特征比例对应的系统变量是 DIMSCALE。

(2)将标注缩放到布局。设置全局比例是为了在模型空间标注尺寸,如果在图纸空间标注,应该选择“将标注缩放到布局”。

(3)注释性标注。当需要同一标注自动在布局上不同视口比例的视口中显示时,使用“注释性”。

6. 设置标注的单位格式和精度

“主单位”选项卡设置标注的单位格式和精度,如图 5-65 所示。

1)线性标注

线性标注用于设置主标注单位的格式和精度。

(1)单位格式。设置除角度之外的所有标注类型的当前单位格式,有科学、小数、工程、

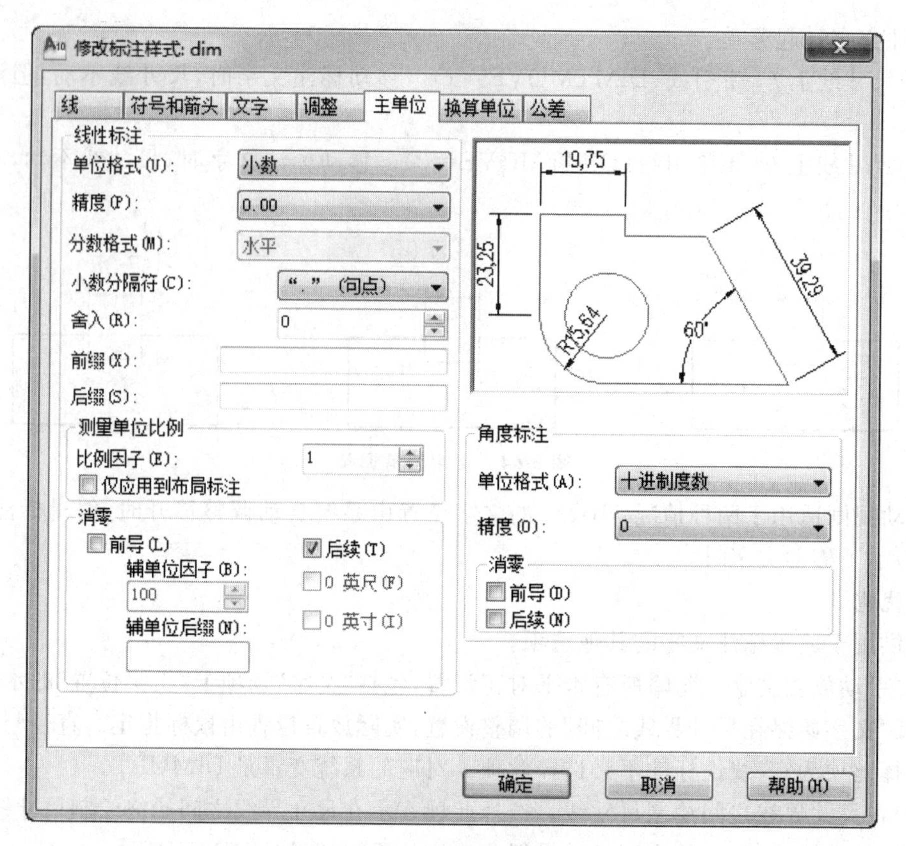

图 5-65　设置主单位

建筑、分数、Windows 桌面 6 种选择，国标规定图纸选择“小数”格式。

对应的系统变量是 DIMLUNIT 。

(2)精度。显示和设置标注文字中的小数位数。默认为 2 位小数，选择默认即可。

这里的单位格式及精度与“单位(UNITS)”命令设置的无关，UNITS 控制绘图与查询时的显示格式与精度。

(3)舍入。设置标注(精度标注除外)测量值的舍入规则。如果输入 0.25，则所有标注距离都以 0.25 为单位进行舍入。如果输入 1.0，则所有标注距离都将舍入为最接近的整数。一般保持默认值为 0。

(4)前缀与后缀。可以输入文字或使用控制代码显示特殊符号。例如，输入%%c 显示直径符号。一般不设置前缀、后缀。

2)测量单位比例

(1)比例因子。设置线性标注测量值的比例因子。标注时系统测量到的值就是绘图时实际输入的值，比例因子的默认值为 1，这时标注的值与测量值相等。如果输入比例因子为 10，则绘图时输入的 1 单位标注为 10 单位。建议一般不要更改此值，绘图时按真实尺寸1:1 输入，标注出来即为实际大小。对应的系统变量是 DIMLFAC。

(2)仅应用到布局标注。仅将测量单位比例因子应用于布局视口中创建的标注。

3)消零

控制不输出前导 0 和后续 0 以及 0 英尺和 0 英寸部分，一般设置为消除后续 0，即小数点后面的0不显示。

4)角度标注

(1)单位格式。设置角度单位格式。根据需要在十进制度数、度/分/秒、百分度、弧度4种格式中选择。对应的系统变量是DIMAUNIT。

(2)精度。设置角度标注的小数位数。

(3)消零。控制前导0和后续0的显示。

任务3 表 格

知识目标

能通过表格样式设置各表格单元的外观,以创建合适的样式。

能力目标

根据表格需要正确创建表格样式,快速编辑表格行高和列宽,设置合适的边框线。

表格是AutoCAD 2005开始推出的功能,水工图中的钢筋表、建筑图中的门窗表都可以创建成为一个表格对象。

创建表格对象时,首先创建一个空表格,然后在表格的单元中添加内容。

模块1 表格样式

调用创建表格样式命令的方法如下。

- 单击功能区的"常用"选项卡→"注释"面板的"表格样式"按钮。
- 单击"样式"工具栏的"表格样式"按钮。
- 在命令行输入命令TABLESTYLE(TS)。

表格的外观由表格样式控制。用户可以使用默认表格样式Standard,也可以创建自己的表格样式。这里创建一个如图5-66所示的门窗表的表格样式,过程如下。

(1)按下表设置3个文字样式。

样式名	字 体 名	效 果	说 明
gbhzfs	tjtxt. shx + gbhzfs. shx	宽度比例为0.7,其余默认	表格数据字体
Standard	宋体	宽度比例为0.7,其余默认	表头文字
Heiti	黑体	宽度比例为0.7,其余默认	标题文字

(2)启动表格样式命令,弹出"表格样式"对话框,如图5-67所示。样式列表下已有一个名为Standard的样式,这就是系统默认的表格样式。单击"新建"按钮,弹出"创建新的表格样式"对话框,在"新样式名"输入框输入Window。

(3)设置"数据"单元样式。单击"继续"按钮,弹出"新建表格样式:Window"对话框,在"单元样式"选项先选择"数据",分别设置"常规"、"文字"、"边框"特性,如图5-68所示。这里说明一下表格边框线宽的设置,整个表格的外框线宽设为0.35 mm,内框线宽设为0.18 mm。设置方法是:先选择线宽,再单击相应的按钮。

(4)设置"表头"单元样式。选择"表头"选项,分别设置"常规"、"文字"、"边框"特性,仍

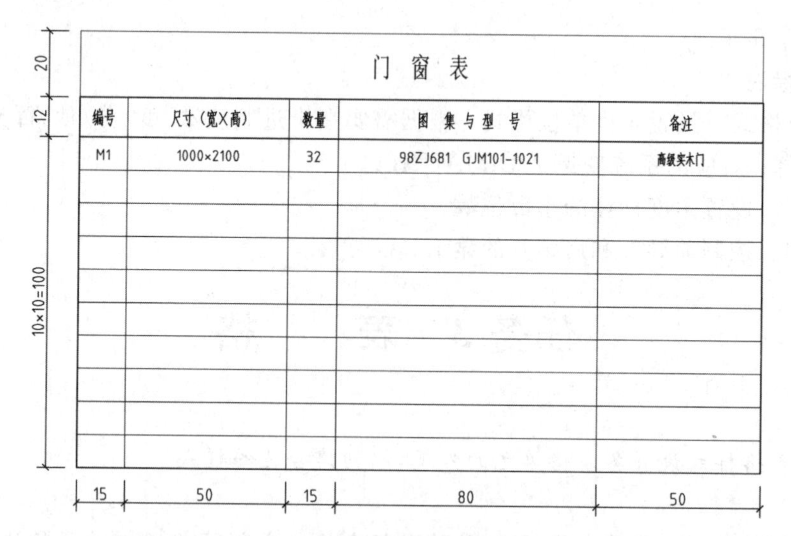

图 5-66　门窗表

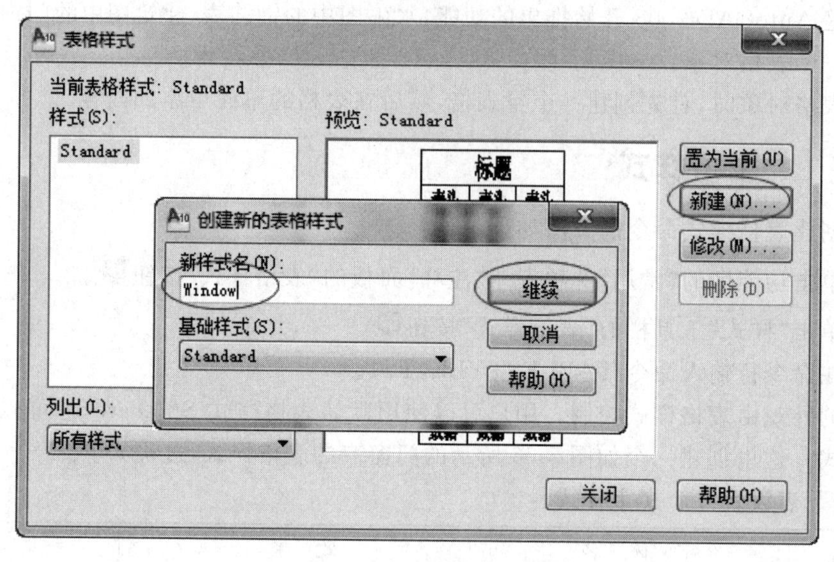

图 5-67　“表格样式”对话框

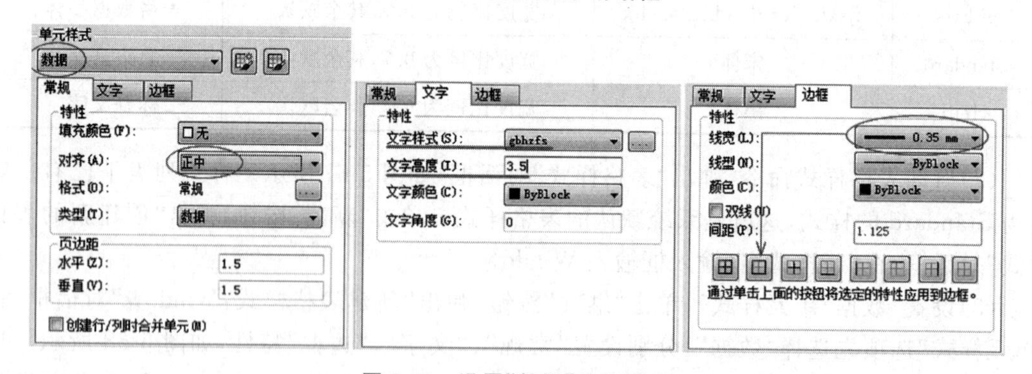

图 5-68　设置“数据”单元样式

然设置外边框线宽为 0.35 mm，内边框线宽为 0.18 mm，如图 5-69 所示。

(5)设置“标题”单元样式。单击“标题”选项卡，分别设置“常规”、“文字”、“边框”特性，

图 5-69　设置“表头”单元样式

设置下边框线宽为 0.35 mm(注意先单击“无边框”以取消默认的边框线),如图 5-70 所示。

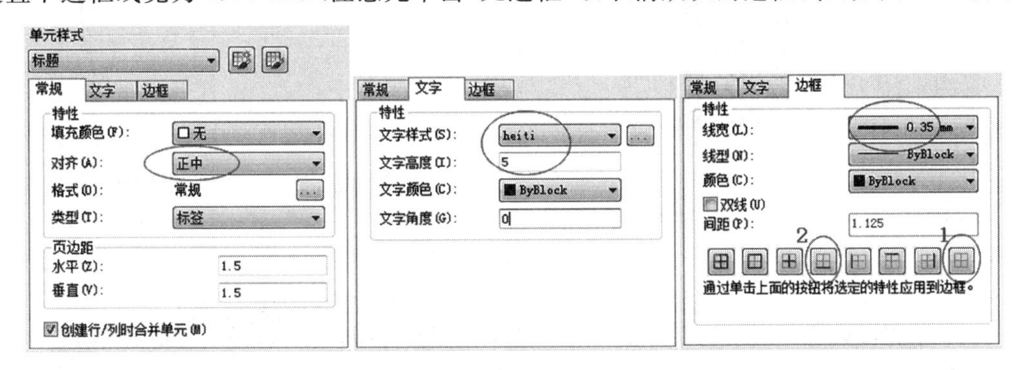

图 5-70　设置“标题”单元样式

(6)完成设置。单击“确定”按钮,返回“表格样式”对话框,样式列表内出现一个名为“Window”的样式。新建样式即为当前样式,单击“关闭”按钮退出对话框。

模块 2　创建表格

调用表格命令的方法如下。

- 单击功能区的“常用”选项卡→“注释”面板的“表格”按钮▦。
- 单击“绘图”工具栏的“表格”按钮▦。
- 在命令行输入命令 TABLE(TB)。

创建表格对象时,首先创建一个空表格,然后在表格的单元中添加内容,操作如下。

(1)设置表格基本参数。启动表格命令,弹出“插入表格”对话框,如图 5-71 所示。设置 5 列 10 行,行高、列宽先取默认值不变,待编辑时修改确定。

(2)填写表格。按提示指定表格的插入位置,随即弹出“多行文字编辑器”填写表格数据,自动按标题、表头、单元格数据的次序进行。填写过程中按 Tab 键或方向键切换单元格,如果退出了编辑器,则双击单元格即可。图 5-72 所示的是“二维草图与注释”界面填写表格的显示,图 5-73 所示的是经典界面的操作。

(3)修改行高和列宽。选择一个单元格(在单元格单击鼠标),如“编号”单元格,按 Ctrl+1 打开“特性”选项板,在“单元”选项组按需要修改“单元宽度”和“单元高度”值。单元宽度用于确定该单元格所在列的列宽,单元高度用于确定该单元格所在行的行高,如图 5-74 所示。

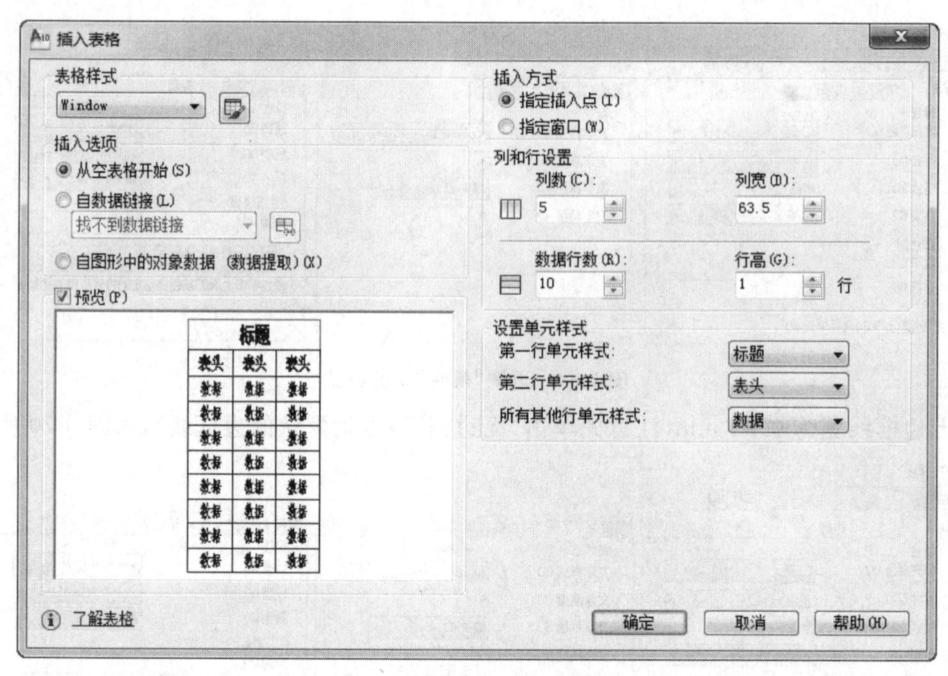

图 5-71　“插入表格”对话框

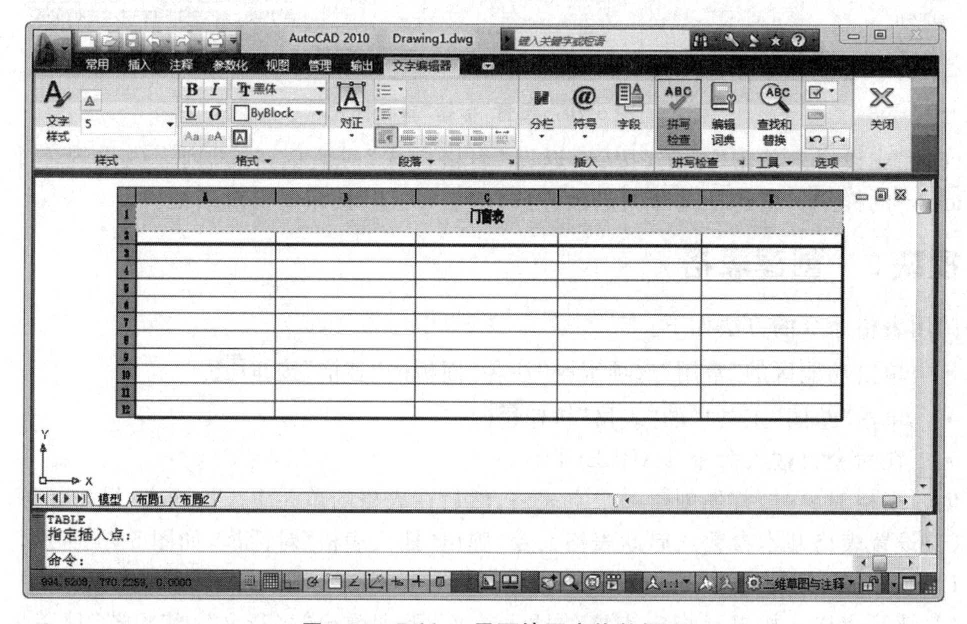

图 5-72　Ribbon 界面填写表格数据

按要求的尺寸修改所有列宽与行高，完成结果如图 5-75 所示。

单元格可以框选，这样可以一次修改多个单元格尺寸；单击单元格，右击，弹出快捷菜单，有更多编辑功能可选择，如合并单元格、删除、插入行和列等。

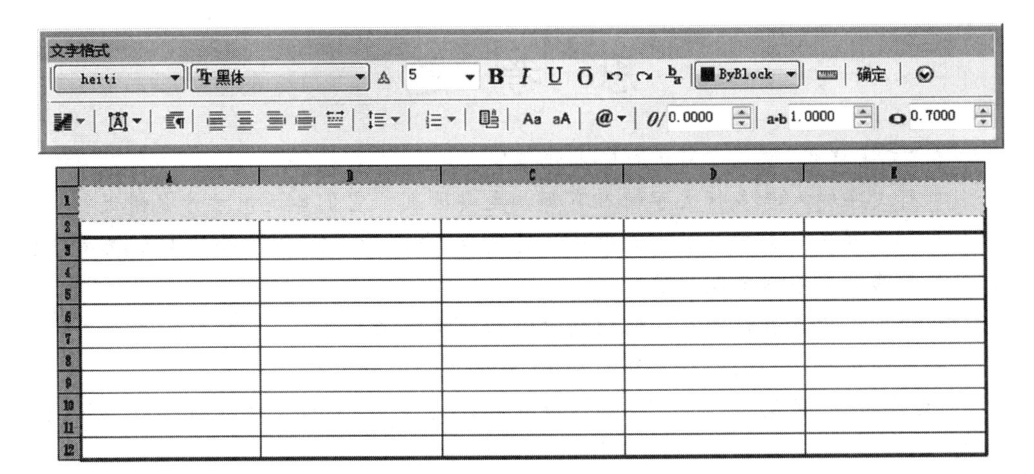

图 5-73　经典界面填写表格数据

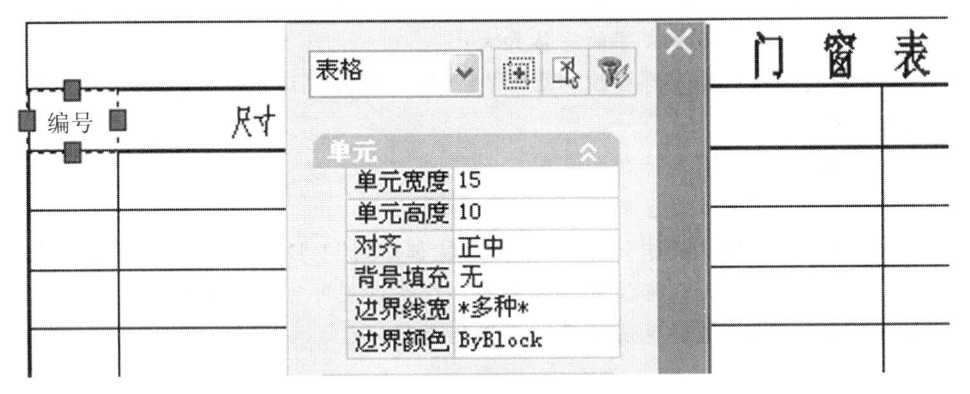

图 5-74　修改单元宽度和单元高度

门窗表				
编号	尺寸（宽X高）	数量	图集与型号	备注
M1	1000×2100	32	98ZJ681 GJM101-1021	高级实木门

图 5-75　创建完成的门窗表

思 考 题

1. 在“文字样式”窗口中可进行哪些设置?

2. 单行文字输入与多行文字输入有哪些主要区别? 它们各适用于什么情况?

3. 在文字样式定义中设置了高度值不为零后,会影响 TEXT 命令的哪个提示信息?

4. 如何修改文字内容及属性?

5. 尺寸标注要素有哪些? 如何控制它们的外观特征?

6. 要标注水平、垂直、倾斜直线的长度,应该用哪个命令?

7. “文字对齐”设置为“水平”是如何放置标注文字的? “与尺寸线对齐”、“ISO 标准”有何区别?

8. “基线间距”是什么含义? 什么时候有效?

9. “起点偏移量”是什么含义?

10. 如何正确设置标注文字的字体和大小?

11. 标注文字的位置有哪些控制选项? 公制环境的默认设置是什么? 默认设置符合我国制图标准吗?

12. “从尺寸线偏移”是什么含义?

13. “箭头大小”是什么含义?

14. 在模型空间标注尺寸如何设置“标注特征比例”? DIMSCALE 变量是什么含义?

15. 关联标注与非关联标注有什么区别? 默认设置即可创建关联性标注,无论如何标注的尺寸一定是关联的,这种说法对吗? 试举例说明。

项目6　块

项目重点

普通块与属性块的创建与使用方法。

教学目标

在图形中创建与使用块；创建与使用块库；编辑块。

任务1　块的创建与使用

知识目标

理解块的含义，了解块的优点，掌握块的创建方法与使用方法。

能力目标

在图形文件中灵活使用块，能创建自己的块库文件；熟练使用设计中心。

在设计绘图过程中，往往要重复使用某些图形对象，如图框、某些材料符号、水工图中一些平面图例、建筑图的门窗、家具等。AutoCAD 可以将经常使用的图形对象定义为一个整体，组成一个对象，这就是块。在需要的时候插入这些块，可大大提高设计者的工作效率。

如图6-1所示，电排站图例符号有很多个，显然一个个绘制是不可取的，最好的方法就是定义电排站符号图块，在需要的地方插入即可。

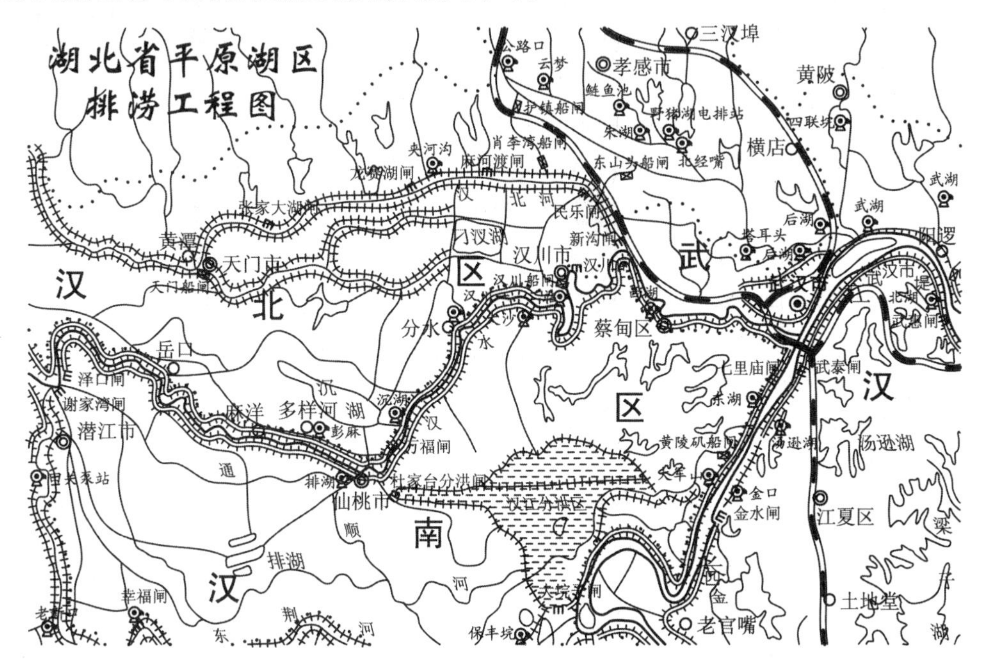

图6-1　块应用实例

模块 1　块的创建

先绘制好需要的图形，再定义块。调用创建块命令的方法如下。

- 单击功能区的“常用”选项卡→“块”面板的“创建块”按钮。
- 单击“绘图”工具栏的“创建块”按钮。
- 在命令行输入命令 BLOCK(B)。

1. 在图形文件中创建块

打开“blkdef.dwg”文件，如图 6-2 所示。图形中已经绘制好一盆绿叶植物，现将其定义为块，操作如下。

命令：_block	;单击 输入命令，弹出“块定义”对话框，如图 6-3 所示
	;在名称输入框输入名称“植物”
选择对象：指定对角点，找到 101 个	;单击“选择对象”按钮，框选植物
选择对象	;回车结束选择，返回对话框
指定插入基点	;单击“拾取点”按钮，拾取花盆中心作为基点

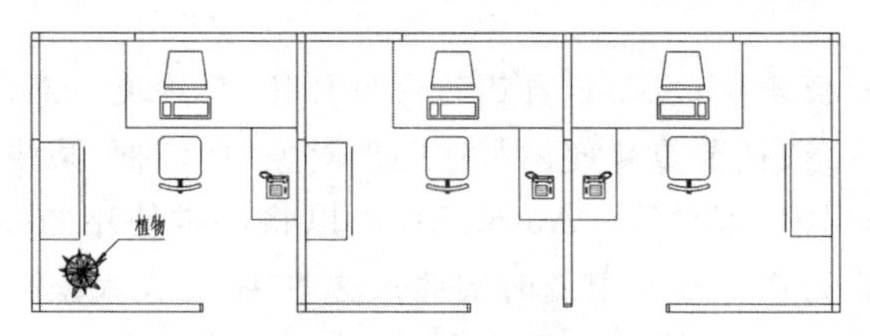

图 6-2　工作区平面图

图 6-3　定义“植物”块

如图 6-3 所示，单击“确定”按钮，名为“植物”的块创建完毕，保存文件“图 6-2.dwg”。下面说明“块定义”对话框中各选项的意义。

“名称”输入及列表框，在这里为要定义的图块输入一个名称，如果已定义过块，单击下拉按钮则可展开已定义块的列表。

“基点”通过“拾取点”来获取其坐标，默认坐标为“原点”。基点是插入该块时的定位参考点，因此要考虑以后的定位方便性和准确性来指定基点，一般可以使用捕捉拾取一个块图形中的特征点。

“对象”选项区的“选择对象”用于选择块所要包含的对象，这些对象被定义成块之后，有三种处理方式：保留、转换为块和删除。默认情况为“转换为块”，即将块的原对象直接转换为块；“保留”表示在定义块以后，原对象没有变化，保留原处；“删除”则在定义块以后删除原对象。

“设置”选项区通常按默认设置，即块单位为毫米。块单位确定了在通过设计中心或工具选项板将块拖放到图形时块的单位。

“方式”选项区的“允许分解”是指块插入图形后能否进行分解操作，如果此处不勾选，则块插入之后是不能被分解的。

2. 创建块库

为了使用方便，可以把同类型的块集中在一个图形文件中，这个文件称为块库。可见，块库是存储在单个图形文件中的块定义的集合。以图 6-4 为例创建一个水工图常用图例的块库，方法如下。

(1)绘制图形。通常在 0 层按默认特性绘制，对于符号类图块，按其在图纸上的打印尺寸来绘制。对于实物类对象，如家具、洁具，应按其实际尺寸 1∶1绘制。图 6-4 所示的符号图形摘自《水利水电工程制图标准》(SL 73—1995)。

(2)创建块。使用 BLOCK 命令定义一个个独立的块，图 6-5 所示的是创建“水库(大)”块的操作。重复此操作，定义完成所有符号块。

(3)保存文件“块库_图例. dwg”。

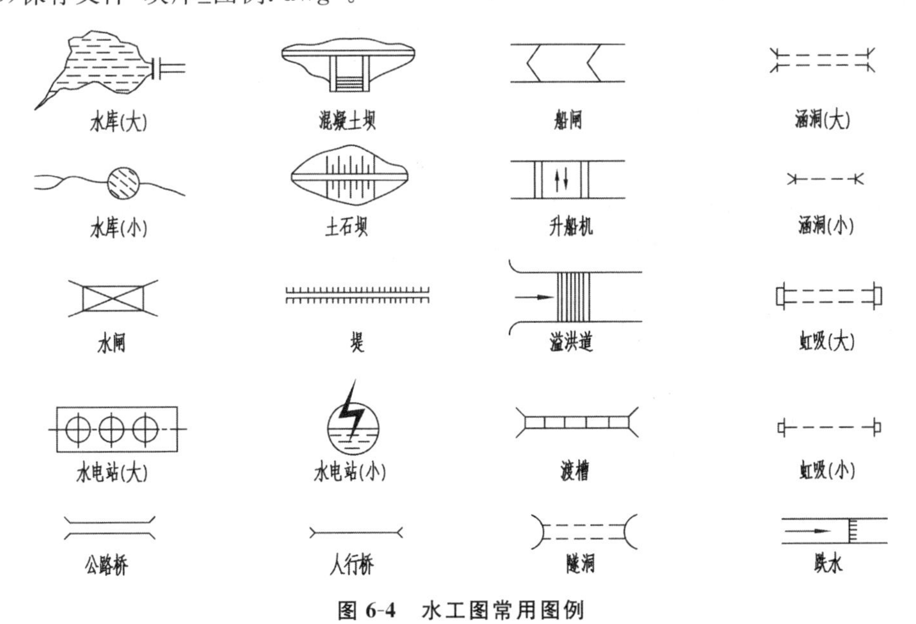

图 6-4 水工图常用图例

图 6-5 创建“水库(大)”图例块

3. 控制块中对象的颜色和线型

块插入图形后，块中对象的颜色和线型特性可以是固定的，也可以是可变的，取决于创建块对象时的设置。

(1)用固定特性创建对象。在创建块组成对象时，为对象指定固定的颜色、线型和线宽特性，不使用 BYBLOCK(随块)或 BYLAYER(随层)设置。这样的对象组成的块具有固定特性，插入图形后保持原特性不变。

(2)用随层特性创建块对象。将块定义中的对象在 0 层绘制，并将对象的颜色、线型和线宽设置为 BYLAYER。这样的对象组成的块具有可变特性。插入图形后，块中对象都位于当前层，且继承当前层的特性。

(3)用随块特性创建块对象。在创建块组成对象时，将当前颜色或线型设置为 BYBLOCK，这时创建的块也具有可变特性，与 BYLAYER 不同的是，插入块之后先继承当前特性设置，后继承图层特性。

一种简单而常用的创建块方式是，在 0 层绘制各对象，并设置其特性为“随层”，这样创建的块，在插入图形后将具有当前层的颜色和线型。如果要求插入后能够被指定为当前层颜色以外的其他颜色，则创建对象时选择颜色“随块”。

模块 2 块的插入与编辑

上一节定义好的块如何使用呢？下面介绍两种方法：使用插入命令和使用设计中心。插入命令仅限于在当前图形中操作，设计中心可以将其他图形文件中的块插入当前图形。

1. 使用“插入块”命令

调用“插入块”命令的方法如下。

- 单击功能区的“常用”选项卡→“块”面板的“插入”按钮。
- 单击“绘图”工具栏的“插入”按钮。
- 在命令行输入命令 INSERT(I)。

打开已保存的“图 6-2.dwg”文件,参照图 6-6 完成插入块的操作。

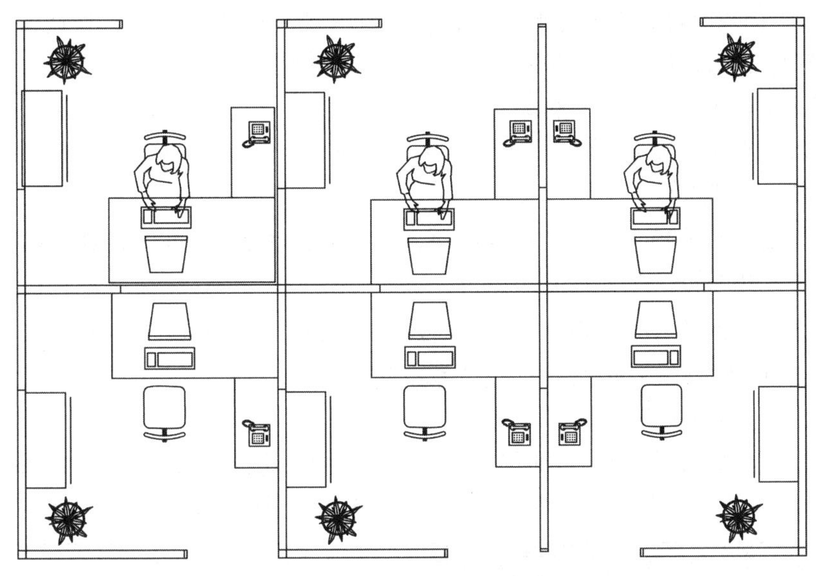

图 6-6 插入块

切换“其他”层为当前层,启动插入命令,插入“植物”块的操作如下。

命令:_insert ;单击按钮,弹出“插入”对话框,如图 6-7 所示
;展开图块名称下拉列表,从中选择“植物”
;其他按默认设置,单击“确定”按钮
指定插入点或[基点(B)/比例(S)/X/Y/Z/旋转(R)/预览比例(PS)/PX/PY/PZ/预览旋转(PR)]
;移动鼠标在适当位置单击

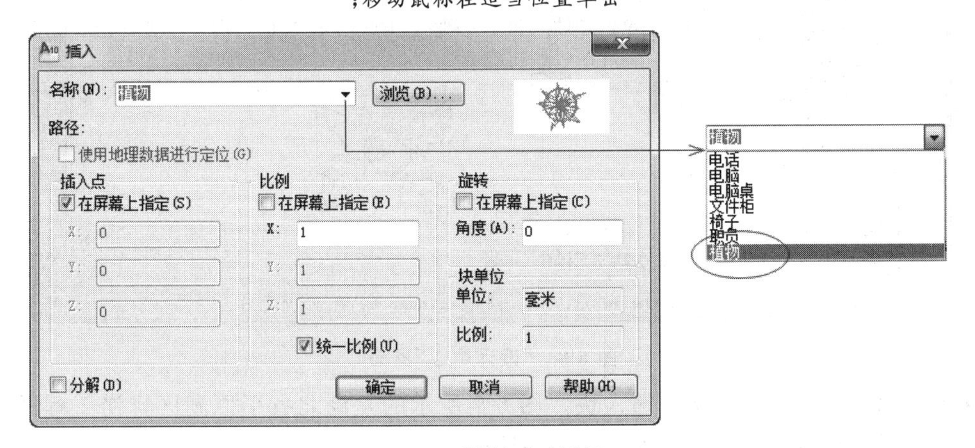

图 6-7 “插入”对话框

图 6-7 所示的“插入”对话框中各选项的意义如下。

“名称”下拉列表中的块是当前图形中已定义的块,从中选择想要插入的块。AutoCAD 允许直接将图形文件作为块插入到当前图形中,单击“浏览”按钮,通过“选择文件”对话框找到已保存的图形文件。

“插入点”指块的定位点,创建块时的“基点”将与这里指定的“插入点”重合。默认方式为勾选“在屏幕上指定”,即插入时由光标来拾取插入点。

“比例”指定块的缩放比例，可以统一指定或分别指定长宽高各方向的比例。对于实物对象的块，由于创建时按真实尺寸 1∶1绘制，因此插入缩放比例应选择 1(默认值)；对于符号类图块，按图纸打印尺寸绘制时，缩放比例为打印比例的倒数。

“旋转”用于确定插入块的方位。

“分解”复选框选中之后，图块插入后其组成对象是被分解的，不推荐这样做。

2. 使用“设计中心”

INSERT 命令只能插入当前图形中的块，使用“设计中心”才可以将其他图形中的块插入当前图形。调用“设计中心”的方法如下。

- 单击功能区的“视图”选项卡→“选项板”面板的“设计中心”按钮。
- 单击“标准”工具栏的“设计中心”按钮。
- 使用快捷键 Ctrl+2。

“设计中心”界面有两个窗口，如图 6-8 所示。左侧显示文件夹及文件的树状图，右侧为内容窗口，在左侧选择一个项目，该项目下的内容即在右侧窗口显示出来。

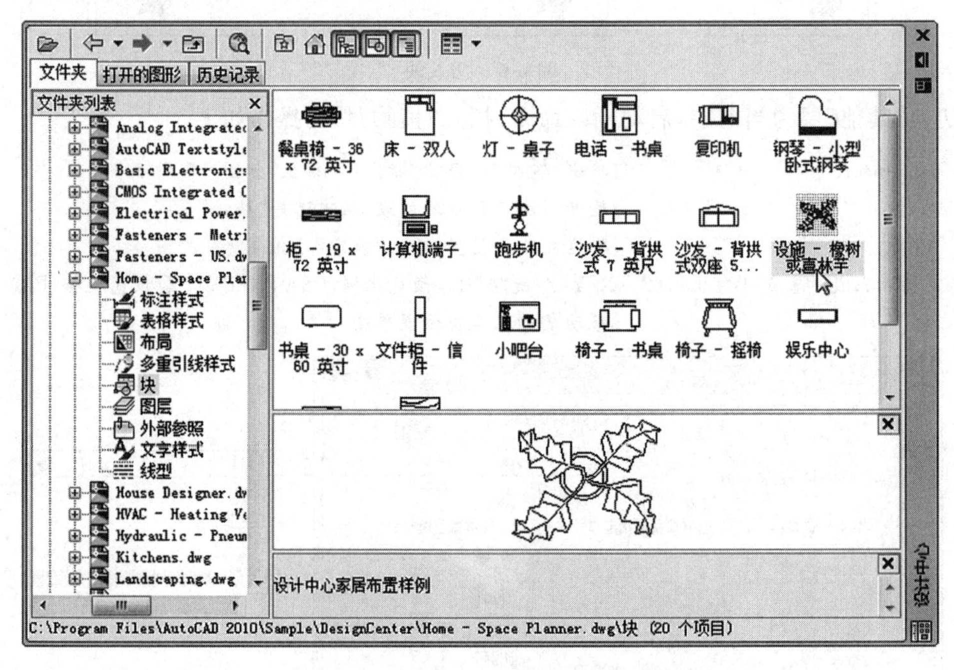

图 6-8 “设计中心”界面

【例 6-1】 在图形中定义并插入块。图 6-9 所示的是湖北省平原湖区排涝工程图的某局部区域，试在此图形中创建电排站符号块后插入之。

步骤 1： 打开“例 6-1. dwg”文件。

步骤 2： 定义块。图形右上角已作出电排站符号图形，只要定义为块就可以了。启动创建块命令，打开“块定义”对话框，参考图 6-10，输入块名“beng”、选择块对象(符号图形)、拾取基点，单击“确定”按钮完成块定义。

步骤 3： 启动插入命令，显示“插入”对话框，按图 6-11 设置，单击“确定”按钮，移动鼠标在屏幕上指定块插入点，重复插入命令，完成所有符号的插入。各电排站的位置参考图如图 6-9 所示。

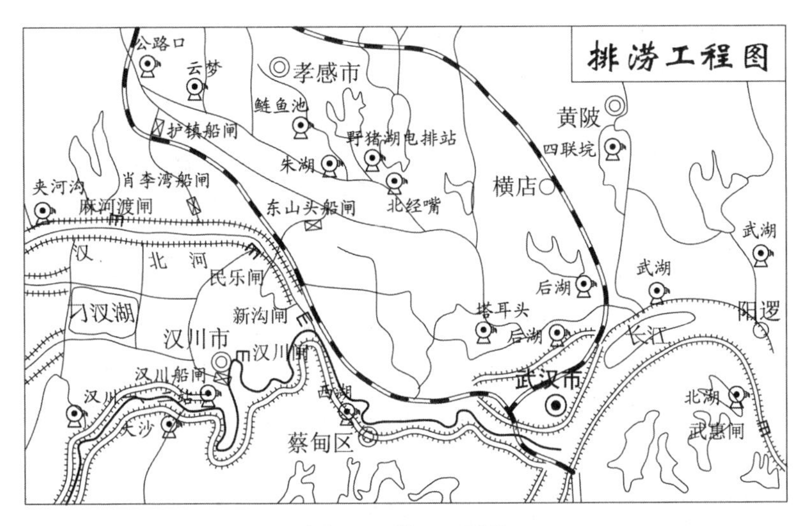

图 6-9　例 6-1 用图

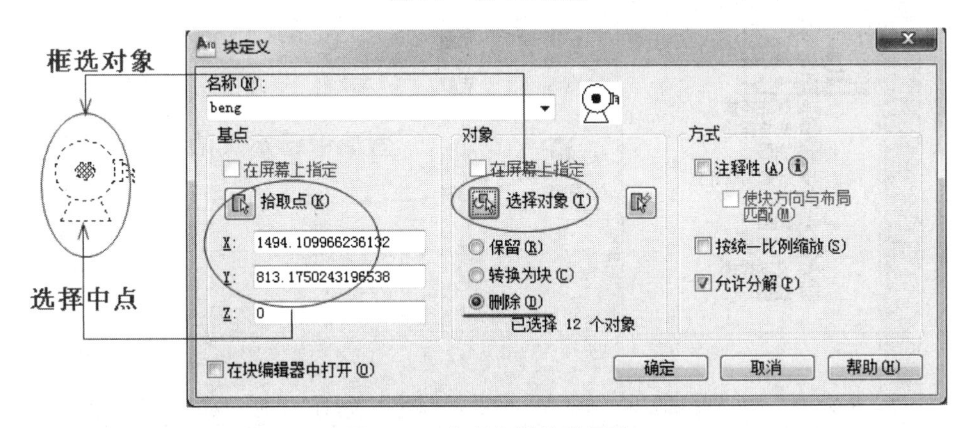

图 6-10　定义电排站符号块

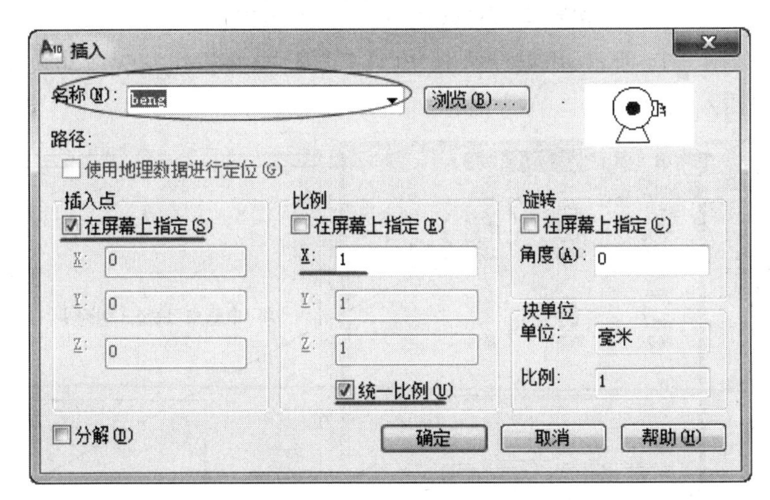

图 6-11　插入电排站符号块

【例 6-2】　利用"设计中心"插入块。

步骤 1:　打开"图 6-2. dwg"、"例 6-2. dwg"两个文件,当前图形窗口如图 6-12(a)所示。

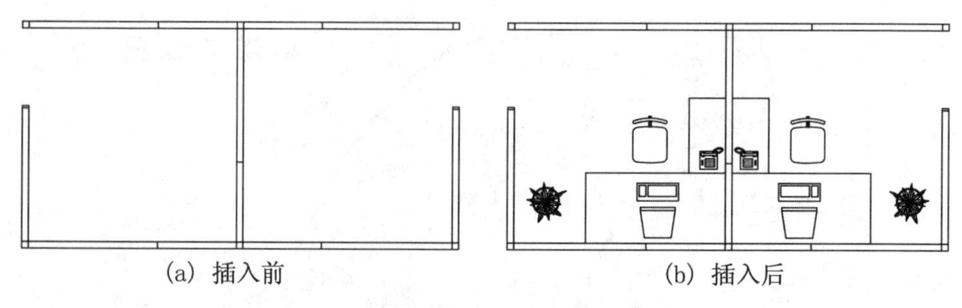

图 6-12 用“设计中心”插入块

步骤 2: 按 Ctrl+2 打开“设计中心”,单击“打开的图形”选项卡,展开“图 6-2. dwg”的项目树状图,选择“块”,这时在内容窗口显示出图形中的所有块的块名称及预览图形,如图 6-13 所示。

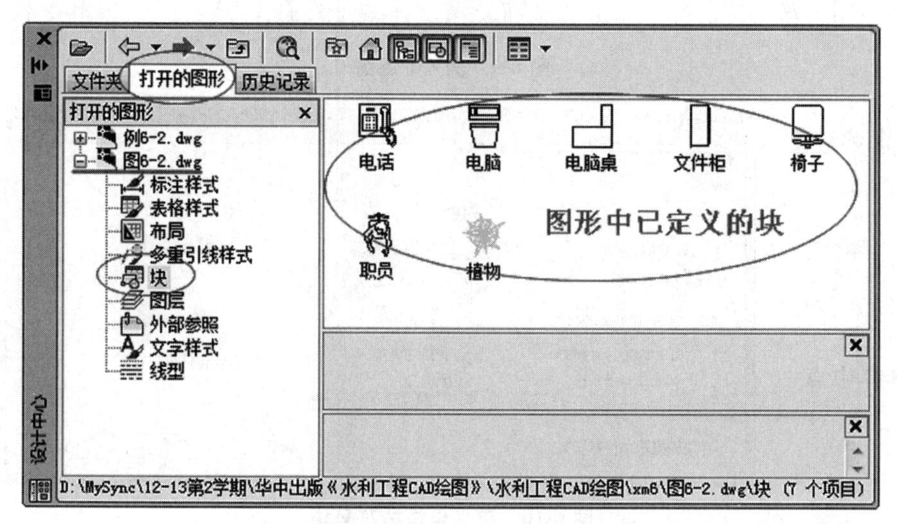

图 6-13 从“设计中心”浏览图形中的块

步骤 3: 如图 6-14 所示,用鼠标拾取“电脑桌”图块,并按住左键拖动块至图形中后放开,“电脑桌”即插入图形中。

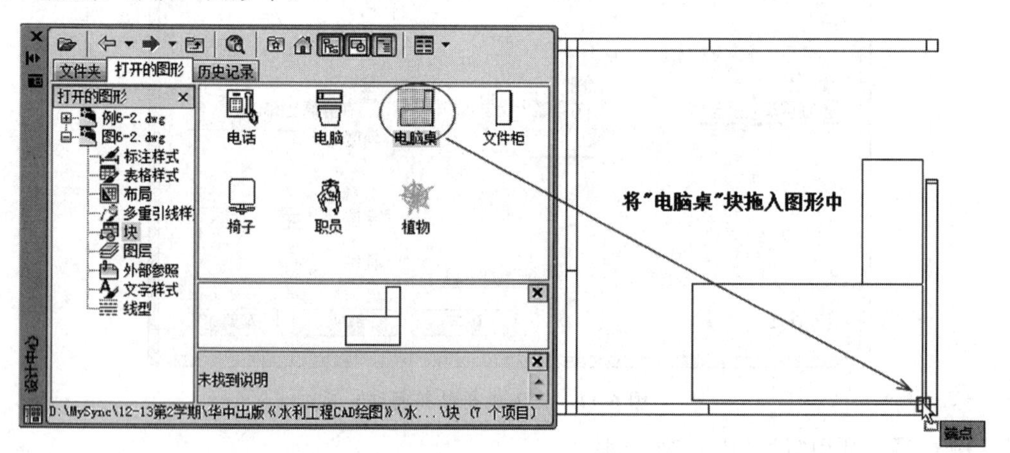

图 6-14 从“设计中心”拖入块至图形中

步骤4： 重复拖放操作，直至插入所需的全部图块。如果拖入的块图形的位置和方向与要求不符，可以利用夹点操作适当移动或旋转块图形。完成后的图形如图6-12(b)所示。

利用设计中心插入块，这种可视化的拖放使得操作更加直观和便捷。如果需要指定块的插入比例，可以右击要插入的块，在快捷菜单中选择“插入块”，会显示“插入”对话框，就可以使用与使用“插入”命令时同样的操作了。另外，设计中心也可以浏览到没有打开的文件，从中调用所需要的块插入当前图形中。具体操作请看下例。

【例6-3】 利用设计中心插入“块库_图例.dwg”中的材料图例。

步骤1： 打开“例6-3.dwg”文件，如图6-17(a)所示。

步骤2： 按Ctrl+2打开“设计中心”，单击“文件夹”选项卡，浏览到上节创建的“块库_图例.dwg”文件，选择“块”，“设计中心”右侧内容窗口出现该文件中定义的图例符号块，如图6-15所示。

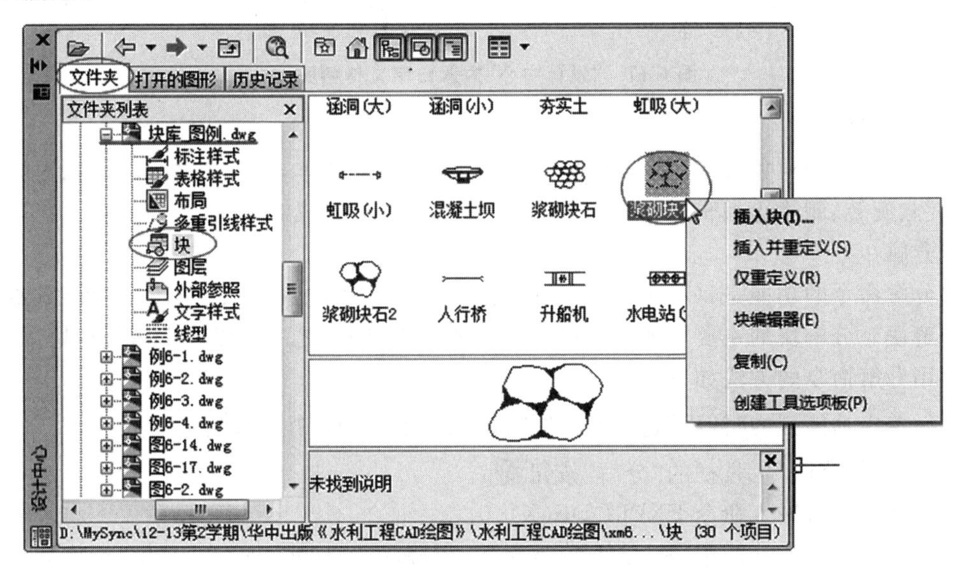

图6-15　“块库_图例.dwg”中的图例符号

步骤3： 选择“浆砌块石”，右击显示快捷菜单，选择“插入块”，显示“插入”对话框，修改插入比例为1∶100，如图6-16所示。

图6-16　插入浆砌块石

步骤 4： “确定”之后移动鼠标确定插入点。

步骤 5： 重复以上步骤 3、步骤 4 的操作，插入“自然土”、“夯实土”符号，最后结果如图 6-17(b)所示。保存文件“图 6-17.dwg”。

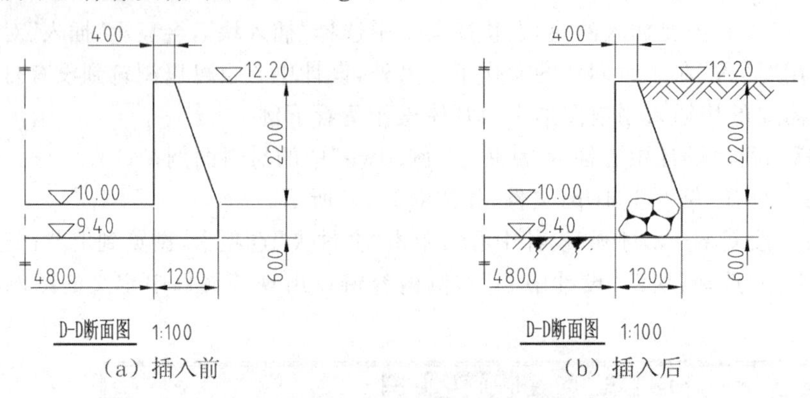

图 6-17 “设计中心”插入自定义材料图例

3. 块的编辑

无论组成块的对象有多少个，块插入图形后就是一个整体，是一个对象。可以对块进行整体复制、旋转、删除等编辑操作，但是不能直接修改块的组成对象。

1)分解

块分解命令的功能是将块由一个整体分离成为各个独立的组成对象，非特别需要一般不要分解块。分解块的主要目的是修改块的组成对象，修改之后可以再重新创建块。

调用分解命令的方法如下。

- 单击功能区的“常用”选项卡→“修改”面板的“分解”按钮。
- 单击“修改”工具栏的“分解”按钮。
- 在命令行输入命令 EXPLODE(X)。

分解命令操作十分简单，输入命令，选择需要分解的块回车，即完成分解，操作如下。

```
命令：_explode
选择对象                    ;选择块，可以框选
选择对象                    ;回车结束
```

块被分解后成为分离的对象，这时可以单独修改各对象了。

块分解后，块的组成对象“回”到创建时所在的图层。

2)块的重新定义

要注意的是，分解并修改块只是修改了显示的图形，并没有修改该块的定义，如果再次插入这个块，它依旧是原来的样子。要想修改块定义，应该在分解并修改块图形后，以原块名重新定义块。

3)块的编辑

可以直接对块的组成对象进行编辑并重新定义块，比以上“分解再重定义”的方法更加方便。调用块编辑的方法如下。

- 单击功能区的“插入”选项卡→“块”面板的“块编辑器”按钮。
- 单击“标准”工具栏的“块编辑”按钮。

- 在命令行输入命令 BEDIT(BE)。

【例 6-4】 编辑上例中的浆砌块石图块。

步骤 1： 打开“图 6-17. dwg”，双击(这是快速启动编辑命令的一种方法)图块“浆砌块石”，显示“编辑块定义”对话框，如图 6-18 所示，单击“确定”按钮。

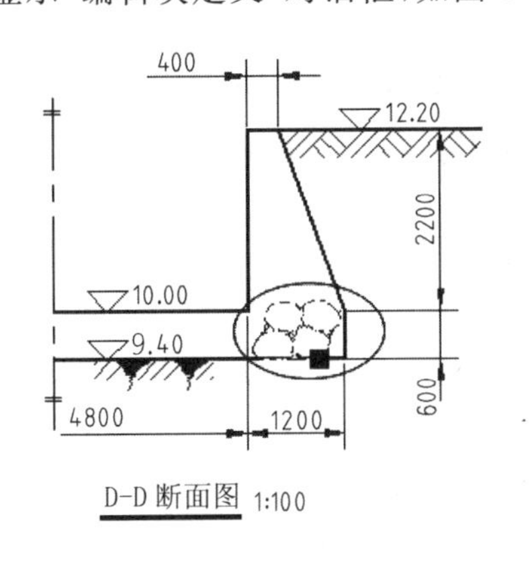

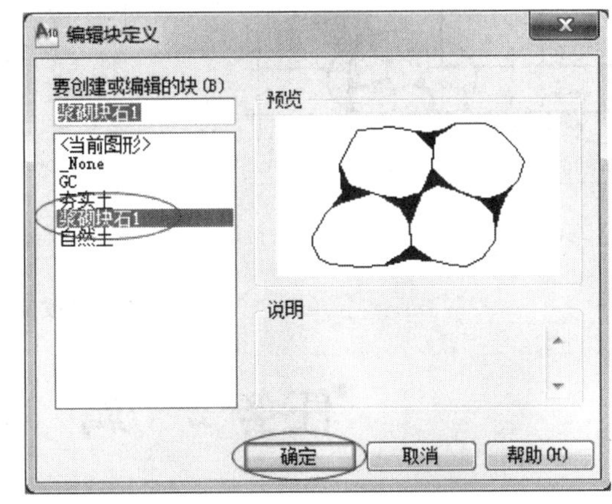

图 6-18 编辑“浆砌块石”图块

步骤 2： 单击“确定”按钮之后，显示“块编辑器”界面，如图 6-19 所示。此时，浆砌块石符号的组成对象是“分离”的，可按需要进行修改。

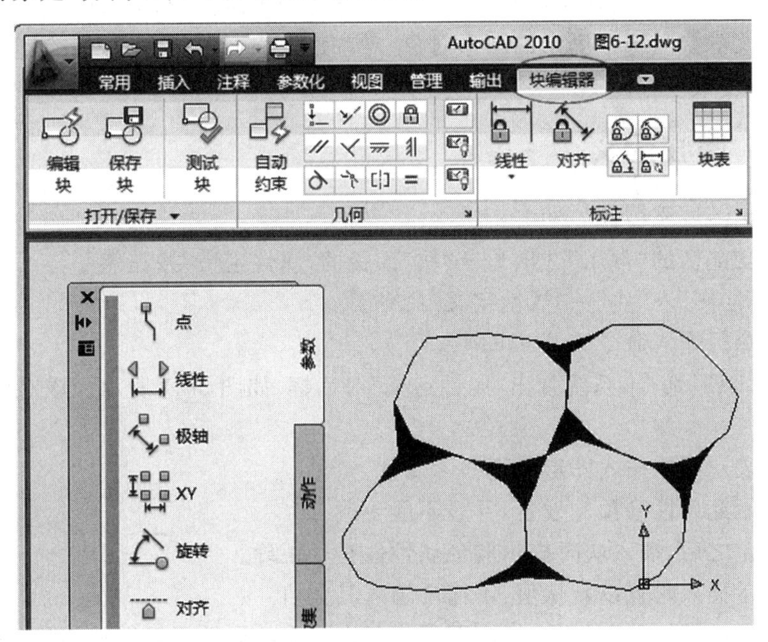

图 6-19 “块编辑器”界面

步骤 3： 修改之后单击“关闭块编辑器”，显示如图 6-20 所示的“块-未保存更改”警告框，单击“将更改保存到浆砌块石 1(S)”，完成修改。

步骤 4： 完成修改，保存文件“图 6-20. dwg”。

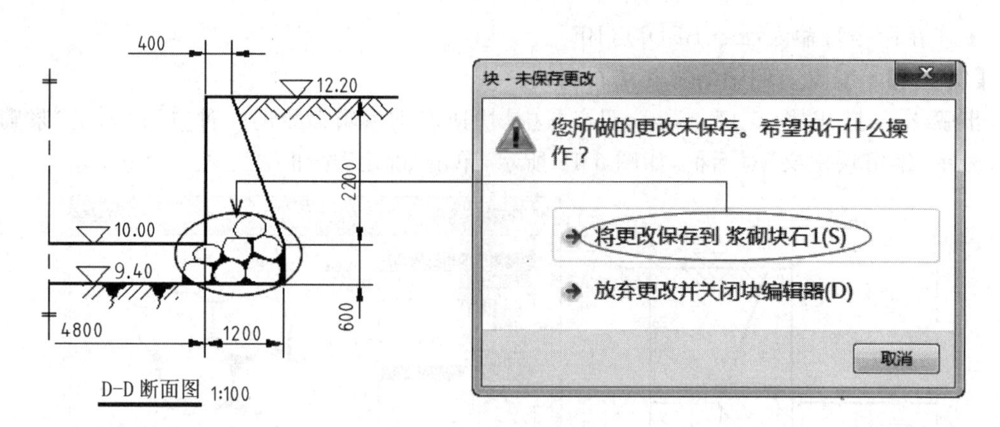

图 6-20 修改完毕

任务 2 属 性 块

知识目标

理解属性的含义与作用。

能力目标

正确定义块的属性，熟练掌握属性块的创建过程和方法；能编辑属性块。

上一节定义的块只包含固定的图形对象。有时需要向图块附加文字信息，如标高的高程数值、钢筋编号数字等。

模块 1 属性定义

调用属性定义命令的方法如下。

- 单击功能区的“常用”选项卡→“块”面板的“属性定义”按钮。
- 执行“绘图”→“块”→“属性定义”命令。
- 在命令行输入命令 ATTDEF(ATT)。

执行 ATTDEF 命令，系统弹出“属性定义”对话框，如图 6-21 所示。该对话框各选项的含义如下。

“不可见”表示图块插入图形后不显示属性。

“固定”表示此属性已预先设定，并且不能更改。

“验证”选定之后，插入块时提示验证属性值是否正确。

“预设”表示插入时置以默认值，不需要输入其他值。

“标记”用于给属性一个代号，标志图形中每次出现的属性。可以使用任何字符组合(空格除外)输入属性标记。小写字母会自动转换为大写字母。

“提示”内容在插入时显示在命令行。如果不输入提示，属性标记将用作提示。如果在“模式”区域选择“固定”模式，“提示”选项将不可用。

“默认”用于指定默认属性值。

“对正”用于指定属性文字的对齐方式，其含义同 TEXT 命令的“对正”选项含义。

“文字样式”用于指定属性文字的预定义样式。

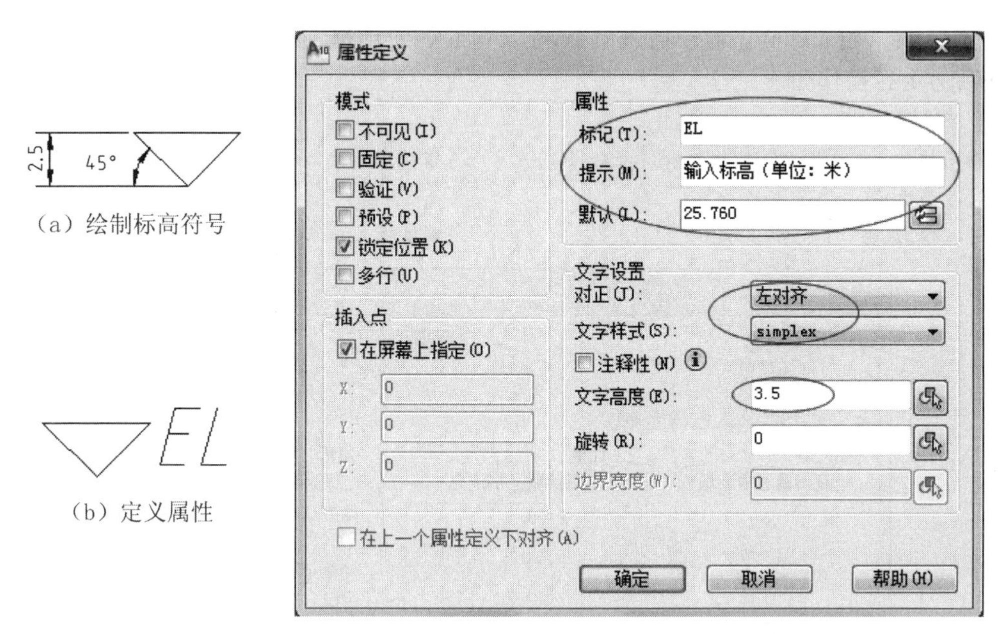

图 6-21　定义标高块的属性

“高度”用于指定属性文字的高度，输入值或选择“高度”后用鼠标指定。

“旋转”用于指定属性文字的旋转角度。

【例 6-5】 定义并插入标高(高程)属性块。

在例 6-4 完成的图形中，有 3 处高程标注：9.40 m、10.00 m 和 12.20 m。下面在此图形中创建标高属性块后插入之。

步骤 1： 打开“图 6-20.dwg”文件。以 0 层为当前层绘制标高符号，45°的等腰三角形，如图 6-21(a)所示。

步骤 2： 定义属性。启动属性定义命令，显示“属性定义”对话框，参照图 6-21 设置后单击“确定”按钮，移动鼠标至标高符号右下角单击，两者相对位置请参照图 6-21(b)所示。

步骤 3： 创建块。启动创建块命令，显示“块定义”对话框，参照图 6-22 操作，单击“确定”按钮，完成标高属性块的定义。

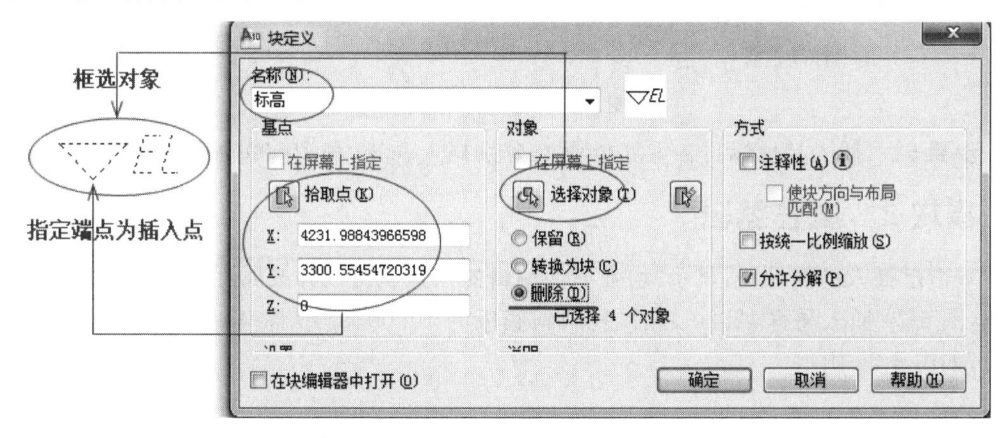

图 6-22　创建标高属性块

步骤 4： 插入标高。启动插入命令，显示“插入”对话框，参照图 6-23 操作，单击“确定”按钮后命令行操作如下。

命令：INSERT
指定插入点或［基点(B)/比例(S)/旋转(R)］　　;移动鼠标至需要插入的位置，如图 6-24(a)所示
输入属性值
输入标高(单位：米)＜25.760＞：12.20　　;键盘输入该点高程 12.20，如图 6-24(b)所示

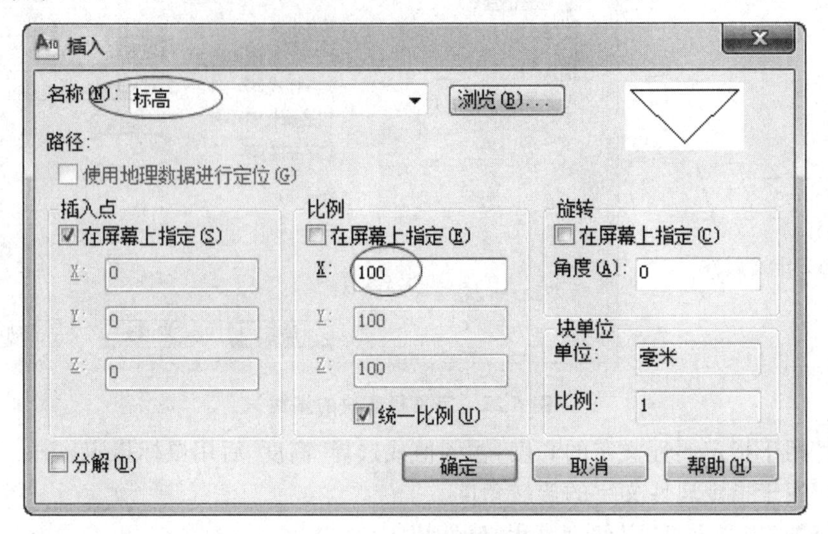

图 6-23　插入标高属性块

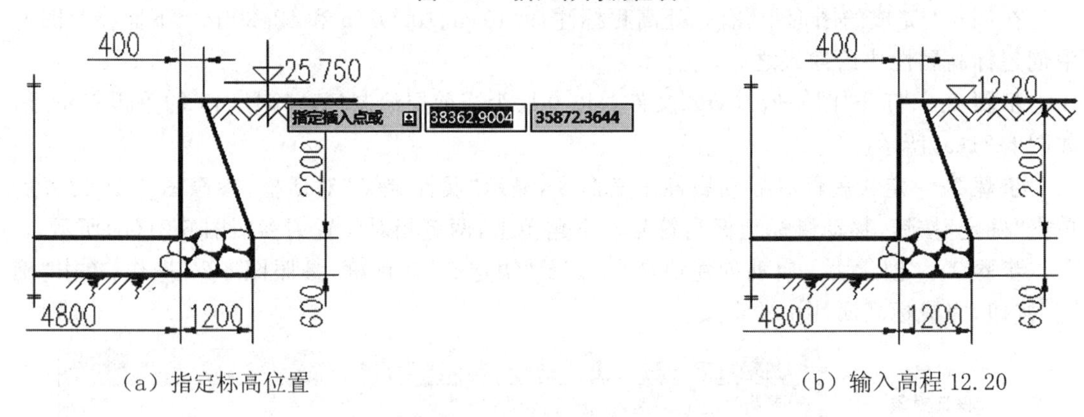

(a) 指定标高位置　　　　(b) 输入高程 12.20

图 6-24　插入标高 12.20

步骤 5： 插入其他标高。重复步骤 4，分别插入 9.40 和 10.00 高程，完成图形。

模块 2　属性编辑

双击已插入的属性块，显示“增强属性编辑器”，这里可以修改属性值、文字选项等内容。例如，图 6-24 插入高程 12.20 之后，复制到底板的 10.00、9.40 标高处，再双击修改属性值即可，如图 6-25 所示。

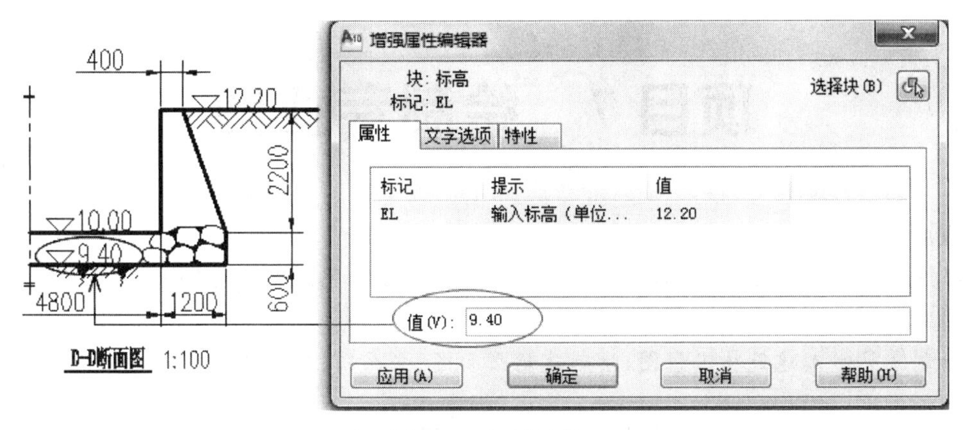

图 6-25　属性编辑

思　考　题

1. 为什么定义完图块后，原来位置的图形不见了？

2. 定义好的块插入后，汉字显示为问号“?”，这是为什么？

3. 定义好的块插入时距光标很远甚至到屏幕外，这是为什么？

4. 插入块时，块的特性（线型、颜色）有时随插入图层变化，有时固定不变，这是为什么？

5. 轴号是利用属性块标注的，块被分解后轴号都变了，这是为什么？

6. 怎样将标题栏创建成一个块，插入时只需输入图名、图号、比例等参数就可以得到定制好的标题栏？

7. 设计中心只能用来插入图块吗？

8. 将图形中显示的图块都删除掉了，块定义还在吗？

9. 将图形中的块都分解了，块定义还在吗？

10. 如何将块定义从图形中彻底删除？

项目7　绘制专业图

项目重点

根据专业特点设置绘图环境并创建样板图；掌握专业图绘制的过程和方法。

教学目标

绘制常见水工建筑物工程图；绘制建筑平面图、立面图、剖面图。

任务1　绘图环境

知识目标

理解绘图环境的概念及样板文件的作用，掌握设置专业样板文件的方法。

能力目标

根据自己的专业特点设置绘图环境，创建与使用样板文件。

模块1　水工图绘图环境

1. 图幅

以公制样板“acadiso. dwt”新建图形，图形界限为 A3(297 mm×420 mm)。但是默认情况下绘图界限检查是关闭的，并不限制将图线绘制到图形界限之外，所以在 AutoCAD 中绘图不受图形大小的限制。通常采用 1∶1的比例绘图，出图时选择合适打印比例打印成标准图幅。

2. 单位

AutoCAD 的绘图单位本身是无量纲的，设计者在绘图时可以将单位视为绘制图形的实际单位，按图形尺寸 1∶1绘图时，尺寸单位就是绘图单位。水工图采用的绘图单位有毫米、厘米、米等。

3. 图层

水工图通常考虑线型、文字、尺寸、填充(材料图例)等设置常用图层，如图 7-1 所示。

4. 文字样式

参照表 7-1 设置两种文字样式。

表 7-1　水工图文字样式设置

样式名	字 体 名	效 果	说 明
gbeitc	gbeitc. shx ＋ gbcbig. shx	默认	用于尺寸标注与小号汉字标注
simsun	宋体	宽度比例 0.7，其余默认	图名、标题栏等

5. 标注样式

基于样式“ISO-25”新建名为“dim”的样式，设置如下。

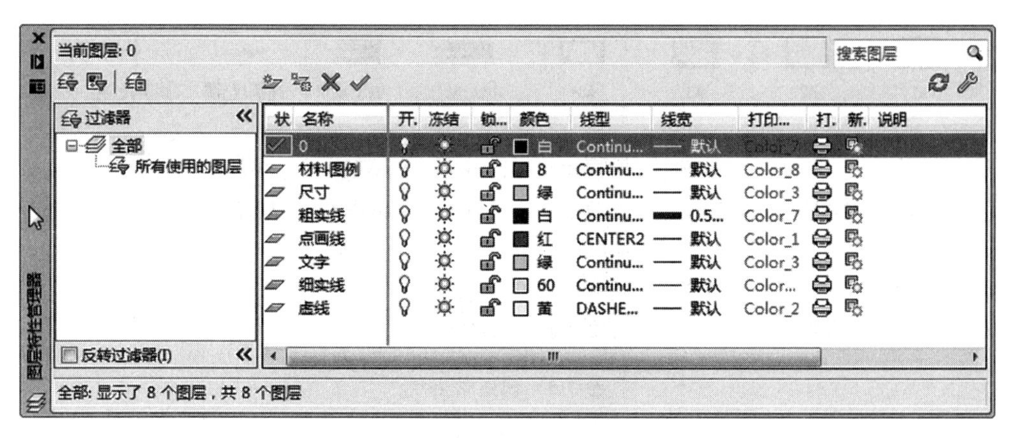

图 7-1　水工图常用图层

(1)公共参数:尺寸线“基线间距”取值 7;“文字样式”选择“gbeitc”,“文字高度”取值 3.5。

(2)“线性”子样式:按公共参数取值,不做修改。

(3)“角度”子样式:“文字对齐”选择“水平”。

(4)“半径”子样式:“文字对齐”选择“ISO 标准”;“调整选项”选择“文字”,“优化”选择“手动放置文字”。

(5)“直径”子样式:“文字对齐”选择“ISO 标准”;“调整选项”选择“文字”,“优化”选择“手动放置文字”。

(6)其他未提及的均为默认设置,完成设置后,置“dim”为当前样式,如图 7-2 所示。

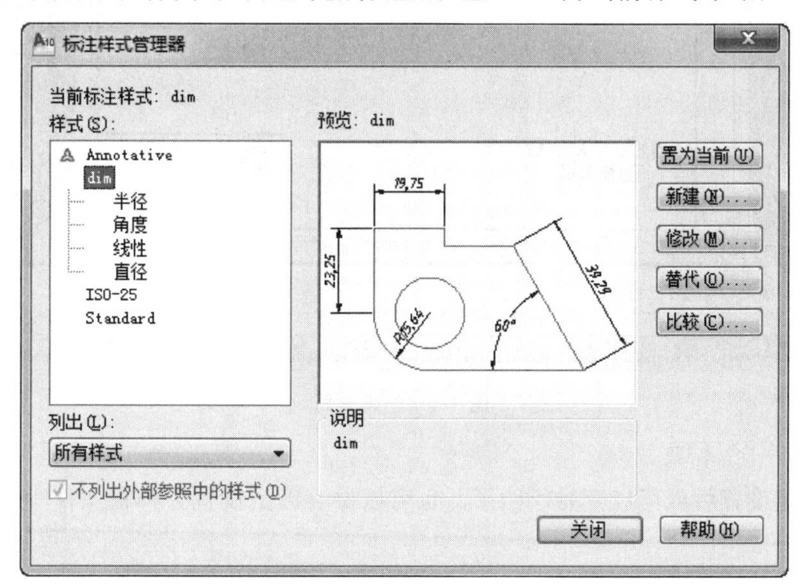

图 7-2　设置水工图标注样式

6. 常用块

样板文件也可以包含常用块,如图 7-3 所示。

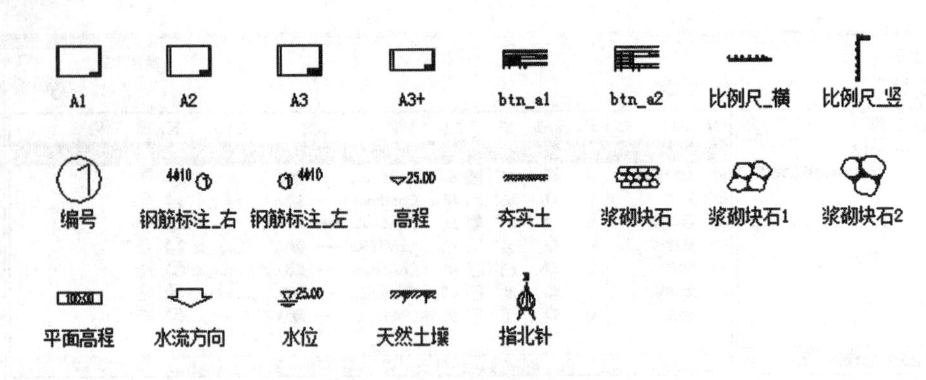

图 7-3　创建常用块

7. 创建布局

图 7-4 所示的是已创建好的 A1、A2、A3 布局。

图 7-4　创建布局

8. 保存绘图环境

完成以上设置后就可以开始绘图了。也可以保存以上设置为样板文件“水工图. dwt”，以备用。

模块 2　建筑图绘图环境

1. 图幅

以公制样板“acadiso. dwt”新建图形，图形界限为 A3(297 mm×420 mm)。但是默认情况下绘图界限检查是关闭的，并不限制将图线绘制到图形界限之外，所以在 AutoCAD 中绘图不受图形大小的限制。通常采用1∶1的比例绘图，出图时选择合适打印比例打印成标准图幅。

2. 单位

AutoCAD的绘图单位本身是无量纲的，设计者在绘图时可以将单位视为绘制图形的实际单位，建筑图常以毫米单位绘图。

3. 图层

建筑图常按构件类型设置图层。参照图7-5设置必要的图层，其他需要时再添加。这里考虑在打印样式中按颜色控制线宽，故线宽均取默认值；否则需要指定线宽。

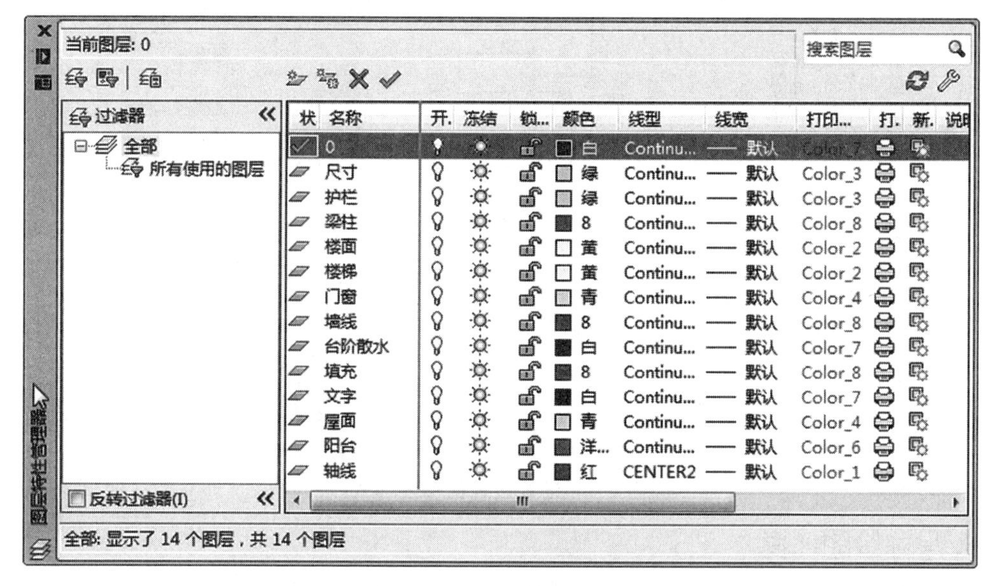

图7-5　建筑图常用图层

4. 文字样式

参照表7-2设置三种文字样式。

表7-2　建筑图文字样式设置

样式名	字　体　名	效　果	说　明
gbeitc	gbeitc. shx + gbcbig. shx	默认	用于尺寸标注与小号汉字标注
complex	complex. shx	默认	轴号与门窗名称等
simsun	宋体	宽度比例0.7，其余默认	图名、标题栏等

5. 标注样式

基于样式“ISO-25”新建名为“dim”的样式，设置如下。

(1)公共参数：尺寸线“基线间距”取值7，尺寸界线“超出尺寸线”取值2；文字外观下“文字样式”选择“gbeitc”，“文字高度”取值3.5。

(2)“线性”子样式：选择“固定长度的尺寸界线”，“长度”取值15；箭头选择“建筑标记”，“箭头大小”取值1.5。

(3)“角度”子样式：“文字对齐”选择“水平”。

(4)“半径”子样式:“文字对齐”选择“ISO 标准”;“调整选项”选择“文字”,“优化”选择“手动放置文字”。

(5)“直径”子样式:“文字对齐”选择“ISO 标准”;“调整选项”选择“文字”,“优化”选择“手动放置文字”。

(6)其他未提及的均为默认设置。完成设置后,置“dim”为当前样式,如图 7-6 所示。

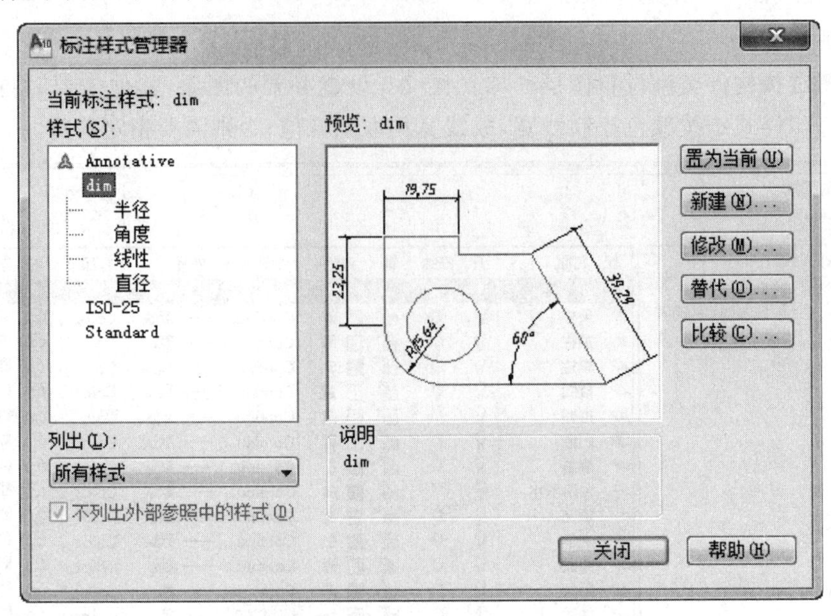

图 7-6 设置建筑图标注样式

6. 保存绘图环境

完成以上设置后就可以开始绘图了。也可以保存为样板文件“建筑样板. dwt”,以备用。

任务 2 水利工程图

知识目标

理解绘图单位和绘图比例、图形比例与打印比例的概念;掌握按图形尺寸单位 1∶1的绘图方法。

能力目标

能正确绘制水工图中常用材料图例、曲面素线;熟练绘制钢筋图,掌握水工建筑物结构图的绘制过程和方法;正确、快速标注图形尺寸、文字等。

模块 1 水工图常见符号

在水工图中,除各种建筑材料符号外,还有坡面的示坡线、圆柱面和圆锥面的素线、扭面和渐变面的素线、高程符号等。

如图 7-7 所示,图中有钢筋混凝土、浆砌块石、天然土、夯实土材料符号;有坡面的示坡线、圆柱面和圆锥面的素线等。其中钢筋混凝土可以由图案(ANSI31+AR-CONC)填充而得,其他都需要自己绘制。

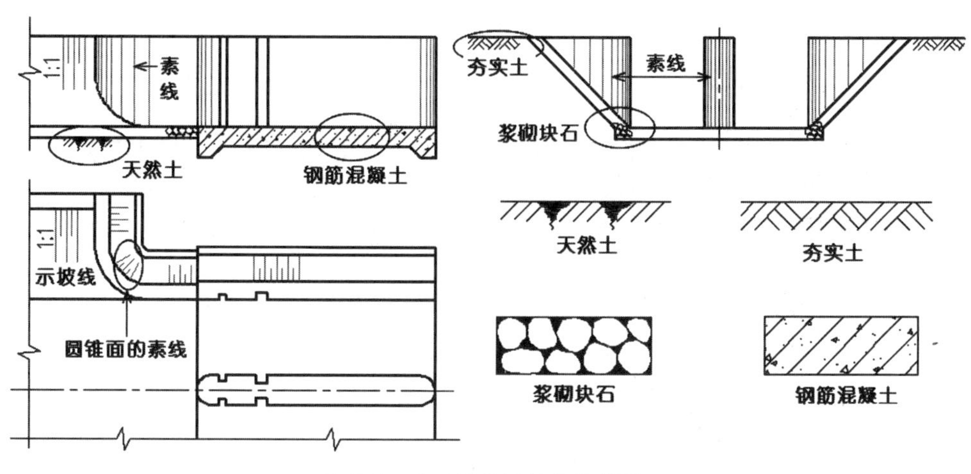

图 7-7　水工图常见的几种符号

(1)示坡线。工程上一般用示坡线及坡度值表示坡面的坡度大小和下坡方向。示坡线从坡面上比较高的轮廓线处向低处,用一长一短均匀相间的一组细实线画出,示坡线与坡面上的等高线垂直,坡度值的书写方式与尺寸数字的书写方式相同。

(2)素线。圆柱面的素线为若干条间隔不等的、平行于轴线的细实线,靠近轮廓线处密,靠近轴线处稀。与圆柱面的素线不同的是,圆锥面的素线通过顶点绘制。

(3)天然土和夯实土。斜线用 45°的细实线,每组 3 条,天然土在两组斜线间加绘较密集的折线。

(4)浆砌块石。多段线绘制若干不规则的多边形线框,间隙中用 SOLID 图案填充,简单的可以绘制椭圆代替石块。

(5)高程。高程或称为标高,由高程符号和高程数字组成。在立面图和铅垂方向的剖视图、剖面图中,高程符号用直角等腰三角形表示,细实线绘制,高度约为字高的 2/3。例如,字高为 3.5 mm,三角形高为 2.5 mm 左右。平面图中高程符号是细实线矩形框,高程数字写在其中。水面高程即水位在三角形下画三条渐短的细实线,如图 7-8 所示。

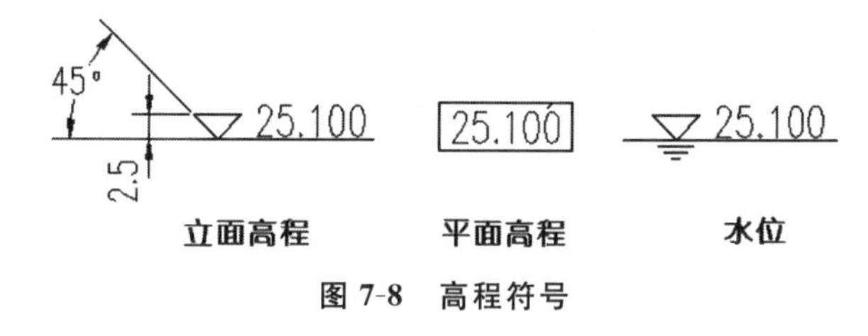

图 7-8　高程符号

要注意的是,以上各种符号大小和素线、示坡线的间距应按打印比例的反比例放大。

模块 2　水工图常见曲面

在水利工程中,很多地方用到输水隧洞。隧洞剖面一般是圆形的,但为了在其出口处安装闸门,需要做成矩形剖面。为使水流平顺,在矩形剖面和圆形剖面之间需以渐变段过渡,渐变段内表面即为渐变面。

扭面也是一种渐变面。渠道的剖面为梯形,水工建筑物的过水断面为矩形,为了使水流平顺,两者之间常以一光滑曲面过渡,这个曲面就是扭面。扭面和渐变面的素线绘制如图 7-9 所示。

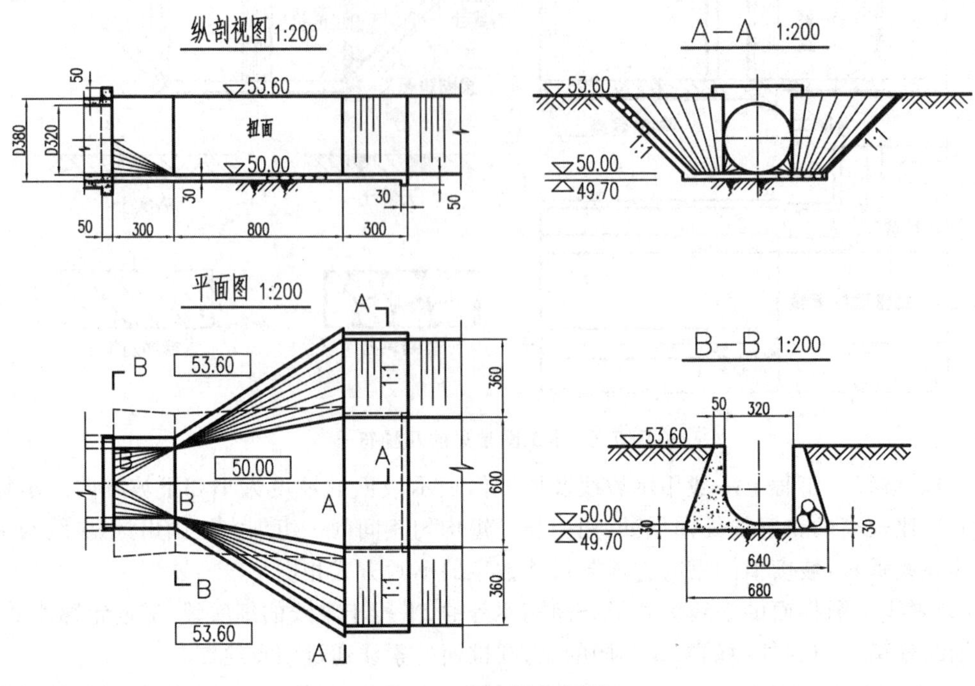

图 7-9　渐变面与扭面

图 7-9 所示的为管道出口与渠道之间的渐变面和扭面面的结构,作图过程如下。

(1)渐变面。渐变面是由三角形平面和斜椭圆锥面相切组合而成的,在锥面部分绘制素线,如图 7-10 所示。

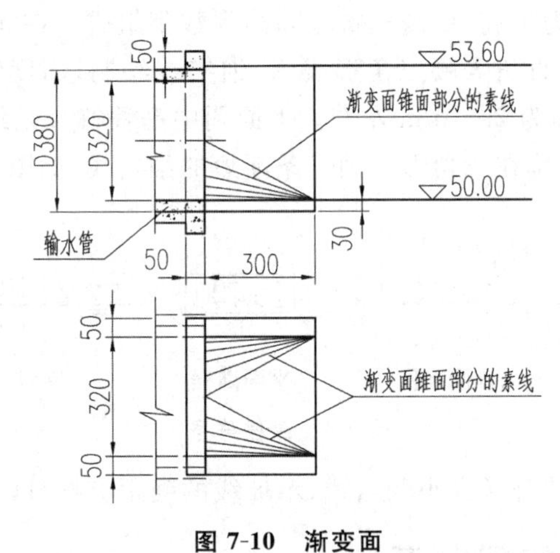

图 7-10　渐变面

(2)扭面。扭面是直母线沿二交叉直线移动并始终平行于导平面而形成的,直母线为水平线或侧平线,导平面是水平面或侧平面。在扭面的水平投影上绘制水平素线,侧面投影上绘制侧平素线,如图 7-11 所示。

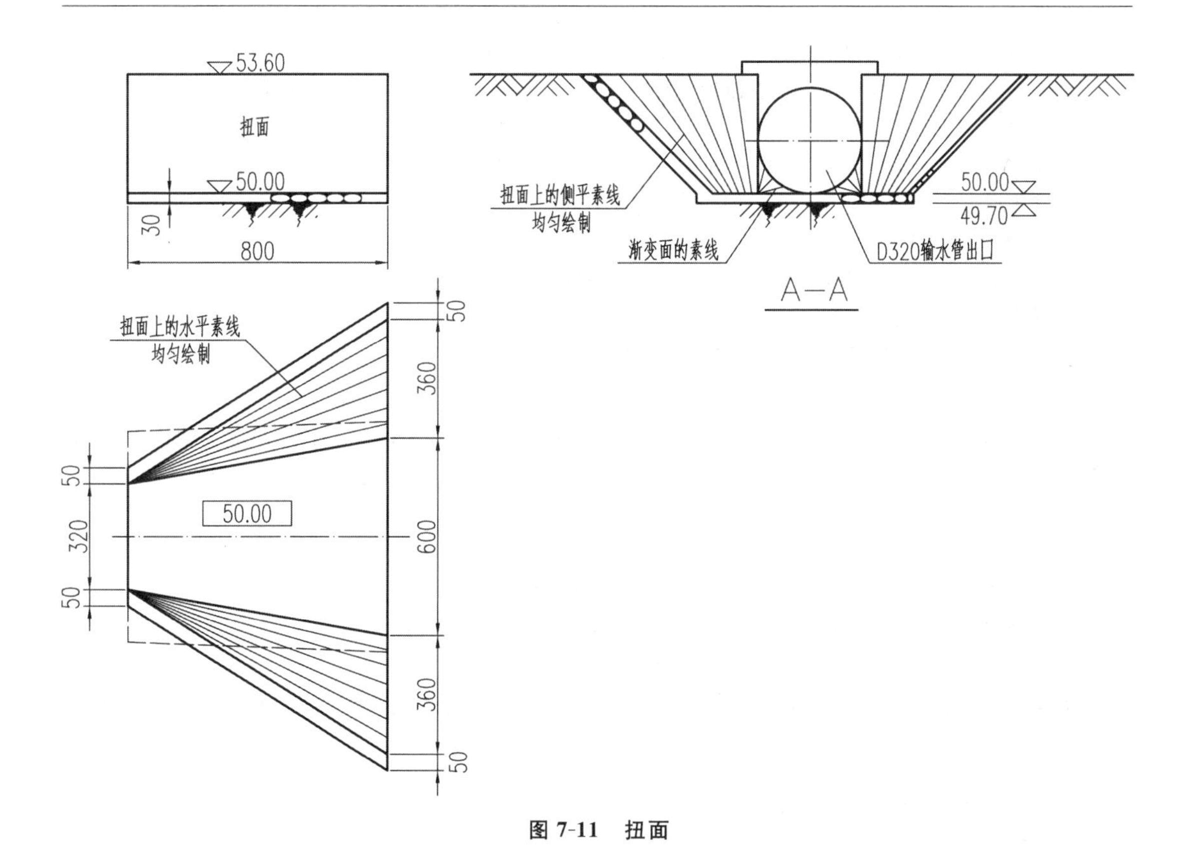

图 7-11　扭面

模块 3　钢筋图

1. 钢筋的画法

钢筋图主要表达构件中钢筋的位置、规格、形状和数量。钢筋图中构件的外形用细实线表示，钢筋用粗实线表示，钢筋的截面用小黑点表示。

Ⅰ级钢筋外形为光圆，钢筋两端加工成弯钩，如图 7-12(a)所示，用 PLINE 命令绘制弯钩如下。

```
命令：PLINE
指定起点：                                                    ;指定点 1
当前线宽为 0.0000
指定下一个点或［圆弧(A)/半宽(H)/长度(L)/放弃(U)/宽度(W)］：w    ;选择“宽度(W)”设置线宽
指定起点宽度 <0.0000>：                                       ;指定起点宽(考虑比例放大)
指定端点宽度 <0.0000>：                                       ;回车，端点与起点同宽
```

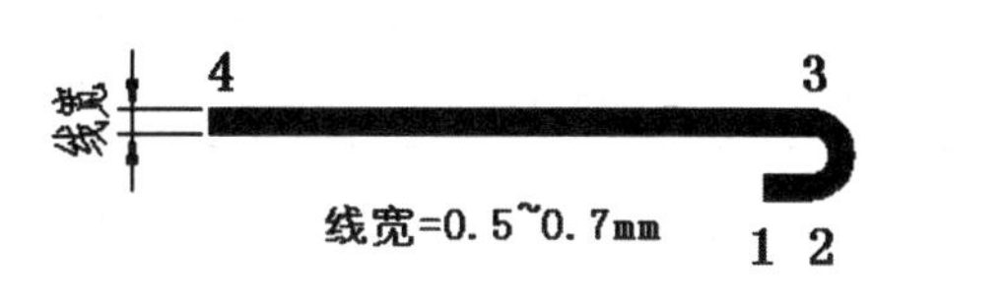

(a)

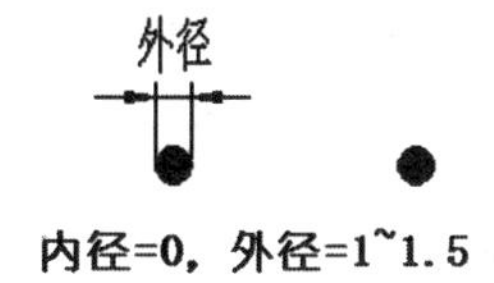

(b)

图 7-12　钢筋画法

指定下一点或［圆弧(A)/半宽(H)/长度(L)/放弃(U)/宽度(W)］：　　;指定点 2
指定下一点或［圆弧(A)/闭合(C)/半宽(H)/长度(L)/放弃(U)/宽度(W)］：　　;选择“圆弧(A)”选项
指定圆弧的端点或
［角度(A)/圆心(CE)/闭合(CL)/方向(D)/半宽(H)/直线(L)/半径(R)/第二个点(S)/放弃(U)/
宽度(W)］：　　;指定点 3
指定圆弧的端点或
［角度(A)/圆心(CE)/闭合(CL)/方向(D)/半宽(H)/直线(L)/半径(R)/第二个点(S)/放弃(U)/
宽度(W)］：l　　;选择“直线(L)”选项
指定下一点或［圆弧(A)/闭合(C)/半宽(H)/长度(L)/放弃(U)/宽度(W)］：　　;指定点 4
……

剖面图中，钢筋截面用 DONUT 命令绘制，内径为 0 即成黑点，如图 7-12(b)所示，操作如下。

命令：DONUT
指定圆环的内径 <0.5000>：0　　;内径为 0
指定圆环的外径 <1.0000>：　　;指定外径
指定圆环的中心点或 <退出>：　　;指定中心点绘制黑点
……

无论实际钢筋直径尺寸多大，粗实线线宽和小黑点外径不变，但线宽和外径应按打印比例反比例放大。

2. 绘图环境设置

(1)图层按图 7-13 进行设置。

状	名称	开.	冻结	锁...	颜色	线型	线宽	打印...	打.	新.	说明
✓	0				白	Continu...	—— 默认	Color_7			
	尺寸				绿	Continu...	—— 默认	Color_3			
	点画线				红	Continu...	—— 默认	Color_1			
	钢筋				蓝	Continu...	—— 0.5...	Color_5			
	文字				洋...	Continu...	—— 默认	Color_6			
	细实线				151	Continu...	—— 默认	Color...			

图 7-13　钢筋图图层设置

(2)文字样式的设置要考虑到钢筋直径符号的标注，表 7-3 中“tjtxt. shx ＋ gbhzfs. shx”字体组合考虑了Ⅱ级钢筋及汉字的标注。

表 7-3　钢筋图文字样式

样式名	字　体　名	效　　果	说　　明
gbhzfs	tjtxt. shx ＋ gbhzfs. shx	宽度比例 0.7，其余默认	用于钢筋尺寸与小号汉字标注
simsun	宋体	宽度比例 0.7，其余默认	图名、标题栏等

为了正确显示钢筋直径符号，要选择合适的字体文件，且不同字体对应的符号转换码不同。例如，Ⅱ级钢筋符号，使用 tjtxt. shx 输入“%%124”，而使用 tsszeng. shx 应输入“%%131”。图 7-14 所示的是两种组合“tjtxt. shx＋gbhzfs. shx”和“tssdeng. shx＋tssdchn. shx”的字体对比。

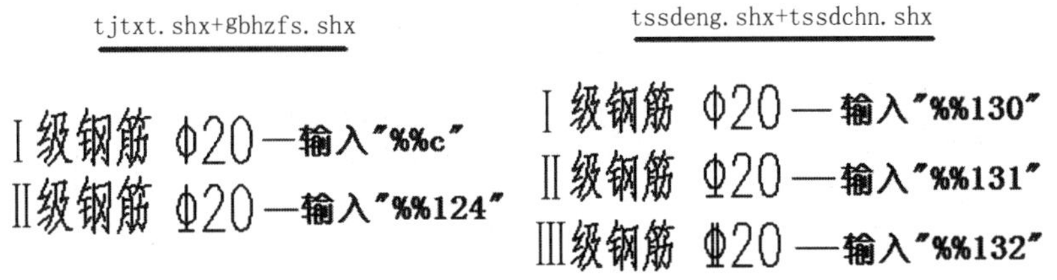

tjtxt. shx+gbhzfs. shx
Ⅰ级钢筋 Φ20—输入"%%c"
Ⅱ级钢筋 Φ20—输入"%%124"
tssdeng. shx+tssdchn. shx
Ⅰ级钢筋 Φ20—输入"%%130"
Ⅱ级钢筋 Φ20—输入"%%131"
Ⅲ级钢筋 Φ20—输入"%%132"

(a)　　　　(b)

图 7-14　不同字体的钢筋符号

(3)尺寸样式按前述方法进行设置，如果没有直径、半径、角度的标注，就只需设置主样式。

3. 钢筋编号与尺寸标注

钢筋编号外的小圆圈直径为 5～6 mm，引出线和圆圈都用细实线绘制。钢筋标注的字体、字号可以与尺寸标注的字体和字号一致。

【例 7-1】　绘制图 7-15 所示梁的钢筋图。

120
120
175
175
120
120
③
⑤
⑥
②
1
2
①
④ Φ8@200
1
2
675
675
6040
A
B
立面图 1:30
② 1Φ14
2Φ14 ③
2Φ8 ⑥
Φ8@150 ⑦
2Φ20 ⑤
3Φ20 ①
④ Φ8
550
130
100
100
220
120
250
120
1-1 1:10
2Φ14 ③
2Φ8 ⑥
⑦ Φ8@150
2Φ20 ⑤
④ Φ8
1Φ14 ②
3Φ20 ①
120
250
120
2-2 1:10

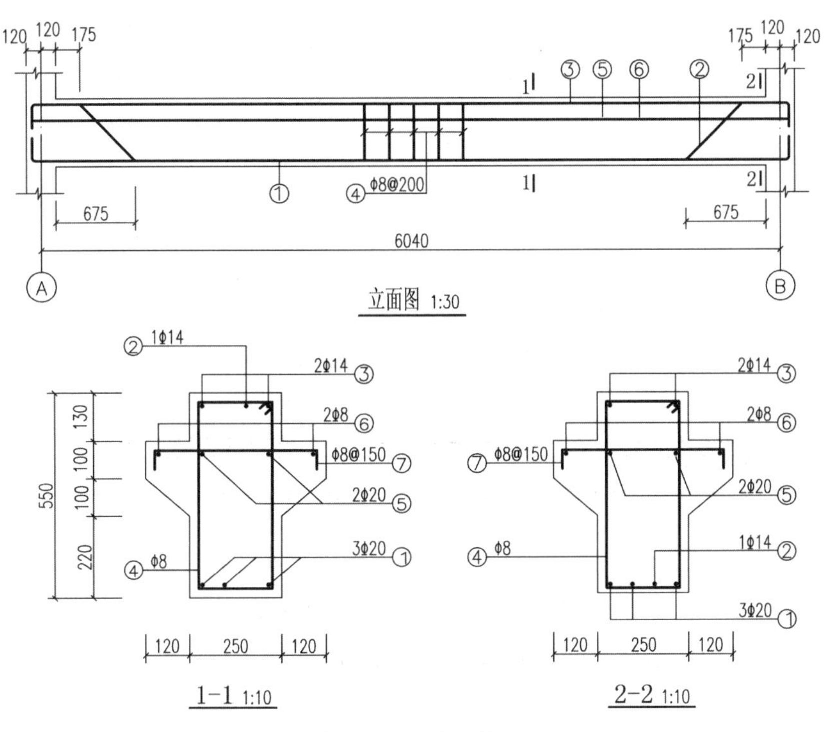

图 7-15　梁的钢筋图

步骤 1：　设置图层、文字样式和尺寸样式，尺寸样式按不同图形比例设置两个，如图 7-16所示，分别用于标注 1∶30 的立面图和 1∶10 的剖面图。

步骤 2：　在细实线图层绘制构件外形轮廓，如图 7-17 所示。先按 1∶1绘制各视图，完成后将剖面图放大 3 倍，以便按立面图的 1∶30 打印出 1∶10 的剖面图。

步骤 3：　在钢筋图层绘制立面图钢筋，如图 7-18 所示。钢筋没有弯钩时也可以用 LINE 命令绘制，长度尺寸不必太精确，保护层按 20 mm 左右考虑，当图形比例较小时，为防止打印出来的图形中钢筋和轮廓线相接触，可以适当加大保护层绘制图形。

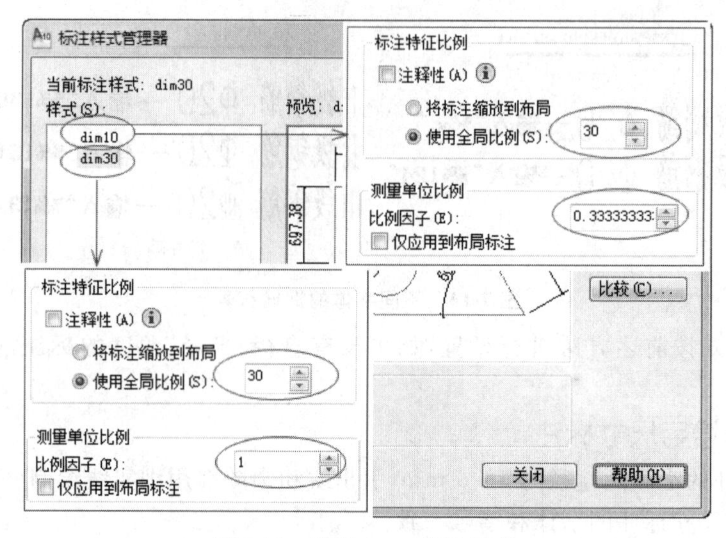

图 7-16 步骤 1——标注样式

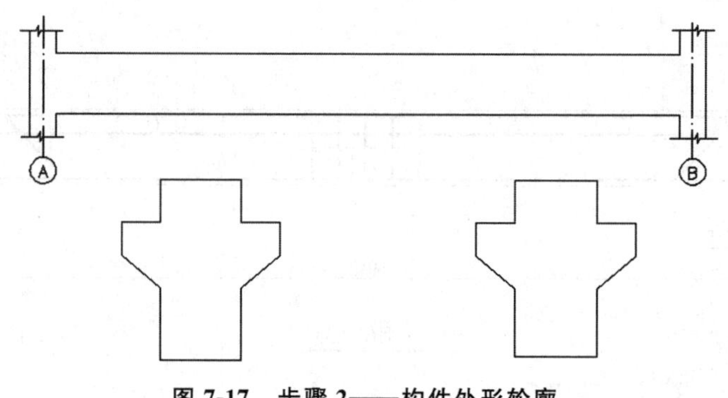

图 7-17 步骤 2——构件外形轮廓

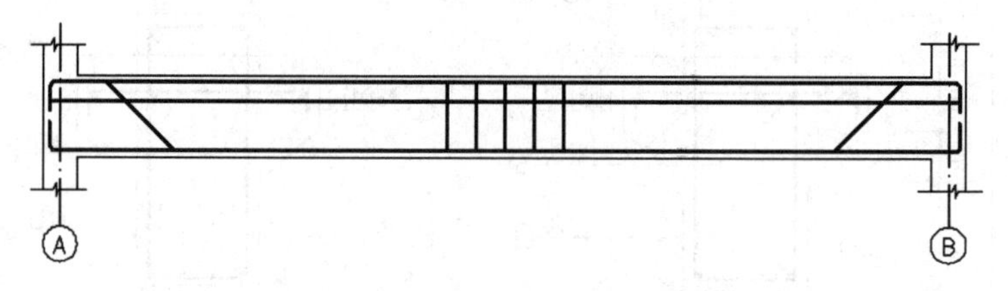

图 7-18 步骤 3——钢筋立面图

步骤 4: 在钢筋图图层绘制剖面图钢筋，如图 7-19 所示。

图 7-19 步骤 4——钢筋剖面图

步骤 5: 在尺寸图层标注钢筋编号和钢筋尺寸，如图 7-20 所示。

步骤 6: 在尺寸图层标注构件尺寸，注意用标注样式 dim30 标注 1∶30 的立面图，dim10 标注 1∶10 的剖面图。标注完成如图 7-15 所示。

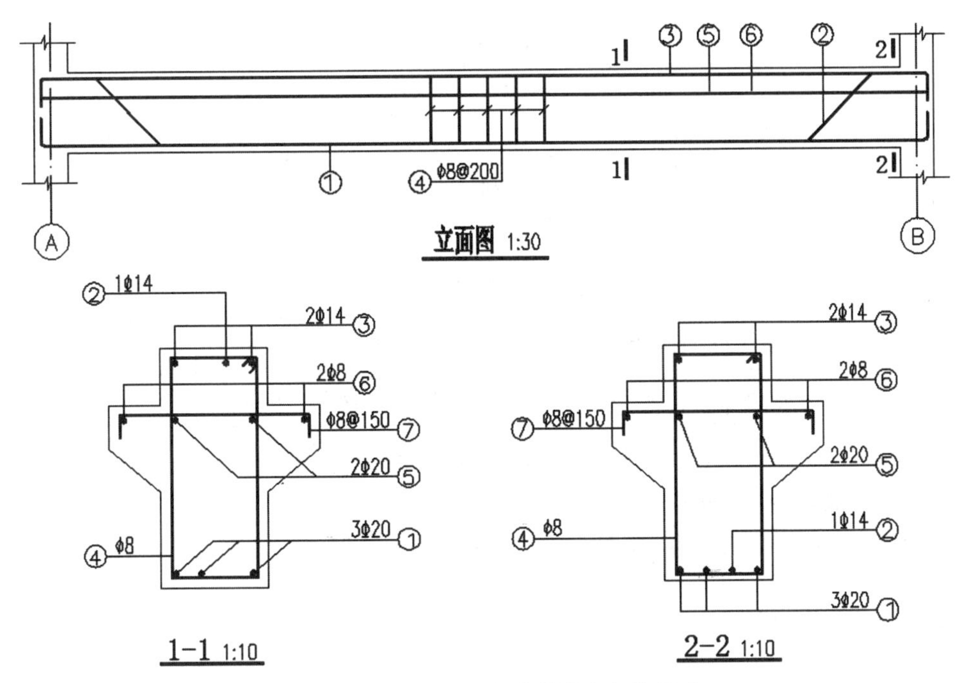

图 7-20　步骤 5——钢筋编号和钢筋尺寸

步骤 7： 制作钢筋表，如图 7-21 所示。

钢筋表					
编号	直径	形式	单根长/mm	根数	总长/m
1	20	210 6230 210	6650	3	19.950
2	14	390 735 735 390 210 4450 210	7120	1	7.120
3	14	210 6320 210	6650	2	13.300
4	10	525 225	1512	36	54.432
5	10	6230	6230	2	12.460
6	8	6230	6230	2	12.460
7	8	50 440 50	540	40	21.600

图 7-21　步骤 7——钢筋表发

步骤 8： 插入图框保存图形。

模块 4　溢流坝横剖视图

1. 溢流坝面曲线的画法

溢流坝面为非圆曲线，其尺寸标注一般以“曲线坐标”列表表示，如图 7-22 所示。绘制方法如下。

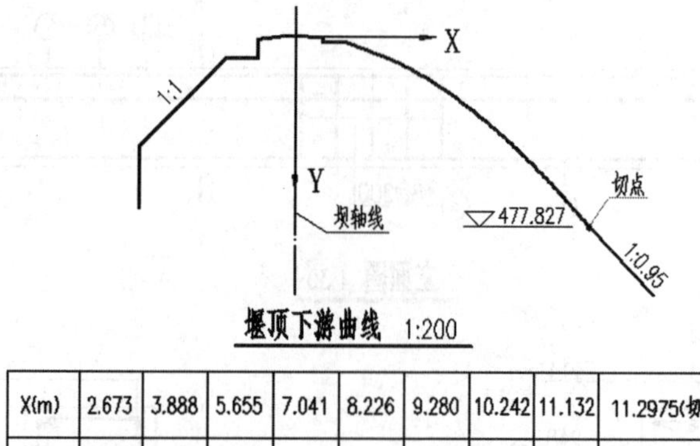

X(m)	2.673	3.888	5.655	7.041	8.226	9.280	10.242	11.132	11.2975(切点)
Y(m)	0.500	1.000	2.000	3.000	4.000	5.000	6.000	7.000	7.173(切点)

图 7-22　溢流坝面曲线坐标

(1)设置坐标系,操作如下。

步骤 1:　移动坐标系原点,如图 7-23(a)所示。

```
命令: UCS                                                        ;输入命令
当前 UCS 名称: *世界*
指定 UCS 的原点或
[面(F)/命名(NA)/对象(OB)/上一个(P)/视图(V)/世界(W)/X/Y/Z/Z 轴(ZA)] ＜世界＞: m
                                                                 ;移动 UCS
指定新原点或 [Z 向深度(Z)] ＜0,0,0＞:                              ;捕捉原点 O
```

步骤 2:　选择 UCS 使 Y 轴正向向下,如图 7-23(b)所示。

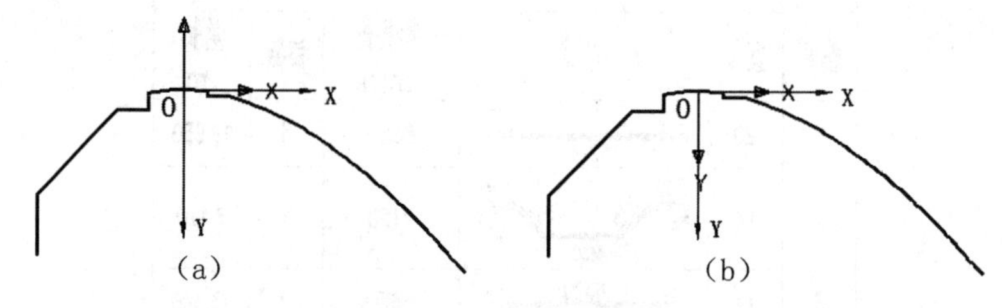

图 7-23　设置坐标系

(2)定坐标点绘制曲线,操作如下。

步骤 1:　按曲线坐标表,用 POINT 命令绘制点(先用 DDPTYPE 设置点样式),如图 7-24(a)所示。

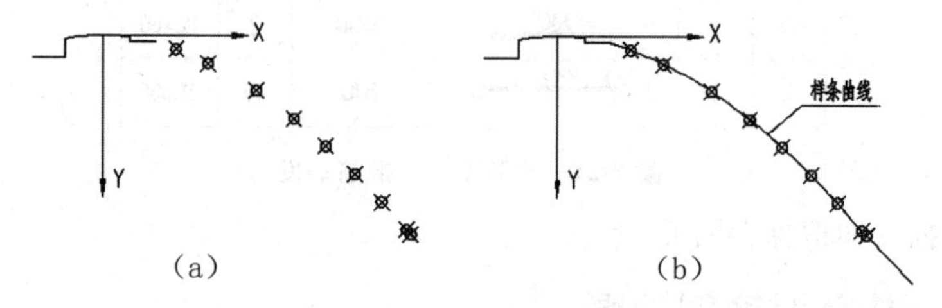

图 7-24　绘制曲线坐标点

步骤 2:　用 SPLINE 命令依次捕捉各点绘制样条曲线,结果如图 7-24(b)所示。

2. 溢流坝横剖视图

【例 7-2】　绘制图 7-25 所示的溢流坝横剖视图。

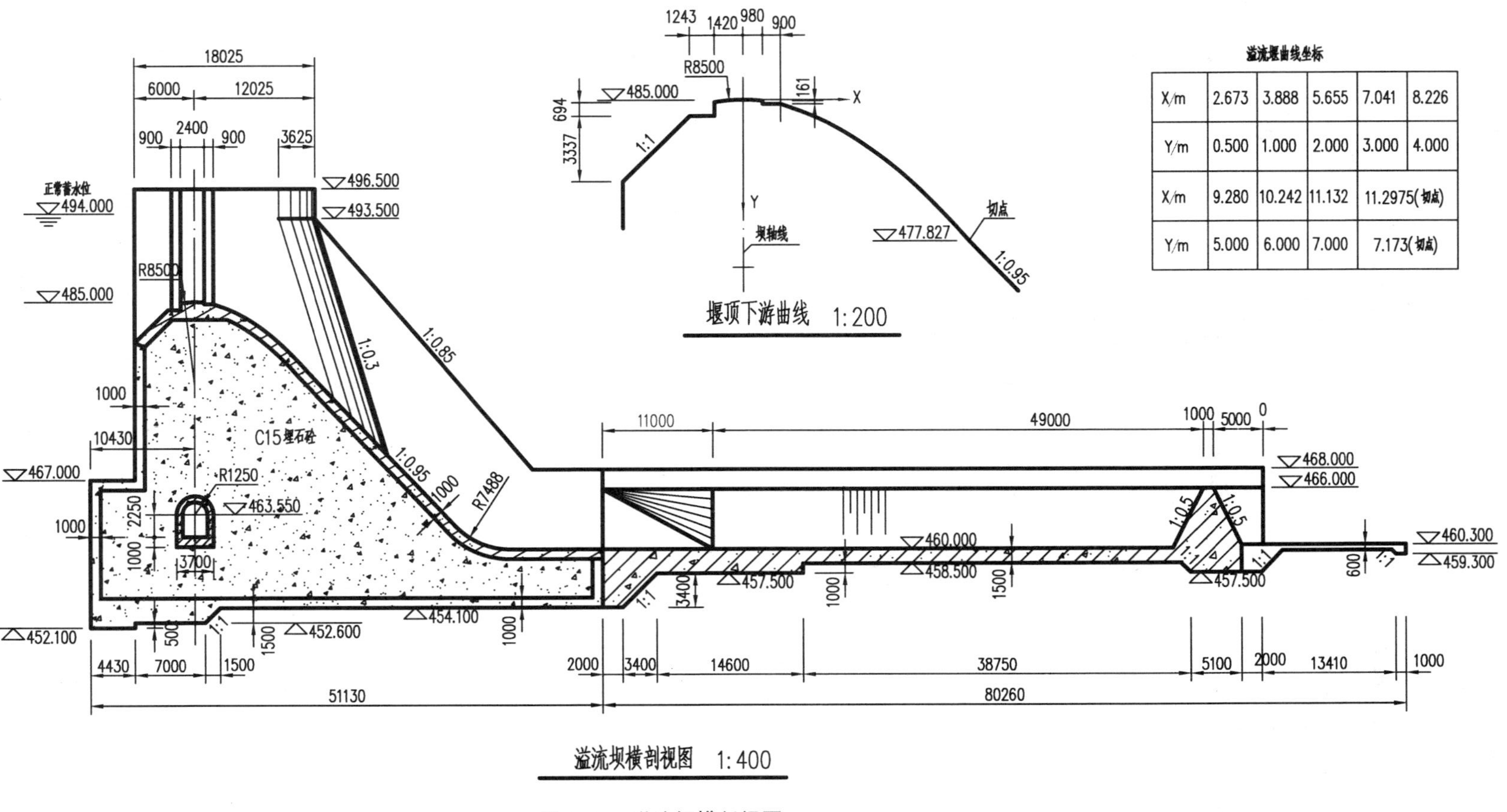

溢流堰曲线坐标

X/m	2.673	3.888	5.655	7.041	8.226
Y/m	0.500	1.000	2.000	3.000	4.000
X/m	9.280	10.242	11.132	11.2975(切点)	
Y/m	5.000	6.000	7.000	7.173(切点)	

图7-25　溢流坝横剖视图

步骤 1： 根据高程绘制高度方向的主要定位线，如图 7-26(a)所示；根据长度尺寸绘制左、右主要轮廓线，如图 7-26(b)所示。

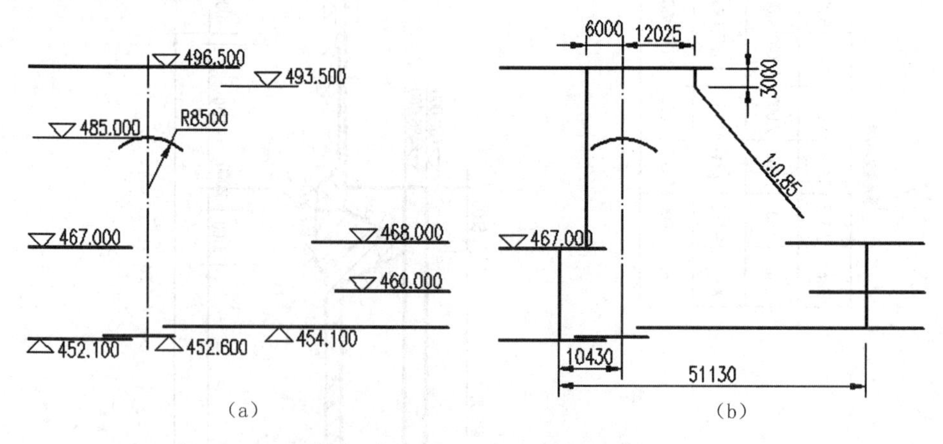

图 7-26 步骤 1——绘制主要定位轮廓

步骤 2： 绘制溢流面曲线。顶部细部轮廓尺寸如图 7-27(a)所示；样条曲线的绘制如图 7-27(b)所示，在提示"指定起点切向:"时捕捉点 1，在"指定端点切向:"时捕捉点 2。

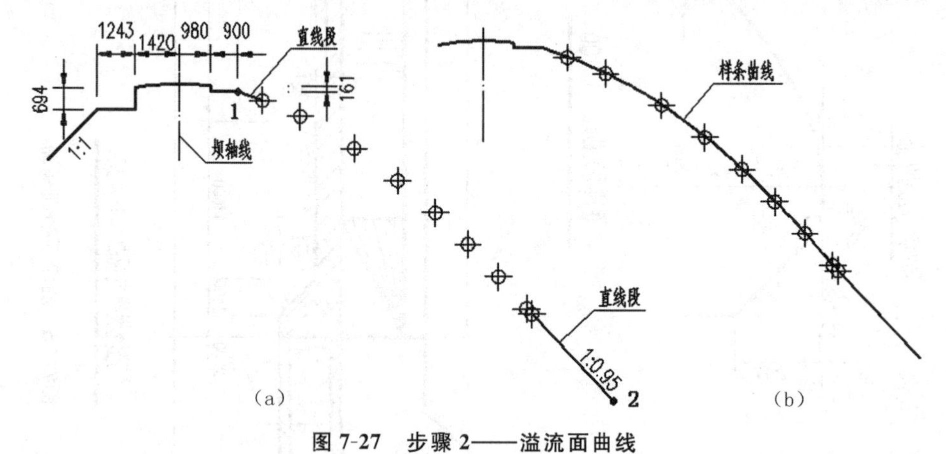

图 7-27 步骤 2——溢流面曲线

步骤 3： 绘制溢流段主体轮廓。先完成溢流面，如图 7-28(a)所示；再绘制其他，如图 7-28(b)所示。

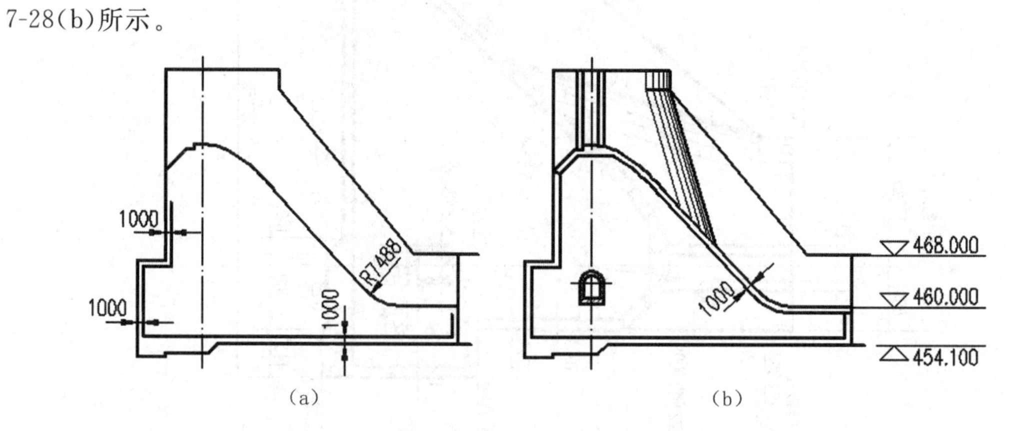

图 7-28 步骤 3——溢流段主体轮廓

步骤 4： 绘制下游消力池，结果如图 7-29 所示。

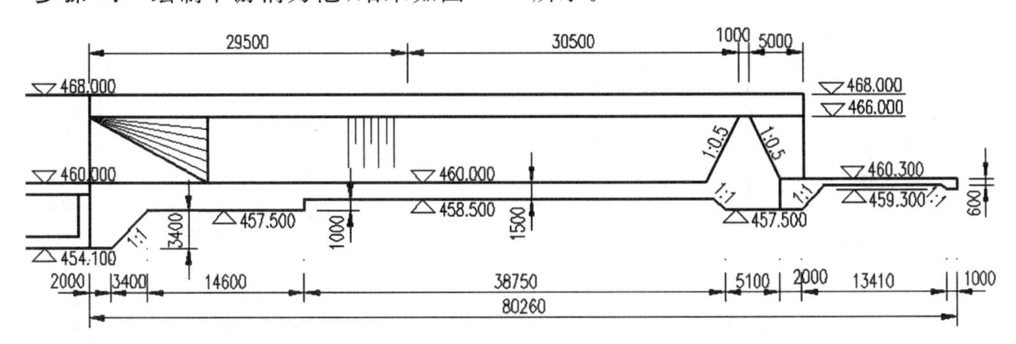

图 7-29　步骤 4——下游消力池

步骤 5： 完成图形，如图 7-25 所示。

填充材料符号，标注尺寸，插入图框，完成全图。

模块 5　水闸设计图

水闸由上游连接段、闸室、下游连接段组成。绘图过程按组成部分先绘制主要结构，后绘制次要结构，再绘制细部结构，也就是先整体后局部再细部的过程。各视图应结合起来按投影关系绘制，而不是独立地逐个完成各视图。

【例 7-3】 绘制图 7-30 所示的水闸设计图。

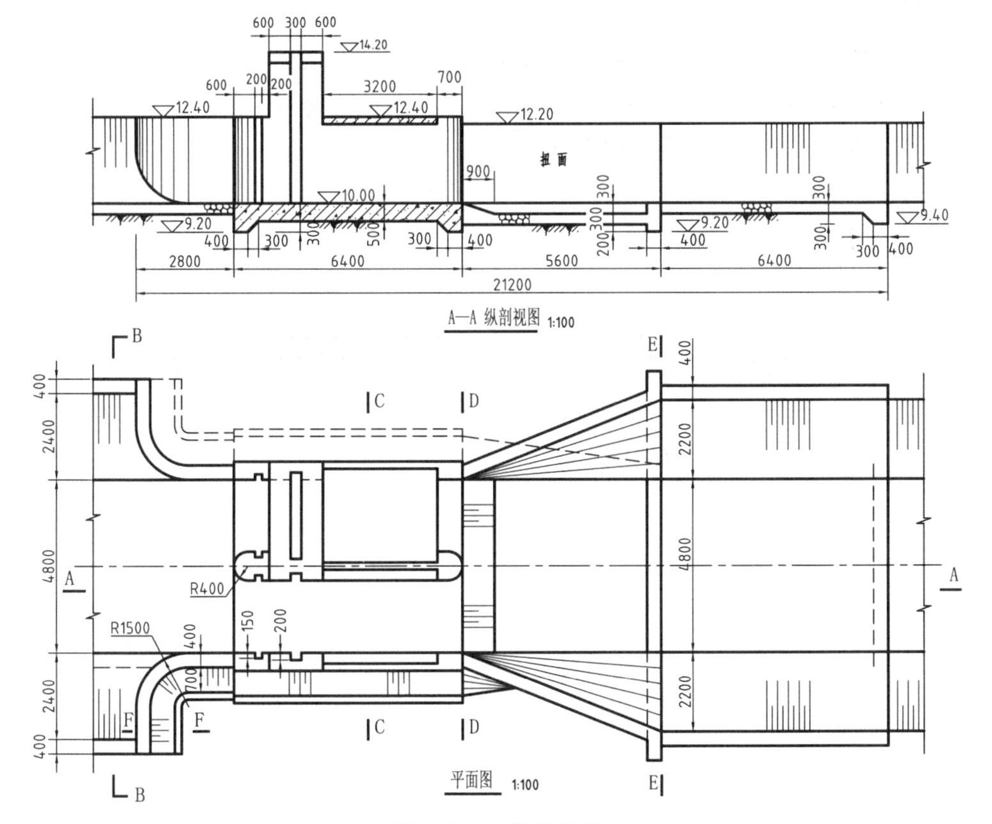

图 7-30　水闸设计图

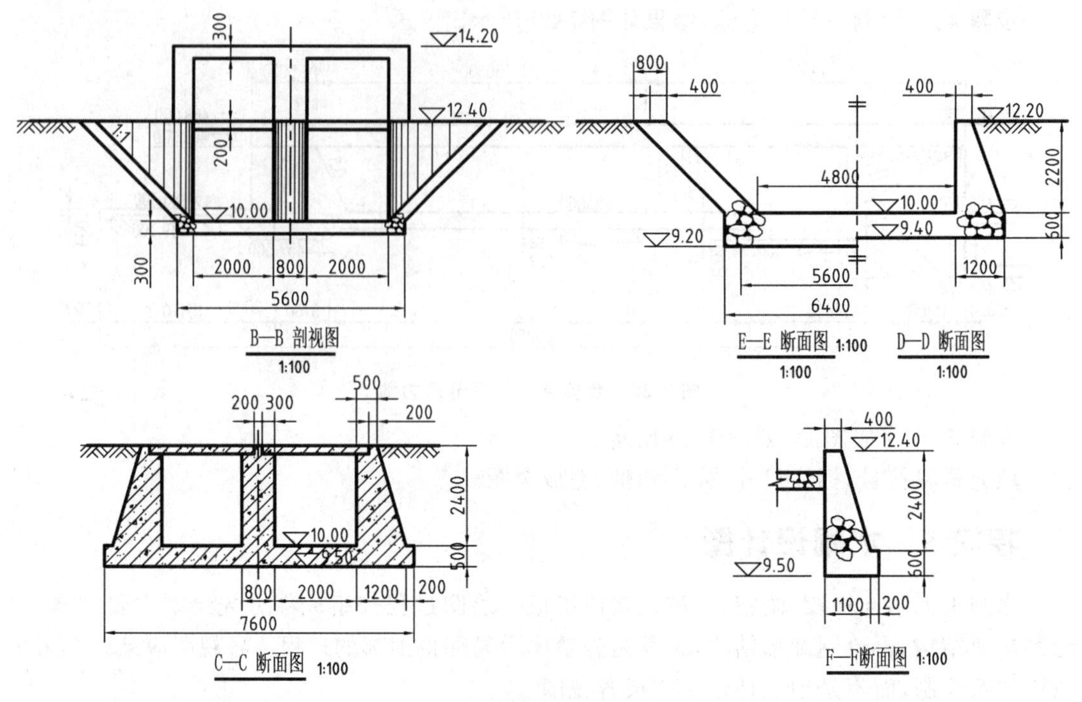

续图 7-30

1. 设置绘图环境

以前述“水工图. dwt”开始绘制新图，或按前述方法设置图层、文字样式、尺寸标注样式等。本设计图中的各视图均为 1∶100 的比例，且尺寸单位为毫米，适合采用毫米单位按 1∶1 绘图。根据图形的尺寸，选择 A3 图幅 1∶100 打印。

2. 绘制闸室部分

步骤 1：　绘制闸室底板，如图 7-31 所示。

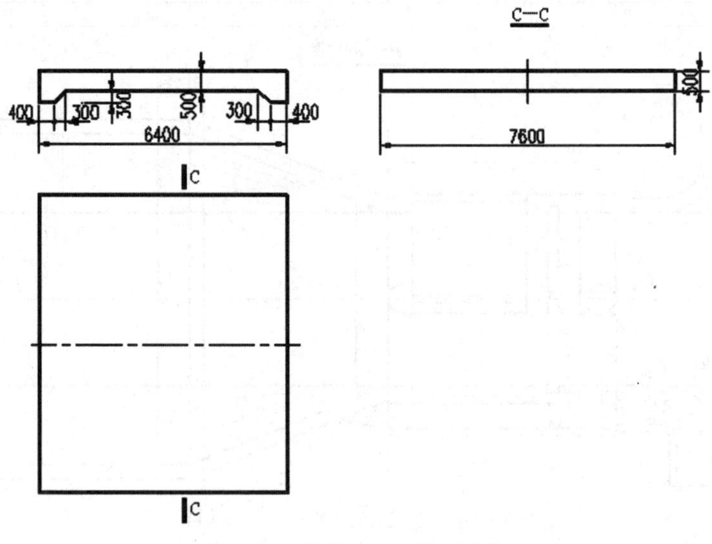

图 7-31　步骤 1——闸室底板

步骤 2： 绘制闸墩，如图 7-32 所示。

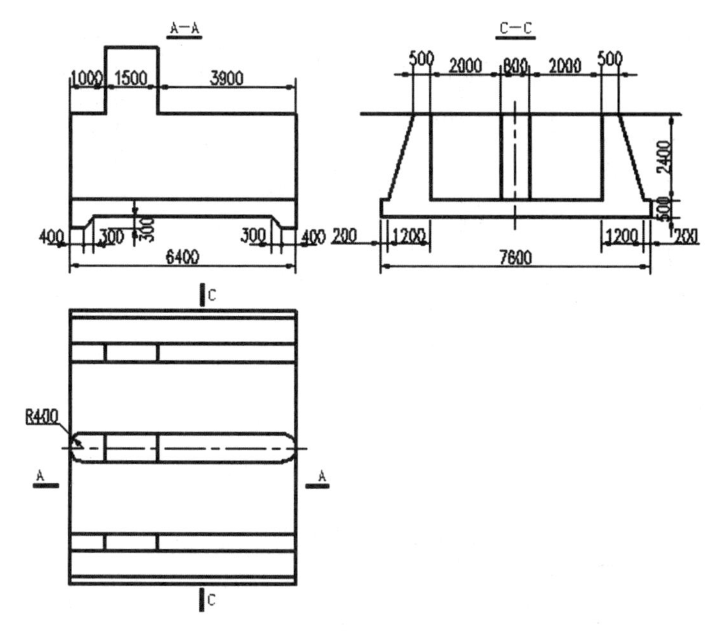

图 7-32　步骤 2——闸墩

步骤 3： 绘制闸门槽、交通桥和工作桥。平面图考虑下边一半去掉回填土、拆卸桥面板后绘图，所以下边闸墩和底板是实线，上边一半中闸墩和底板的投影被遮挡的画虚线，如图 7-33 所示。

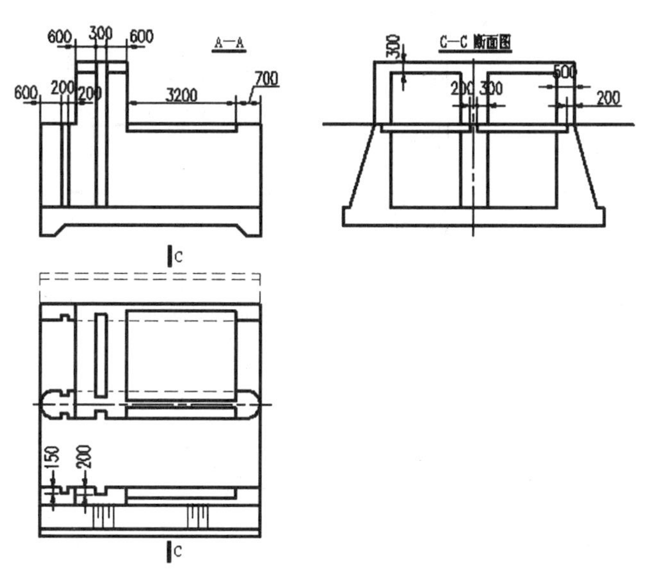

图 7-33　步骤 3——门槽、工作桥和交通桥

3. 绘制上游连接段

步骤 4： 上游连接段主要注意圆弧翼墙的绘制。坡度为 1∶1的平面翼墙的圆柱面交线为椭圆，由于平面倾斜 45°，所以其交线的投影为圆弧（否则为椭圆弧），作图方法如图 7-34 所示。

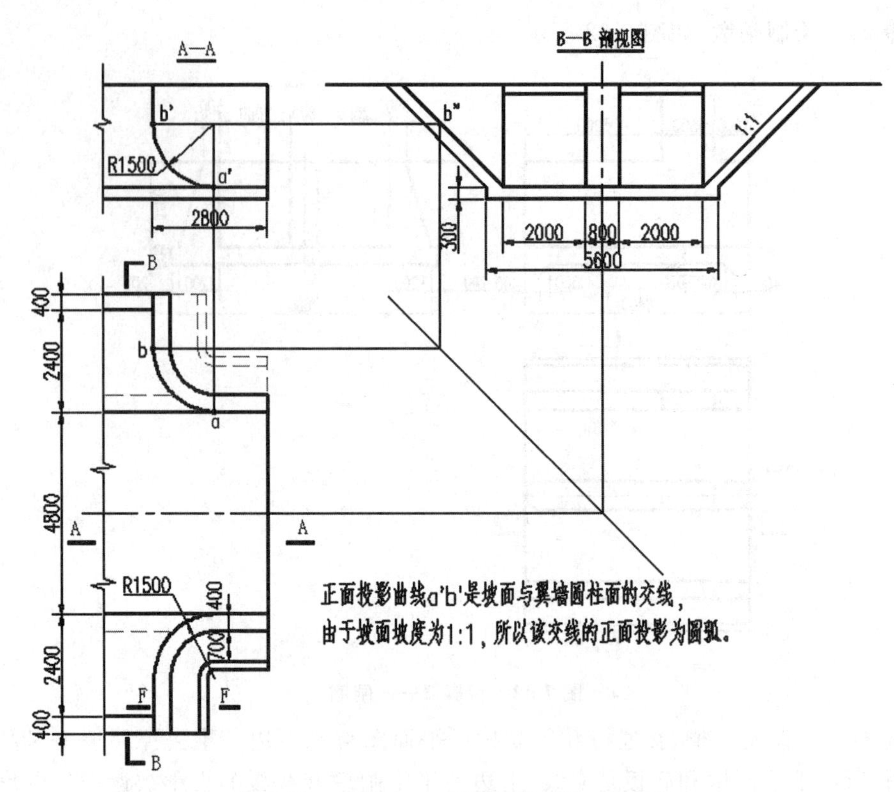

图 7-34　步骤 4——圆弧翼墙、B—B 剖视

步骤 5：　绘制翼墙的 F—F 断面图，在 B—B 剖视图上添加交通桥，如图 7-35 所示。

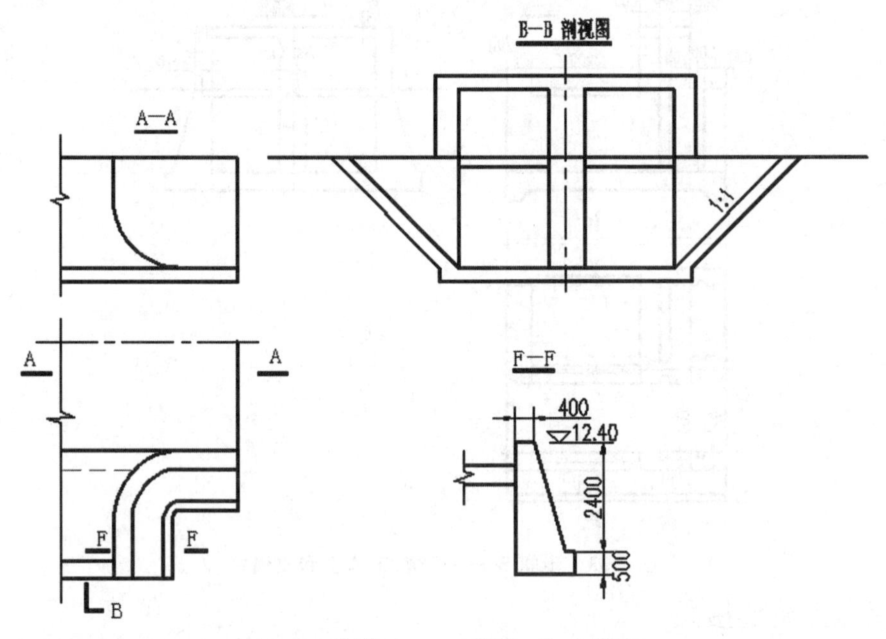

图 7-35　步骤 5——工作桥、F—F 断面

4. 绘制下游连接段

步骤 6：　绘制扭面消力池段，如图 7-36 所示。

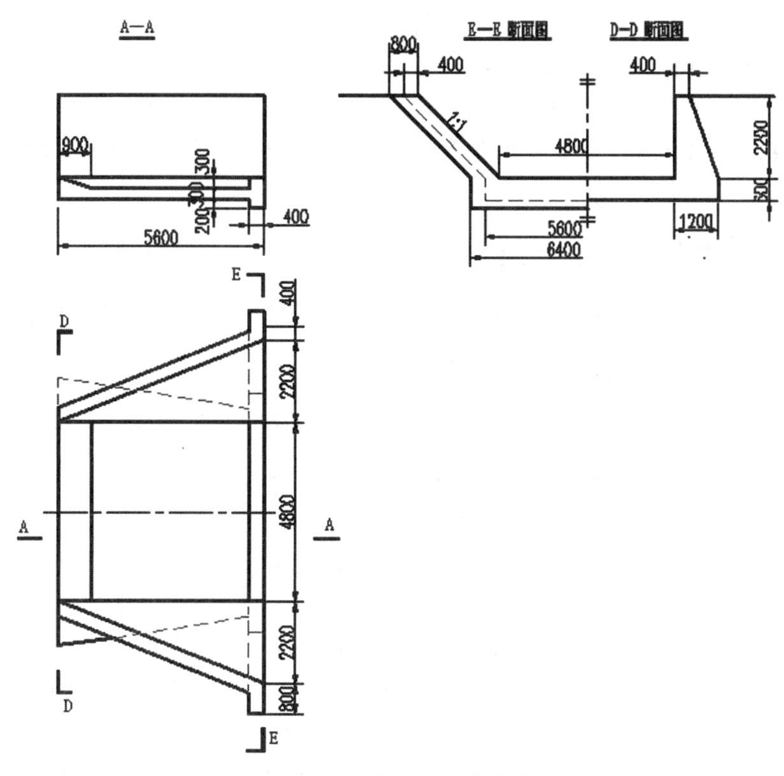

图 7-36　步骤 6——消力池

步骤 7：　绘制下游护坡段，如图 7-37 所示。

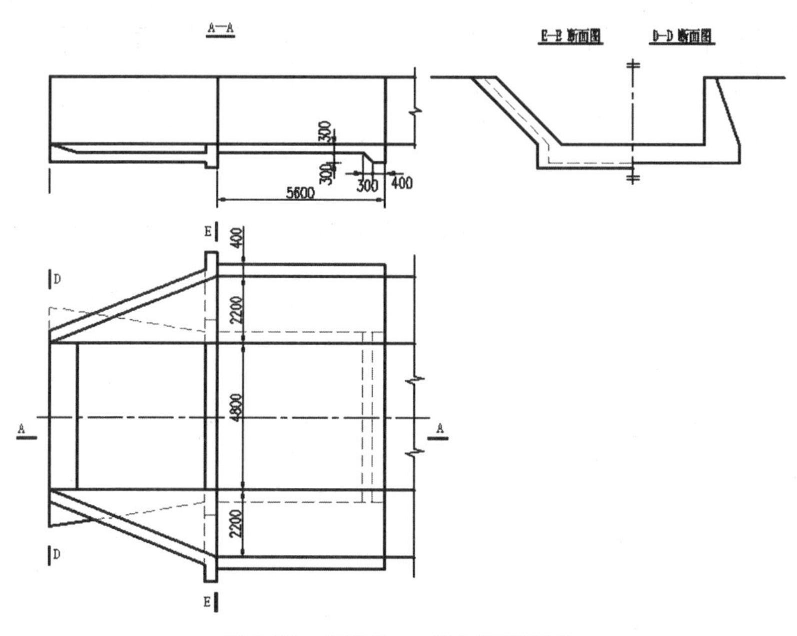

图 7-37　步骤 7——添加下游护坡

5. 绘制材料图例等符号、标注图形

步骤 8：　绘制示坡线、素线、材料图例。

材料图例通过填充和块插入完成，钢筋混凝土材料由“ANSI31”与“AR-CONC”图案组成，夯实土和自然土由自定义块插入或临时绘制。

示坡线间距约为 200(1∶100 打印之后约为 2 mm)。圆柱面的素线间距不等，在靠近轴线处较稀，靠近轮廓线处较密。扭面上的素线呈放射状，分散的一端为等间距，如图 7-38 所示。

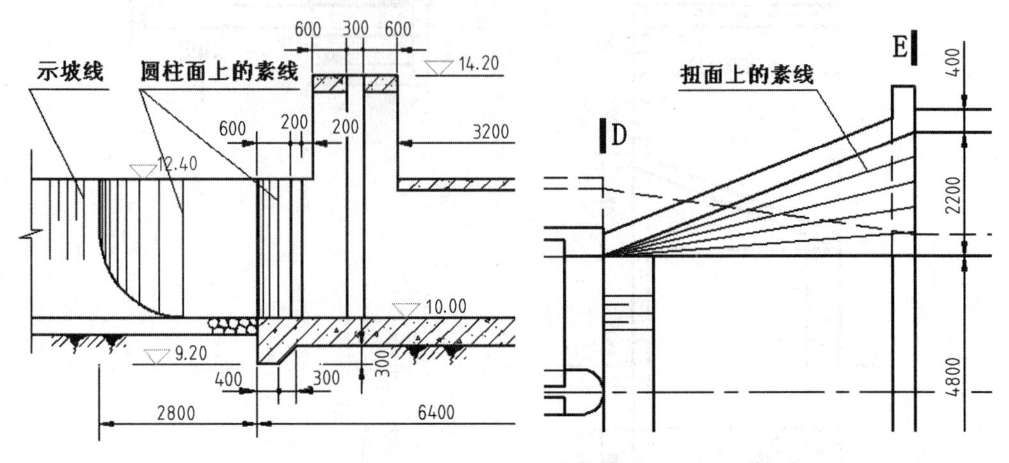

图 7-38　绘制示坡线等

步骤 9： 标注。考虑在模型空间进行标注，包括尺寸标注、剖切标注、图名等。

步骤 10： 插入 A3 图框，保存图形。打印预览如图 7-39 所示。

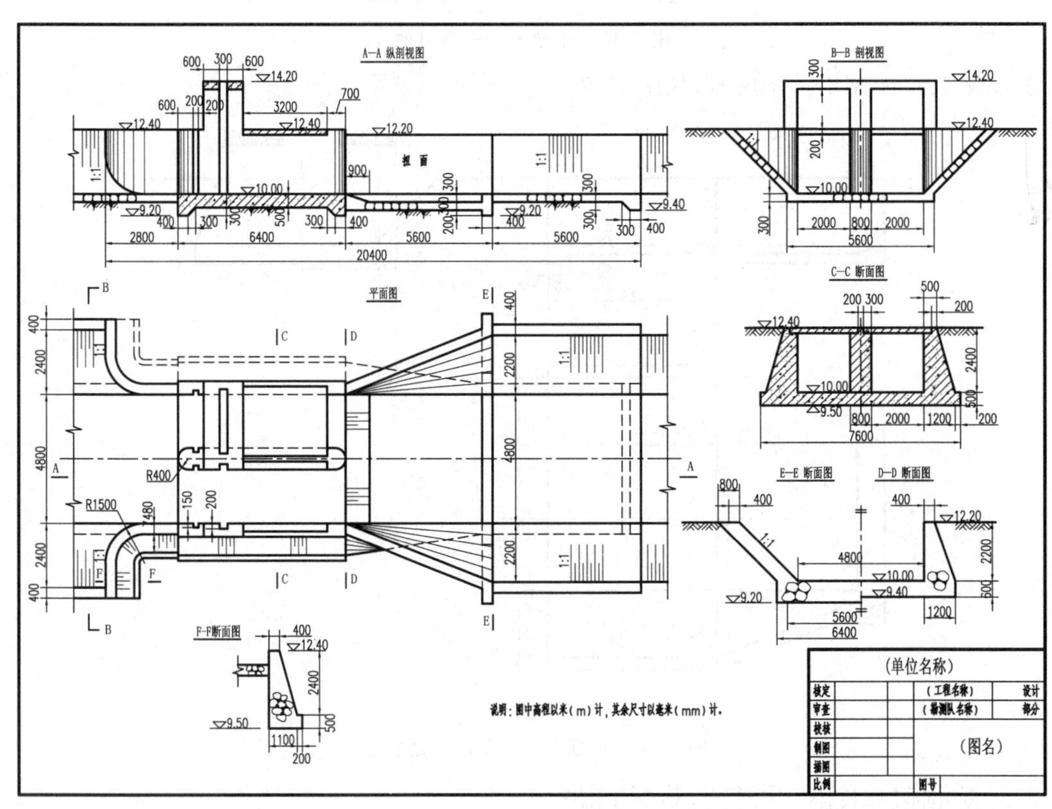

图 7-39　打印预览结果

任务 3　建筑施工图

知识目标

理解建筑平、立、剖面图的形成原理；了解建筑平、立、剖面图的绘图过程。

能力目标

能创建标高和轴号属性块并进行标注；能绘制简单房屋的平面图、立面图、剖面图，并能正确标注尺寸。

建筑平面图、立面图、剖面图是房屋施工中最基本的图样，本节以某学生公寓的平面图、立面图、剖面图的绘制过程为例介绍建筑图的绘制方法。

模块 1　绘制建筑平面图

建筑平面图是将房屋从门窗洞口处水平剖切后的俯视图，图 7-40 所示的“底层平面图”是学生公寓的第一层平面图，从门洞大门进去有两个套间，每个套间有三间卧室、公共厅、盥洗室、卫浴间和阳台。

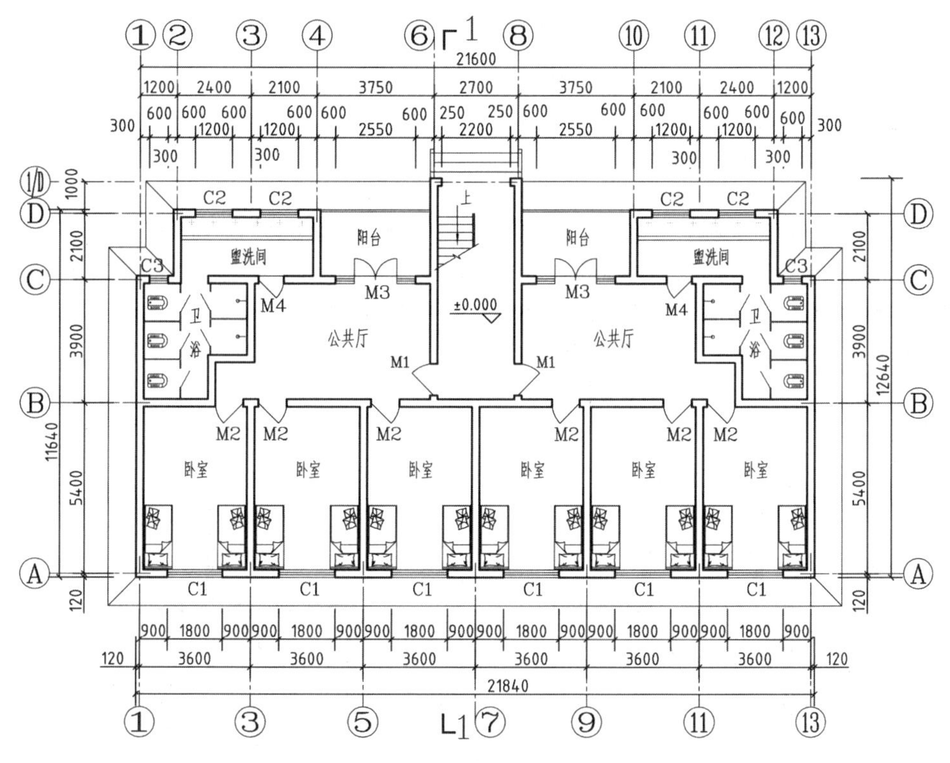

图 7-40　底层平面图

绘制建筑平面图的一般步骤是：画轴线、墙体、门窗、楼梯等，标注尺寸、轴号等。

绘图单位：图形尺寸单位为毫米，所以以毫米为绘图单位 1∶1输入。

图幅与比例：图幅 A3，图形比例和打印比例均为 1∶100。

步骤 1： 绘图环境。以“建筑样板”开始绘制新图，修改标注样式的“标注特征比例”为 100；设置线型比例为 70。

步骤 2： 绘制轴线。由于建筑平面是对称的，所以可以只绘制一半。以"轴线"为当前层，先以"直线"命令分别绘制一条水平轴线和一条垂直轴线，再"偏移"得到其他轴线，如图 7-41 左图所示。参考底层平面图的房间布置整理轴线，如图 7-41 右图所示。

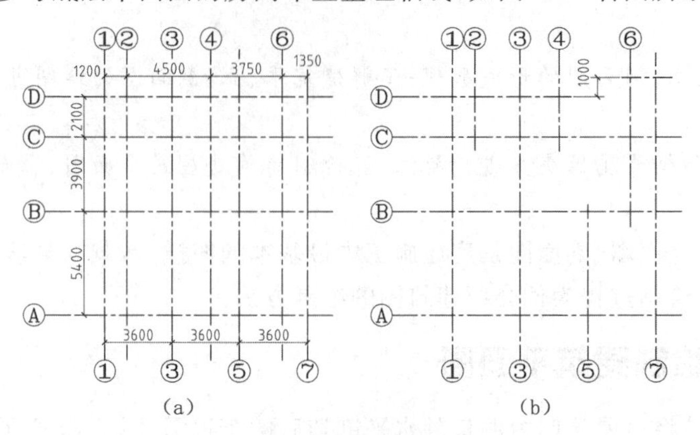

图 7-41　绘制轴线

步骤 3： 绘制墙体。以"墙线"为当前层，参考图 7-42 先绘制外墙再绘制内墙，操作如下。

命令：MLINE　　;输入"多线"命令
当前设置：对正 = 上，比例 = 20.00，样式 = STANDARD
指定起点或[对正(J)/比例(S)/样式(ST)]：s　　;设置多线比例为 240(绘制 24 墙)
输入多线比例 ＜20.00＞：240
当前设置：对正 = 上，比例 = 240.00，样式 = STANDARD
指定起点或[对正(J)/比例(S)/样式(ST)]：j　　;设置对正方式为"无(Z)"偏移
输入对正类型[上(T)/无(Z)/下(B)]＜上＞：z
当前设置：对正 = 无，比例 = 240.00，样式 = STANDARD
指定起点或[对正(J)/比例(S)/样式(ST)]：
指定下一点：
……

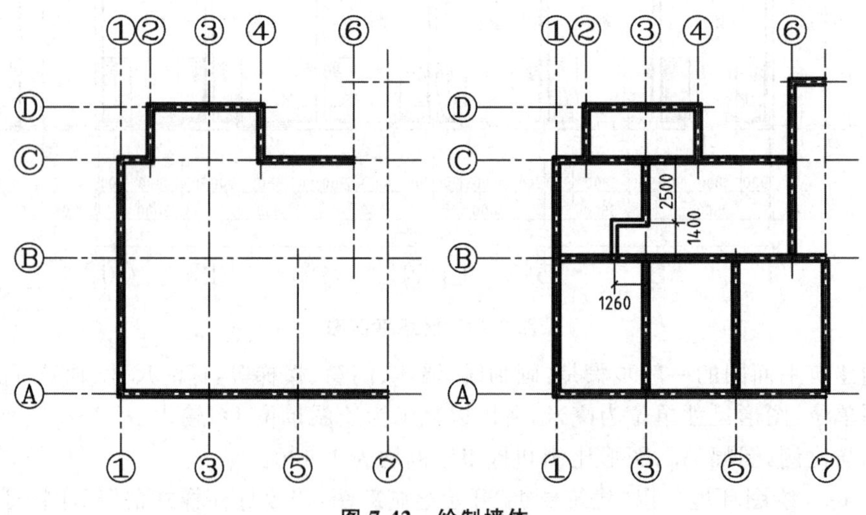

图 7-42　绘制墙体

步骤 4： 整理墙线，门窗开洞。如图 7-43 所示，先修剪墙体，再根据门窗的定位与定形尺寸（见平面图）确定门窗洞口。推荐方法：墙体的修剪利用多线编辑命令 MLEDIT（先不要分解多线），之后分解多线，利用“偏移”和“修剪”绘制门窗洞。

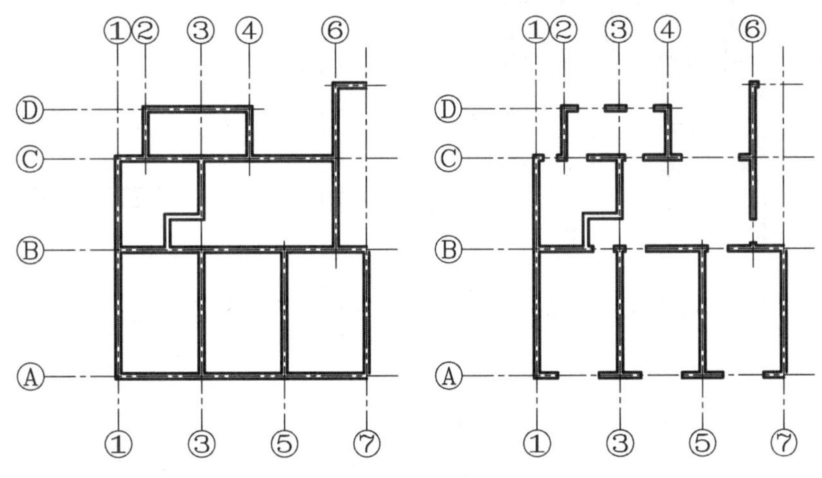

图 7-43　整理墙线、门窗开洞

步骤 5： 绘制门窗符号。如图 7-44 所示，可以先分别定义门、窗图块再插入，也可以在“门窗”图层直接绘制。

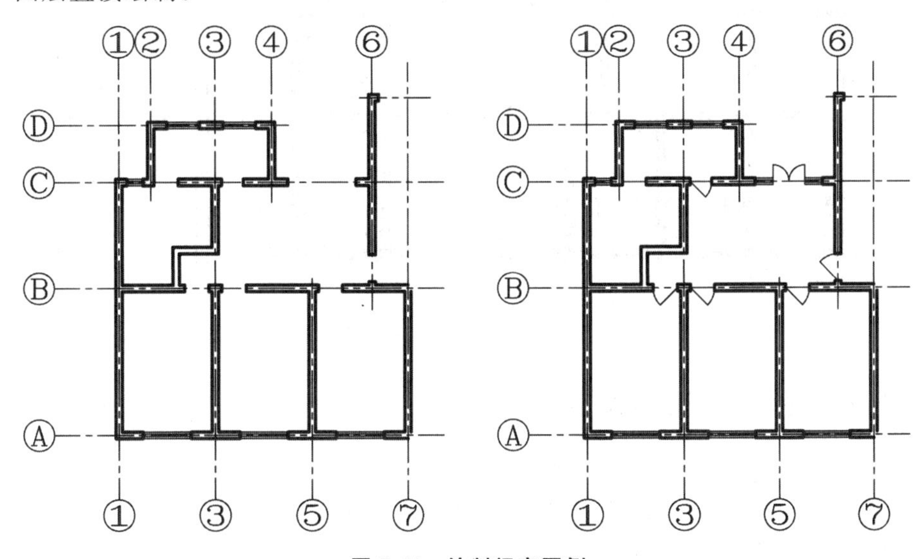

图 7-44　绘制门窗图例

步骤 6： 其他。如图 7-45 所示，绘制阳台护栏、散水、卫生间隔断、插入图块等，注意切换当前层。

步骤 7： 镜像复制。完成一半图形之后，用“镜像”命令复制得到对称的另一半，如图 7-46左图所示。

步骤 8： 绘制楼梯、台阶。在“楼梯”图层绘制楼梯，在“台阶散水”图层绘制台阶，完成后如图 7-46 右图所示。

步骤 9： 标注。以“尺寸”图层为当前层，标注尺寸，在“文字”图层标注图名等。

步骤 10： 完成图形保存文件。

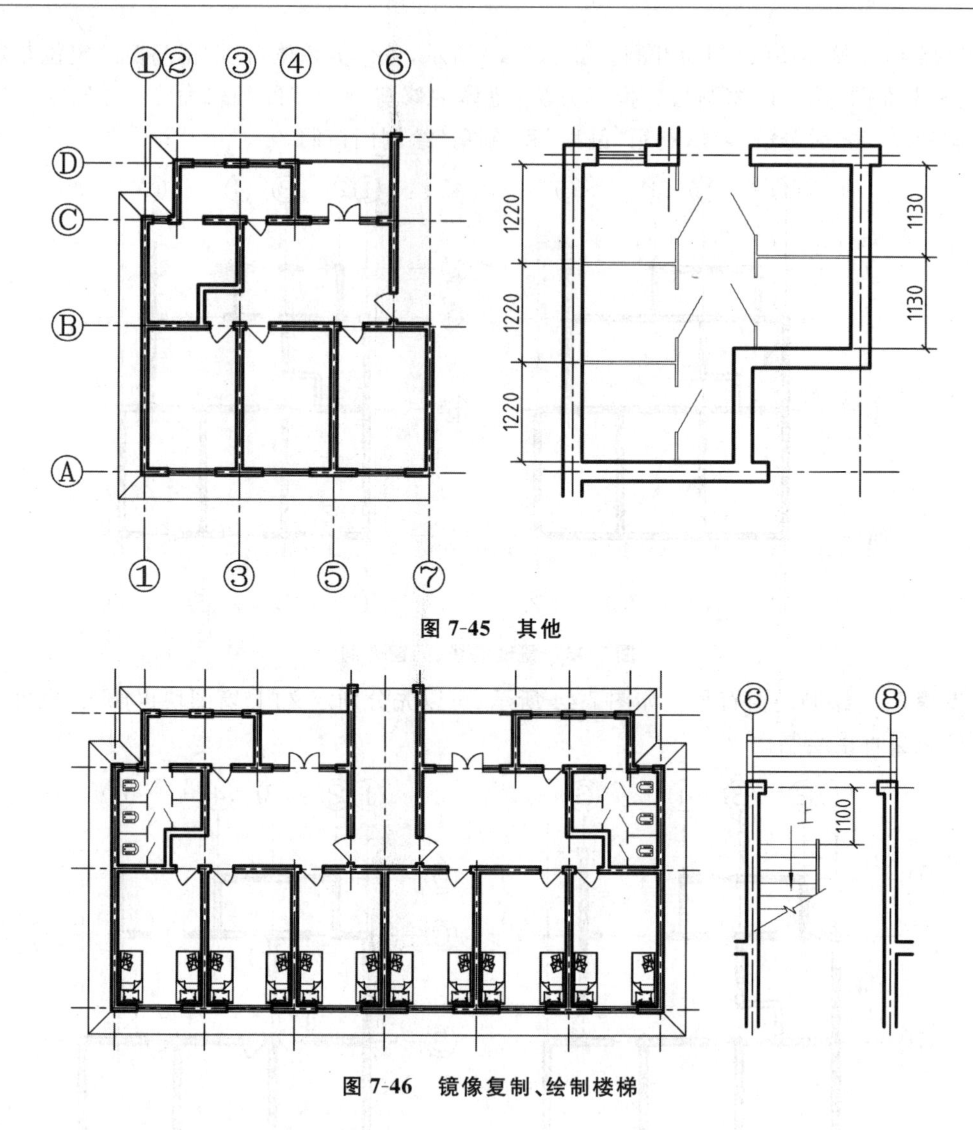

图 7-45　其他

图 7-46　镜像复制、绘制楼梯

模块 2　绘制建筑立面图

立面图是房屋在与外墙面平行的投影面上的投影，主要用来表示房屋的外部造型和装饰。立面图的外轮廓线之内的图形主要是门窗、阳台等构造的图例。

绘制建筑立面图的步骤是：绘制楼层定位线、门窗、阳台、台阶、雨棚等，一般可以先绘制一层的立面，再复制得到其他各楼层立面。

绘图单位、图幅与比例：与平面图相同。

下面以图 7-47 所示的“正立面图”为例说明立面图的绘制方法。

步骤 1：　绘图环境。以“建筑样板”建新图，修改“标注特征比例”为 100；设置线型比例为 70；添加“立面轮廓”图层。

步骤 2：　绘制定位线。与该立面对应的轴线、各楼层的层面线以及室外地面线，如图 7-48所示。画出定位线是为了确定立面上门窗、阳台等的位置。

步骤 3：　绘制立面的主要轮廓。以“立面轮廓”为当前层绘制外轮廓及其他可见轮廓

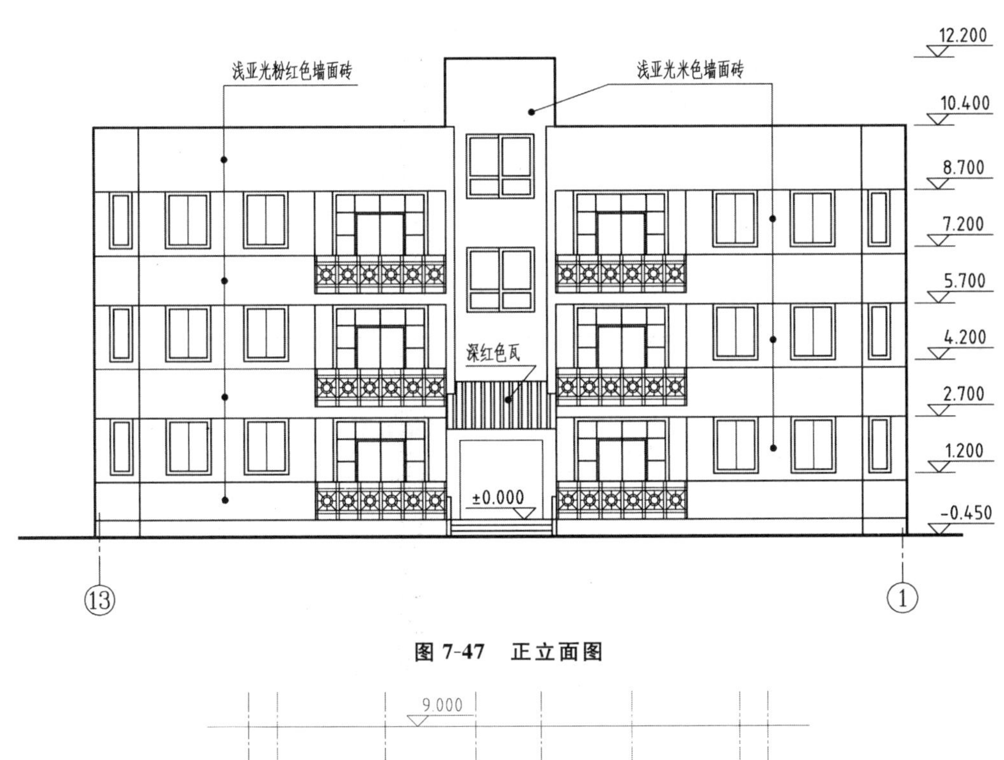

图 7-47　正立面图

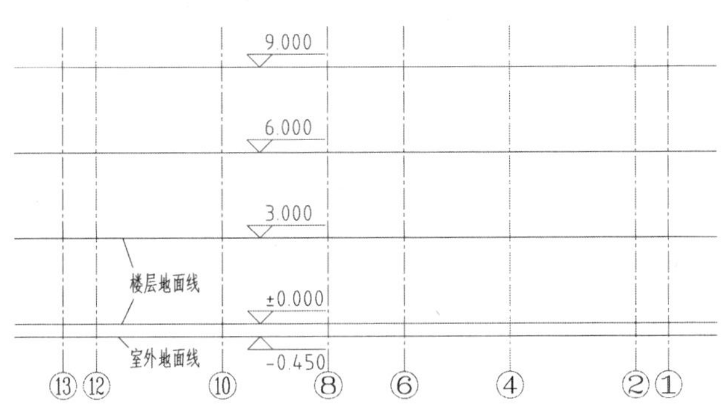

图 7-48　立面定位线

线，外轮廓画粗实线，其他轮廓为中实线。可以将外轮廓线用多段线绘制，设置宽度为 70（1∶100 打印出来为 0.7 mm），地面线在“台阶散水”图层绘制，可以用宽度为 90 的多段线表示，如图 7-49 所示。

步骤 4： 创建门窗、阳台立面图例块。门、窗、阳台立面图例一般以块插入，按图 7-50 所示尺寸绘制门、窗、阳台护栏图例并创建块备用。

注：图块图形在“0”层绘制，特性选择“随层”。

步骤 5： 插入门、窗、阳台立面图例。分别以“门窗”、“阳台”为当前层，使用 INSET（插入）命令，插入已创建的门、窗、阳台护栏图块，参照平面图的尺寸标注可以确定门窗的立面位置，如图 7-51 所示。

步骤 6： 复制其他楼层。完成一层后复制得到其他各层立面，删除不需要的定位线，如图 7-52 所示。

步骤 7： 绘制雨棚、台阶。以“屋面”为当前层绘制雨棚，以“台阶散水”为当前层绘制台阶，如图 7-53 所示。

步骤 8： 绘制引条线。在“立面轮廓”图层绘制装饰引条线，如图 7-54 所示。

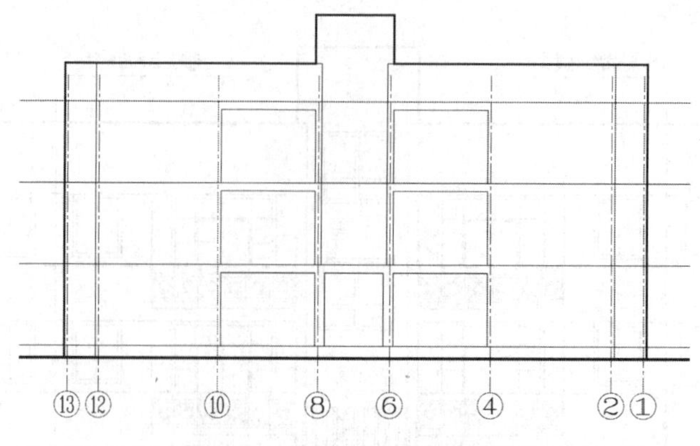

图 7-49　绘制立面的主要轮廓

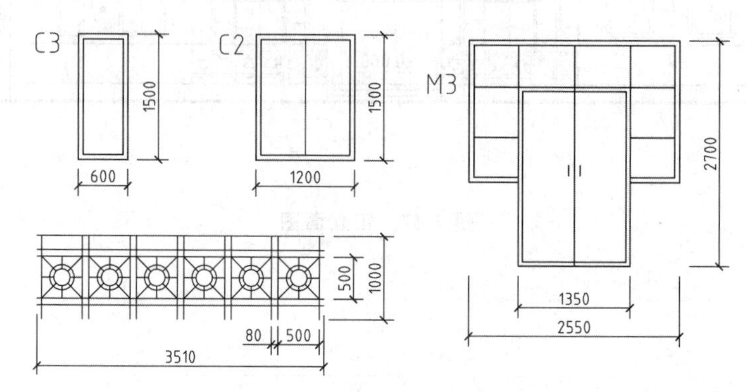

图 7-50　门窗阳台立面图例

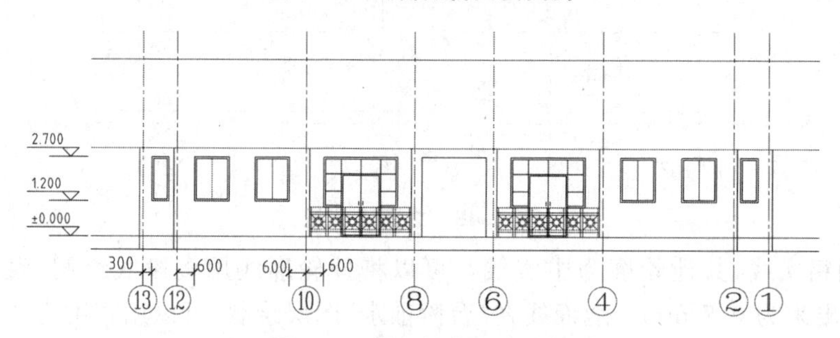

图 7-51　插入门窗阳台图例

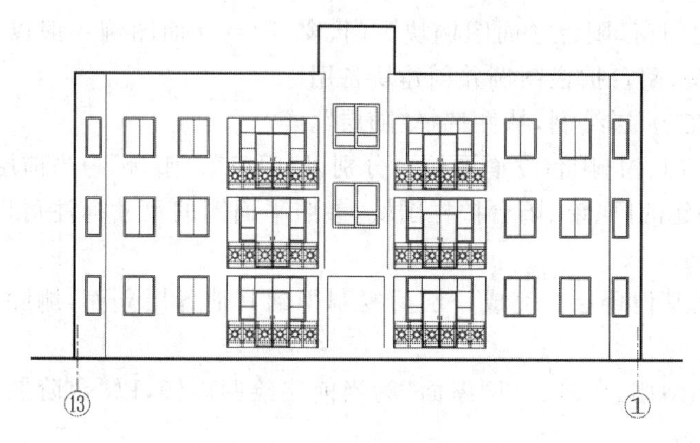

图 7-52　复制完成其他各层

图 7-53　绘制雨棚、台阶

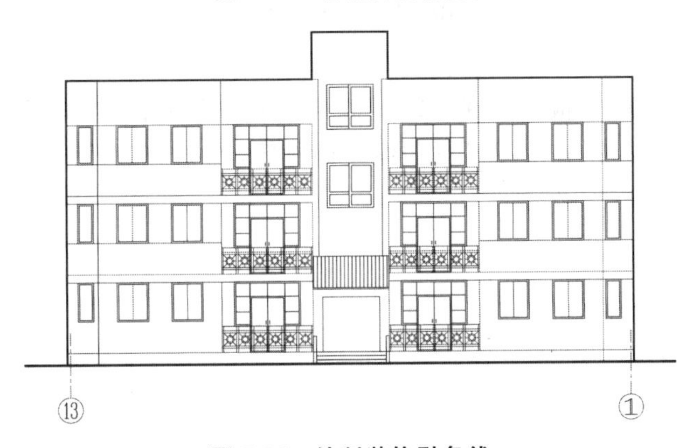

图 7-54　绘制装饰引条线

步骤 9： 标注。标注立面装饰说明、标高等，完成图形。

模块 3　绘制建筑剖面图

建筑剖面图是房屋的垂直剖视图，主要用来表示房屋内部的分层、结构形式、构造方式、材料、做法、各部位间的联系及其高度等情况。图 7-55 所示的是学生公寓的楼梯间剖面图，剖切位置见底层平面图。建筑剖面图与建筑平面图、建筑立面图互相配合，表示房屋的全局。所以绘图时需要结合平面图与立面图才能确定某些结构的形状和尺寸。

绘制建筑剖面图的步骤是：绘制定位线、墙体、楼面板、梁柱、门窗、楼梯等，一般可以先绘制一层的剖面，再复制得到其他各楼层剖面。

绘图单位、图幅与比例：与平面图相同。

下面以图 7-55 所示剖面图为例说明剖面图的绘制方法。

步骤 1： 绘图环境。以“建筑样板”开始绘制新图，修改标注样式的“标注特征比例”为 100；设置线型比例系数为 70。

步骤 2： 绘制定位线。与该剖切位置对应的轴线、各楼层的层面线以及室外地面线，

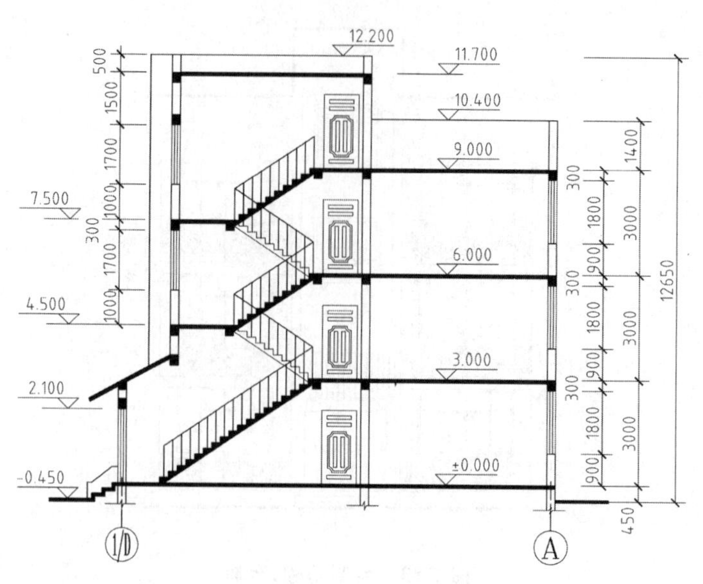

图 7-55　1-1 剖面图

如图 7-56 所示。

步骤 3：　绘制墙体、楼板等。在“墙线”图层绘制剖切到的墙体；在“楼面”图层绘制楼板（100 厚）、楼梯休息平台；在“屋面”图层绘制雨棚等，如图 7-57 所示。

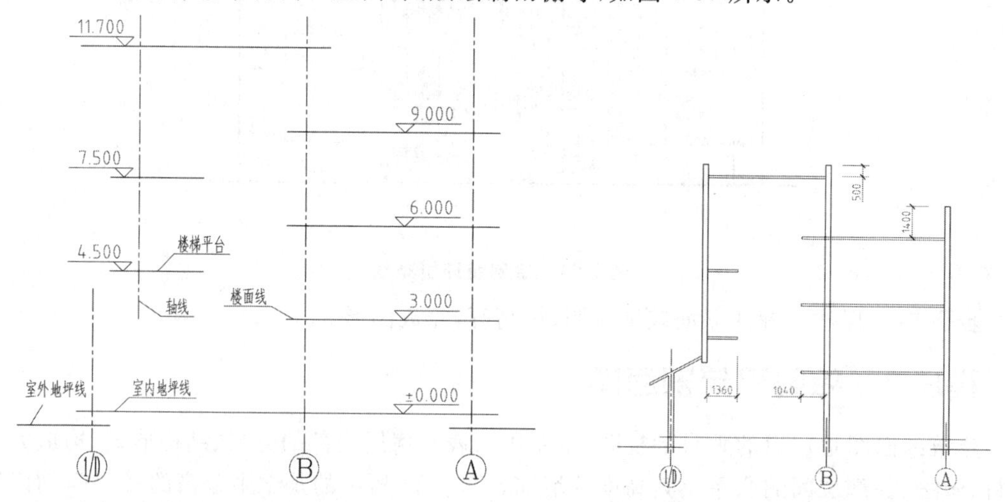

图 7-56　绘制剖面定位线　　**图 7-57　绘制墙体、楼板等**

步骤 4：　绘制楼梯。参照图 7-58 所示踏步尺寸绘制楼梯。

步骤 5：　绘制门窗。在“门窗”图层插入块或直接绘制，包括剖切到的门窗图例及未剖切的立面图例，如图 7-59 所示。

步骤 6：　填充。在“填充”图层填充被剖切到的梯段、楼板、过梁等，如图 7-60 所示。

步骤 7：　标注。在“尺寸”层标注尺寸等。

步骤 8：　保存图形。

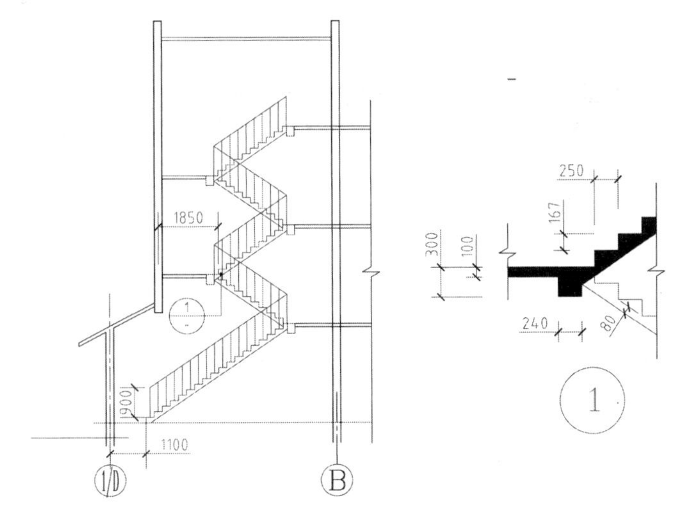

图 7-58　绘制楼梯

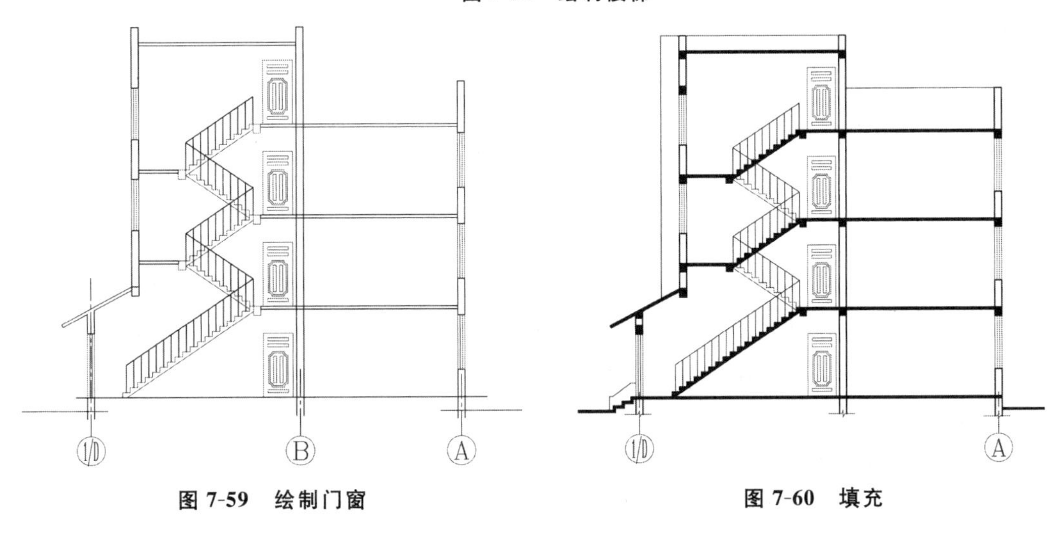

图 7-59　绘制门窗　　图 7-60　填充

思　考　题

1.　图形样板文件的后缀是什么？如何保存为图形样板文件？

2.　公制样板(acadiso. dwt)对应的图幅为 A3，需要绘制大于 A3 图幅的图纸，一定要设置“图形界限”吗？

3.　通过“格式”→“图形界限”设置了需要的范围，但是图形画出来还是超出了屏幕范围，这是为什么？

4.　希望在新建图形时，系统自动选择自定义样板文件，该如何设置？

5.　标注工程图的尺寸，看不见数字和箭头时，可以通过改变标注文字的高度和箭头的大小进行调节，这种方法合适吗？

6.　如果不考虑打印比例，则对绘图有什么影响？

7.　“标注特征比例系数”如何取值？它与什么有关？

8.　要求打印图纸上的文字高度为 5 mm，标注文字时如何指定字高？

项目8　图纸布局与打印

项目重点

认识图纸空间与模型空间；分别在图纸空间和模型空间打印图纸。

教学目标

能创建图纸布局，正确设置视口比例；设置注释性文字样式与标注样式，分别在图纸空间和模型空间标注文字和尺寸。

任务1　模型空间打印

知识目标

了解模型空间与图纸空间；理解图形比例与打印比例的关系。

能力目标

能正确选择打印机、打印纸及打印样式表；设置正确的打印比例。

模块1　模型空间与图纸空间

AutoCAD窗口提供了两个并行的工作环境，即“模型”选项卡和“布局”选项卡，分别对应“模型空间”和“图纸空间”。单击“模型”与“布局”可以在模型空间与图纸空间之间进行切换。通常是在模型空间中设计图形，在图纸空间中进行打印准备。

1. 模型空间

在AutoCAD中创建的二维或三维图形对象均称为“模型”，模型空间是创建模型时所处的AutoCAD环境。启动AutoCAD时，默认界面上“模型”选项卡是激活的，所以默认状态处于模型空间。在模型空间里，可以按照物体的实际尺寸绘制、编辑二维或三维图形，还可以全方位地显示图形对象，模型空间是一个三维环境。

2. 图纸空间

单击“布局”选项卡可以进入图纸空间。图纸空间的“图纸”与真实的图纸相对应，图纸空间是设置、管理视图的AutoCAD环境。在模型空间创建好图形后，进入图纸空间规划视图的位置与大小，还可以对视图进行文字或尺寸标注。模型空间中的三维对象在图纸空间中是用二维平面上的投影来表示的，它是一个二维环境。

图8-1所示的是三维图形的“模型空间”与“图纸空间”界面对比；图8-2所示的是二维图形的“模型空间”与“图纸空间”界面对比。

3. 布局

“布局”对应图纸空间。布局代表打印的页面，一个布局就是一张图纸。在布局上可以创建和定位视口，对要打印的图形进行“排版”，文字和尺寸标注也可以在布局上进行。一个图形文件只有一个模型空间，而布局可以有多个。默认的有“布局1”和“布局2”。可以创建

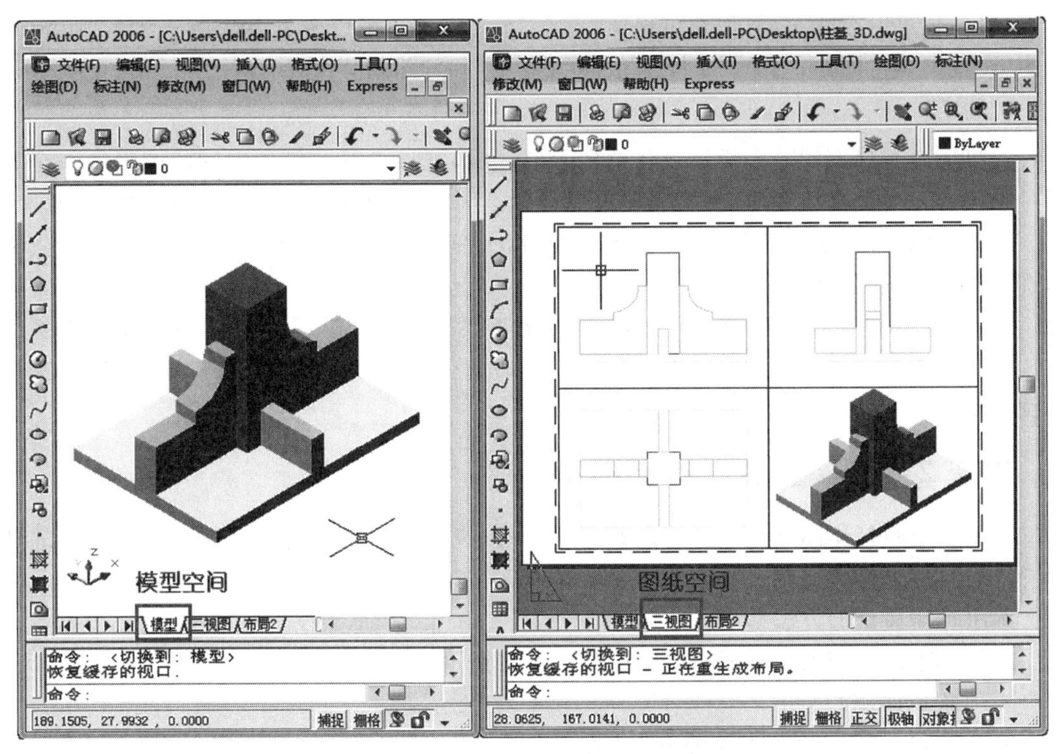

图 8-1　三维图形“模型空间”与“图纸空间”

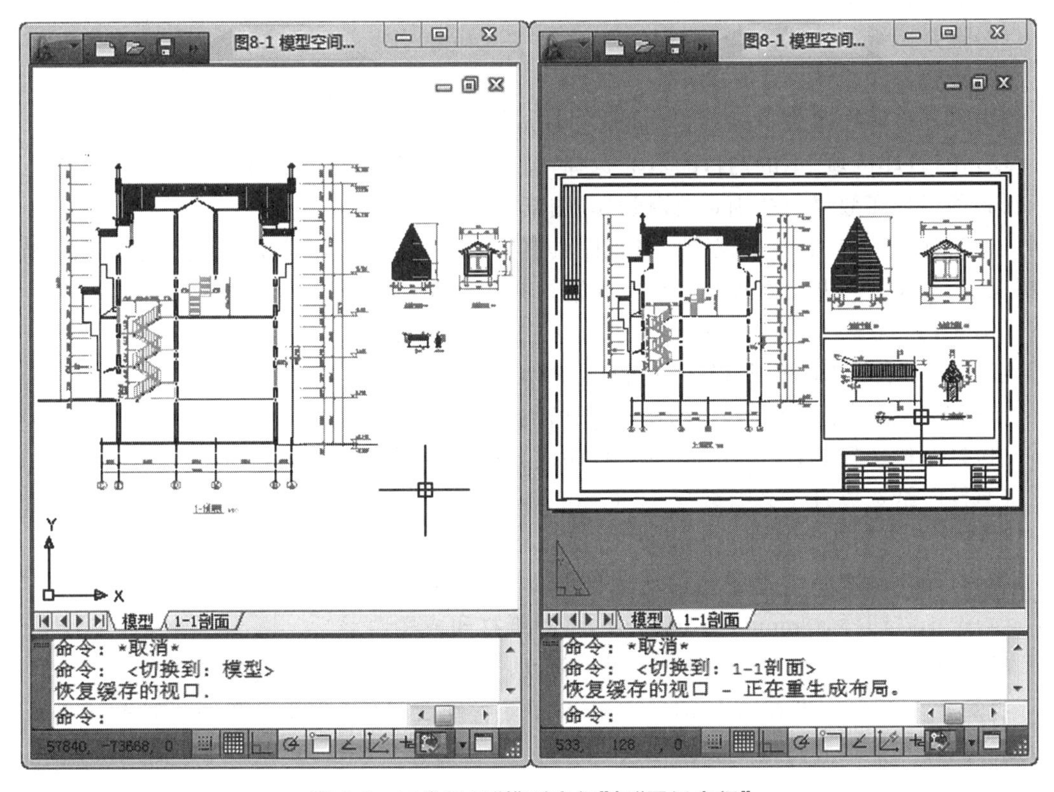

图 8-2　二维图形“模型空间”与“图纸空间”

新的布局，也可以删除布局，但至少保留一个。布局标签也可以改名，将图 8-1 中的“布局 1”改为“三视图”，将图 8-2 中的“布局 1”改名为“1-1 剖面”并删除“布局 2”。

4. 视口

“视口”是布局上的一个矩形或任意多边形区域，视口中显示模型空间的图形。一个布局可以包含一个或多个视口，每个视口可以显示不同方向、不同区域和不同比例的图形。

图 8-1 所示的布局“三视图”上有 4 个视口，分别显示 4 个不同观察方向的视图：主视图、俯视图、左视图和轴测图。

图 8-2 所示的布局“1-1 剖面”上有 3 个视口，左边视口显示 1-1 剖面图，视口比例为 1∶100；右上方视口显示老虎窗的平、立面图，视口比例为 1∶50；右下方视口显示详图，视口比例为 1∶20。

模块 2　在模型空间打印图纸

在模型空间打印图纸是一种传统的打印方式，这种打印方式的特点是一张图纸上的各视图采用同一个打印比例，例如，图 8-4 所示的 3 个视图按 1∶30 打印。

调用打印命令的方法如下。

- 单击快速访问工具栏右端“打印”命令按钮。
- 命令：PLOT。

输入打印命令，启动“打印-模型”对话框，打印设置要点说明如下。

(1)选择打印机。

(2)选择图纸尺寸，如 A3 图幅(297 mm×420 mm)。

(3)设置打印比例。

(4)选择打印样式表，如黑白打印样式 monochrome. ctb。

(5)在“打印区域”下的“打印范围”选择“窗口”，选择打印图形的范围。

(6)预览打印效果，按“确定”按钮打印图纸。

当一张图纸上只有一个视图或各视图具有同一个比例时，在模型空间完整创建图形与注释(文字与尺寸)，并且直接在模型空间进行打印，而不必使用布局。

【例 8-1】 在模型空间打印钢筋图。

步骤 1： 打开“钢筋图_模型空间打印. dwg”文件。

步骤 2： 启动打印命令，参考图 8-3 进行打印设置。

(1)打印机选择 DWF6 ePlot. pc3，打印成 DWF 文件。

(2)打印纸选择自定义图纸“A3+(330.00 mm×450.00 mm)”。自定义图纸请参见实训教材例 6-1，无自定义图纸时可选择“ISO A3(297.00 mm×420.00 mm)”。

(3)打印比例选择 1∶30。打印比例与图形比例关系请参见实训教材实训 6。

(4)选择打印样式 monochrome. ctb，将图纸打印成黑白。

(5)窗口选择打印图范围，捕捉图框对角点。

步骤 3： 预览图形如图 8-4 所示，结果满意后确定，保存为 dwf 文件。如果打印成图纸，则应选择其他纸质打印机或绘图仪。

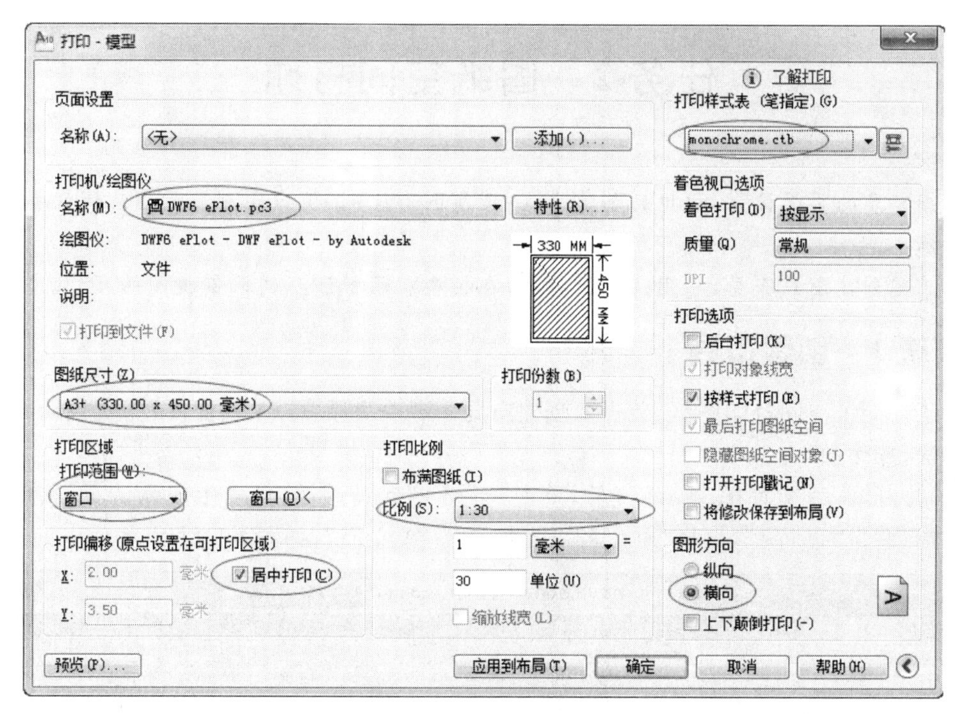

图 8-3　“打印-模型”对话框

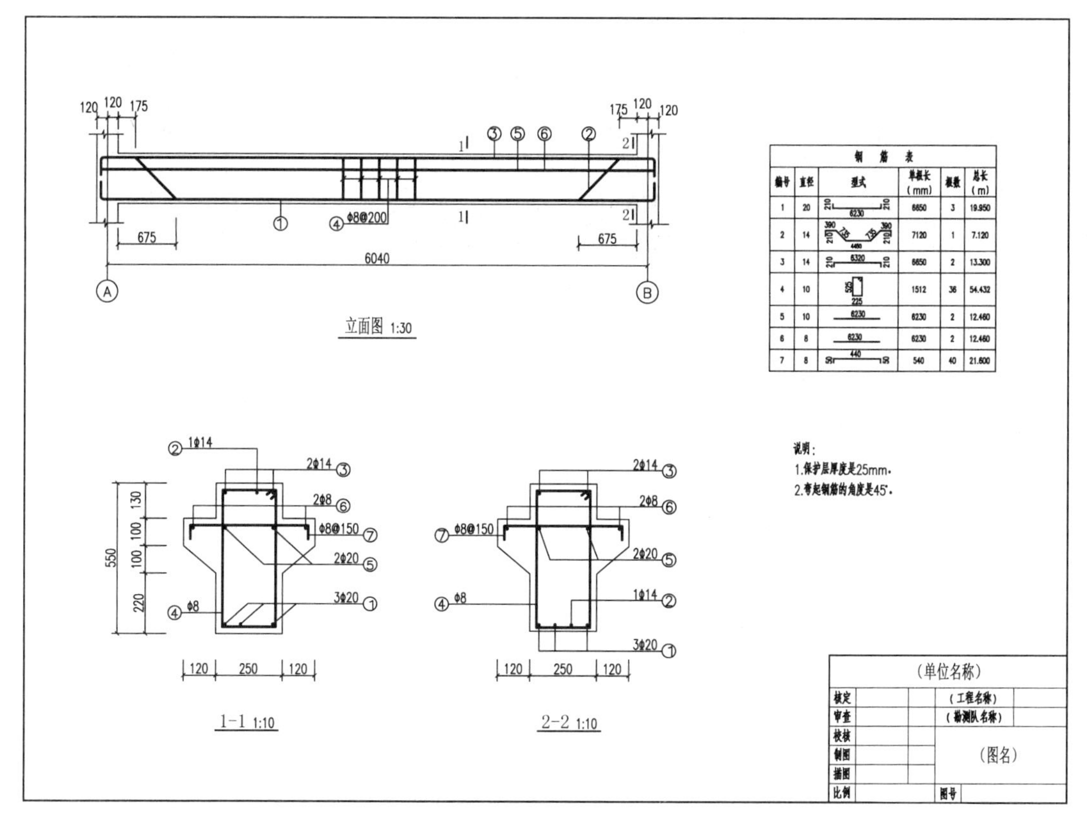

图 8-4　打印预览结果

任务 2　图纸空间打印

知识目标

掌握布局的页面设置、视口的创建方法；理解图形比例、视口比例与打印比例的关系。

能力目标

能正确创建图纸布局，利用注释性特性，在模型空间标注不同比例视图的尺寸。

模块 1　创建布局

为了在图纸空间打印图纸，首先要创建布局。现以房屋“G-A 立面图”为例说明布局的创建方法，操作如下。

（1）打开“G-A 立面图.dwg”文件，单击“布局 1”标签，系统自动生成默认页面、单一视口的布局；右击“布局 1”，选择“重命名”，改名为“G-A 立面”，如图 8-5 所示。

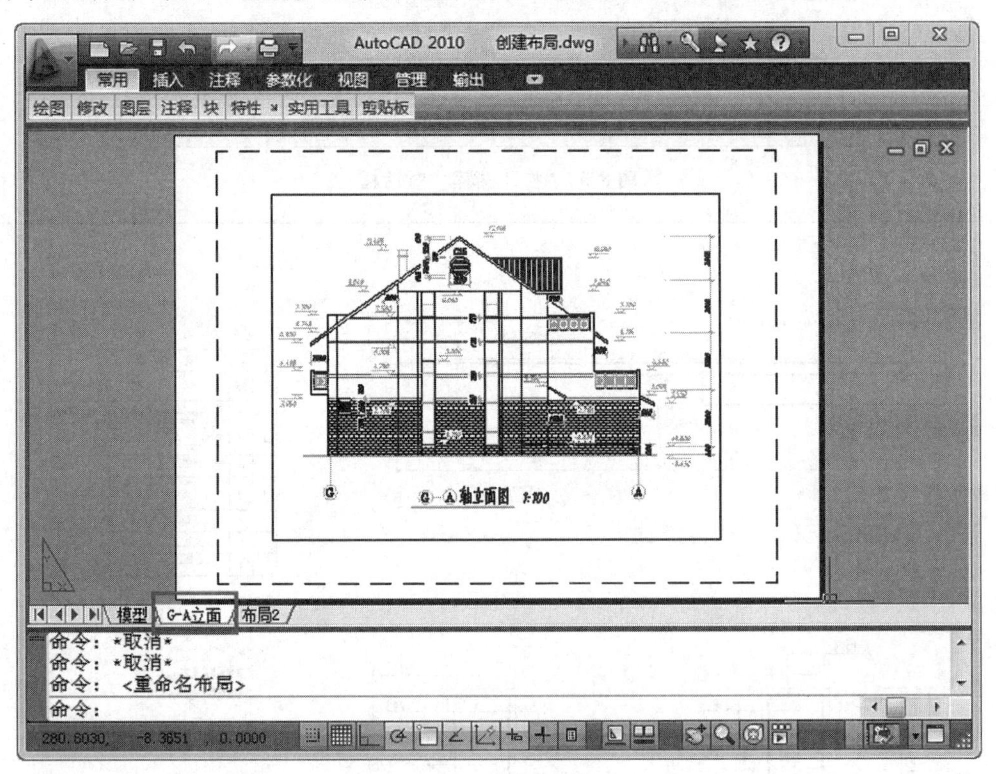

图 8-5　默认布局

（2）右击“G-A 立面”，启动“页面设置管理器”命令，弹出“页面设置管理器”对话框，如图 8-6 所示。

（3）单击“修改”按钮，显示“页面设置-G-A 立面”对话框，如图 8-7 所示。

在此作如下设置。

①在“打印机/绘图仪”选项区域的“名称”中选择已配置好的打印机，此处选择“DWF6 ePlot. pc3”。

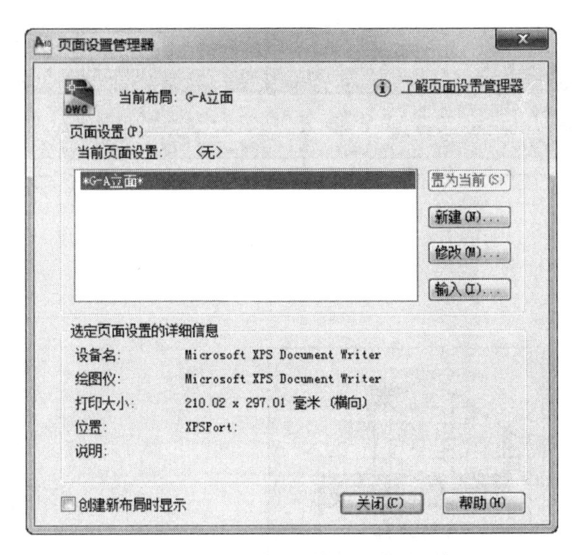

图 8-6　“页面设置管理器”对话框

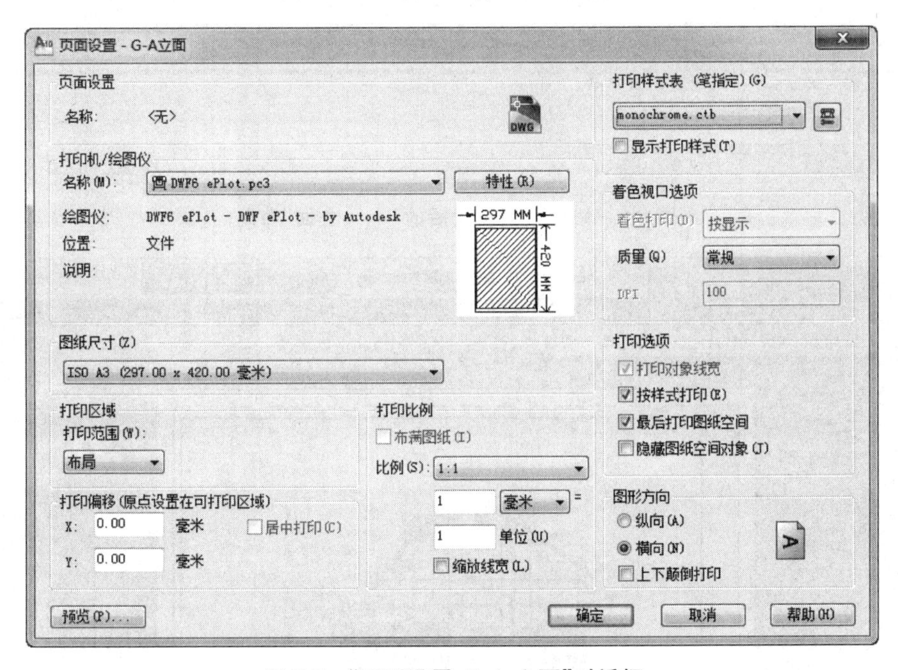

图 8-7　“页面设置-G-A 立面”对话框

②在“打印样式表”下选择“monochrome. ctb”，该样式表打印黑白工程图。

③在“图纸尺寸”下选择图纸，如 A3(297 mm×420 mm)。

④在“打印区域”的“打印范围”下选择“布局”。

⑤“打印比例”选择 1∶1。

⑥“图形方向”选择“横向”。

⑦单击“确定”按钮，关闭“页面设置”对话框；单击“关闭”按钮，关闭“页面设置管理器”对话框。图 8-8 所示的是修改页面设置后的“G-A 立面”布局。

⑧插入 A3 图框，调整视口位置和大小，指定视口比例为 1∶100，结果如图 8-9 所示。

视口的相关操作详见下一模块。

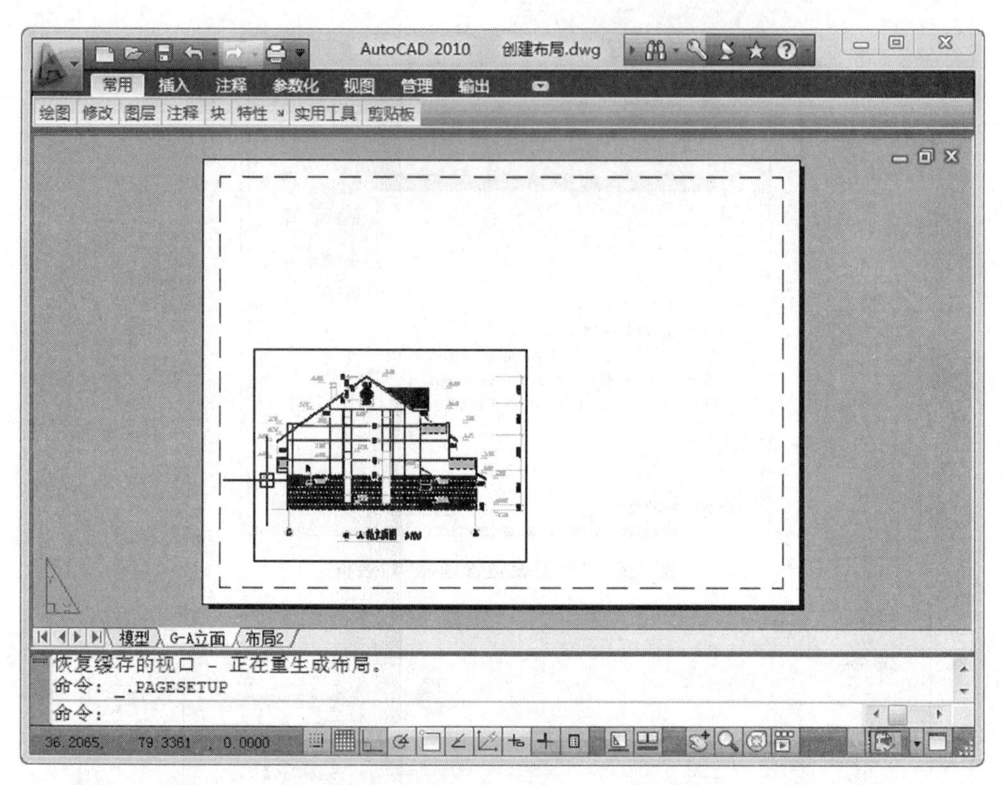

图 8-8　修改页面设置后的“G-A 立面”布局

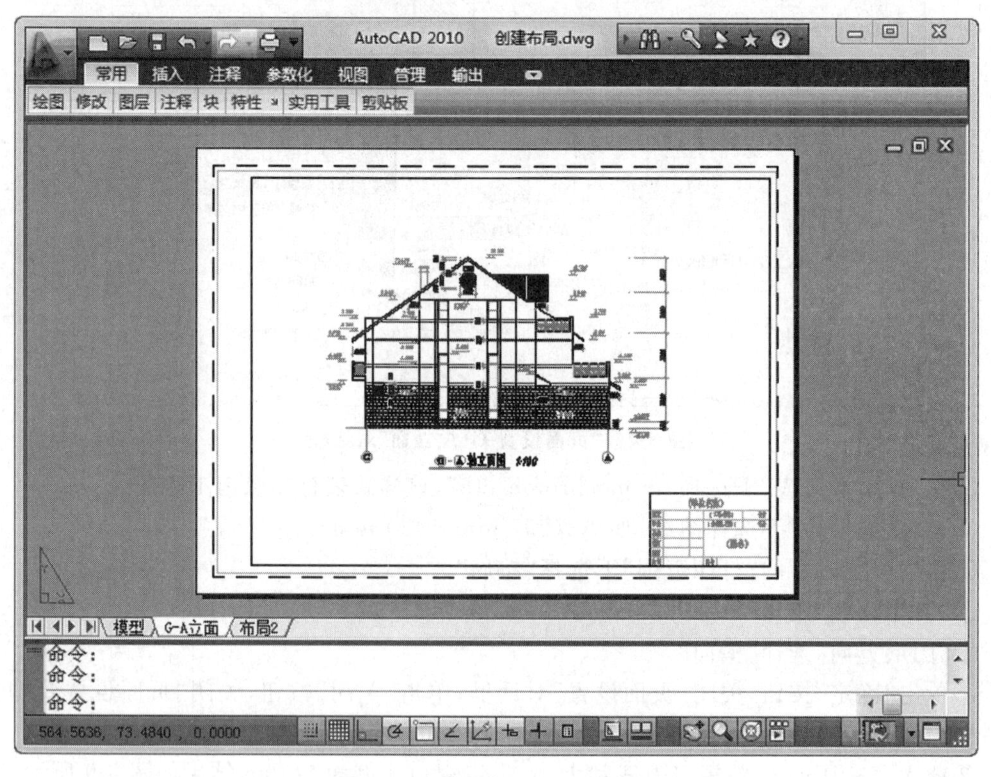

图 8-9　完成后“G-A 立面”布局

模块2　创建视口

1. 新建视口

在创建布局时，系统自动创建了单一视口。实际应用中，视口的个数、大小和形状应根据需要而定。

调用视口命令的方法如下。

- 执行"视图"→"视口"下相应的菜单项命令。
- 单击功能区的"视图"→"视口"的"新建"按钮。
- 在命令行输入命令 VPORTS，MVIEW(MV)。

下面介绍具有两个不同比例视图的布局视口的创建方法。打开"创建视口.dwg"文件(已按上个模块的方法创建了布局"1-7 立面"，删除了默认视口并插入了图框)。

由于此图有两个不同比例的视图，即 1∶100 的立面图和 1∶20 的详图。因此，特建立两个视口，分别显示 1∶100 的立面图和 1∶20 的详图，操作如下。

(1)新建视口图层并置为当前。

(2)启动视口命令，命令行操作提示如下。

命令：mv MVIEW
指定视口的角点或[开(ON)/关(OFF)/布满(F)/着色打印(S)/锁定(L)/对象(O)/多边形(P)/恢复(R)/图层(LA)/2/3/4]＜布满＞：　　;指定"视口 1"左下角点，大致位置即可
指定对角点：　　;指定"视口 1"右上角点

一个视口出现在布局上，同时视口中显示模型空间的图形。重复执行视口命令建立另一个视口，操作如下。

命令：MVIEW
指定视口的角点或[开(ON)/关(OFF)/布满(F)/着色打印(S)/锁定(L)/对象(O)/多边形(P)/恢复(R)/图层(LA)/2/3/4]＜布满＞：　　;指定"视口 2"左下角点，大致位置即可
指定对角点：　　;指定"视口 2"右上角点

初步建立的视口如图 8-10 所示。

2. 设置视口比例

(1)选择"视口 1"，在"视口"快捷菜单的"标准比例"栏选择 1∶100；或者选择视口之后在状态栏"视口比例"列表中选择。视口比例就是该视图的打印比例，如图 8-11 所示。

(2)如有必要，在视口内双击进入模型空间，平移视图至适当位置；之后在视口外空白处双击，返回图纸空间。

(3)同上操作，设置"视口 2"视口比例为 1∶20，并平移详图在"视口 2"中显示。

(4)视图位置与视口比例确定之后应锁定视口，以免误操作，如图 8-12 所示。操作方法是：选择视口，在"视口"快捷菜单中选择"显示锁定"→"是"。

(5)关闭视口图层，最后结果如图 8-13 所示。

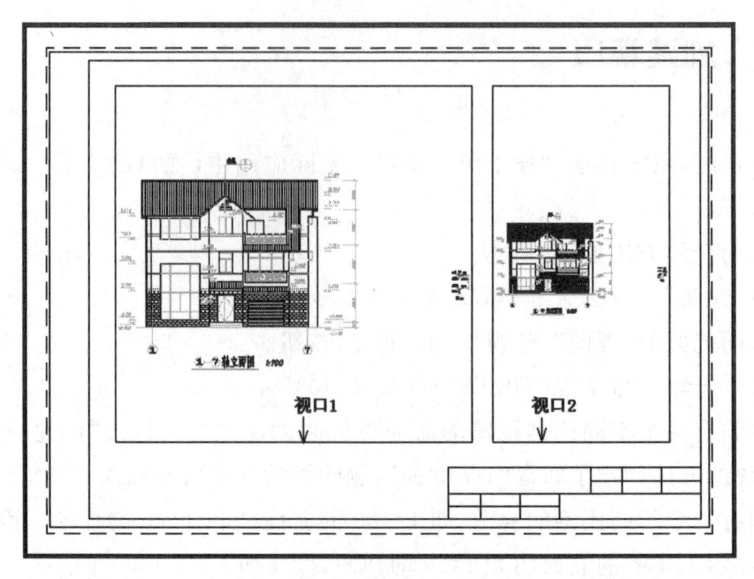

图 8-10　新建两个矩形视口

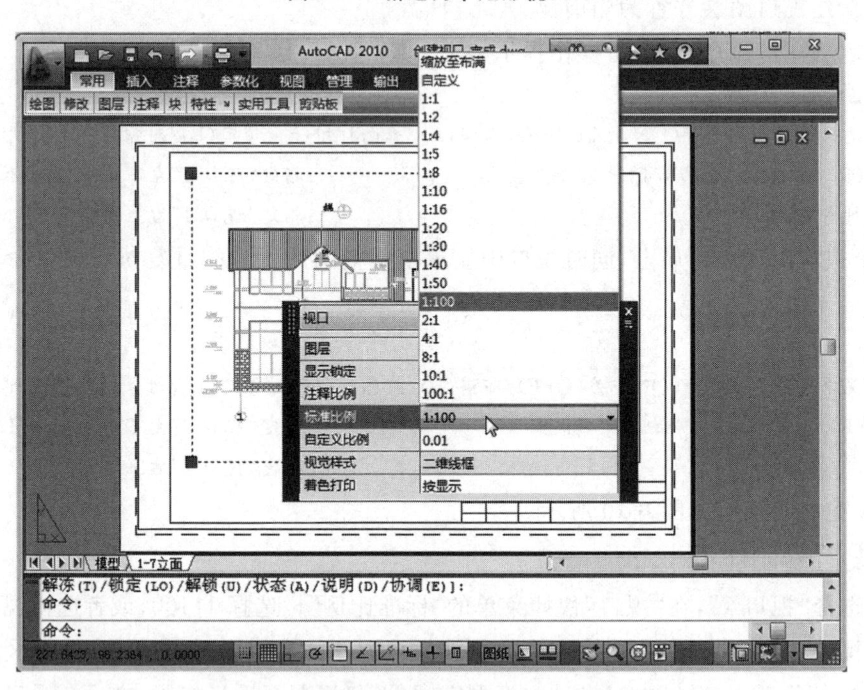

图 8-11　设置视口比例

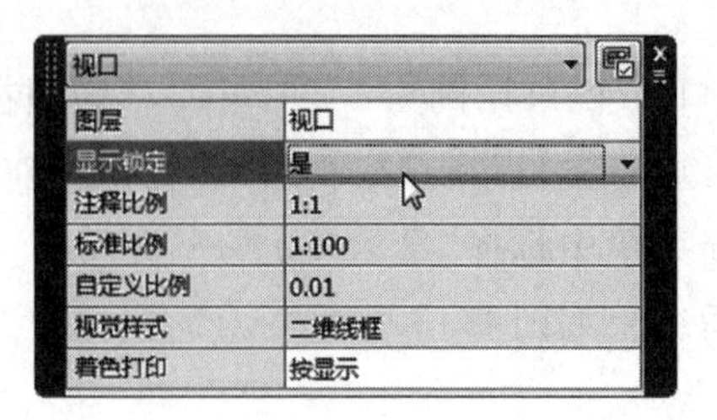

图 8-12　锁定视口

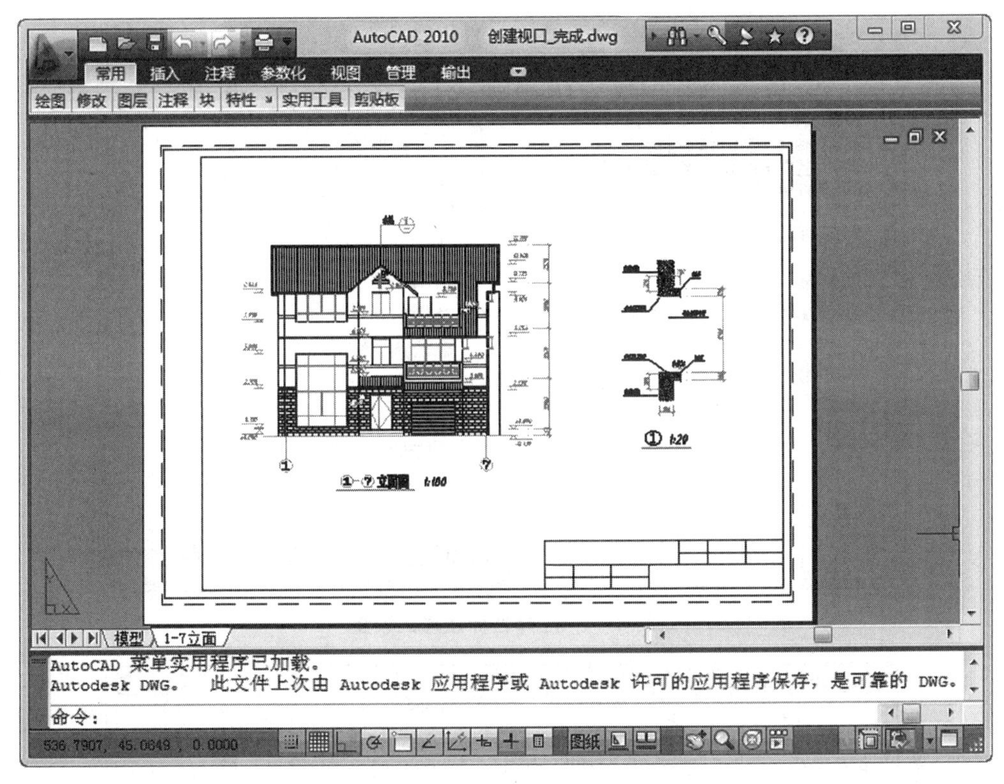

图 8-13　具有两个不同比例视图的布局

模块 3　注释性尺寸标注

1. 注释性标注样式

注释性特性是 AutoCAD 2008 推出的新功能。有了注释性(必须配合布局视口使用)标注样式，对于多个不同比例视图的尺寸标注，就不需设置多种标注样式了。

设置注释性标注样式很简单，只要在“标注样式管理器”对话框中“调整”选项卡上，在“标注特征比例”选项区域勾选“注释性”，如图 8-14 所示。

标注样式的其他参数(如文字、箭头等)均以图纸上的真实大小来设置，不再赘述。

2. 利用注释性为不同比例的视图标注尺寸

设置好注释性标注样式之后，直接在模型空间标注尺寸，只要注释比例和需要出图的视口比例一致，就可以在布局中多个不同比例的视口中正确显示出来。

【例 8-2】　注释性尺寸标注。

步骤 1：　打开“钢筋图.dwg”文件。按设计要求，立面以 1∶30 出图，1—1、2—2 断面以 1∶10 出图。

步骤 2：　设置标注样式，如图 8-15 所示。

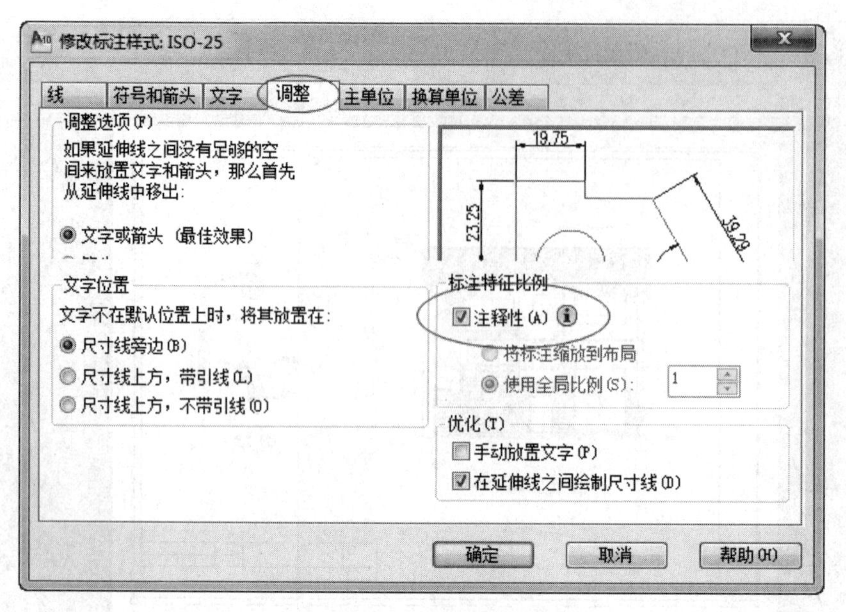

图 8-14　注释性标注样式设置

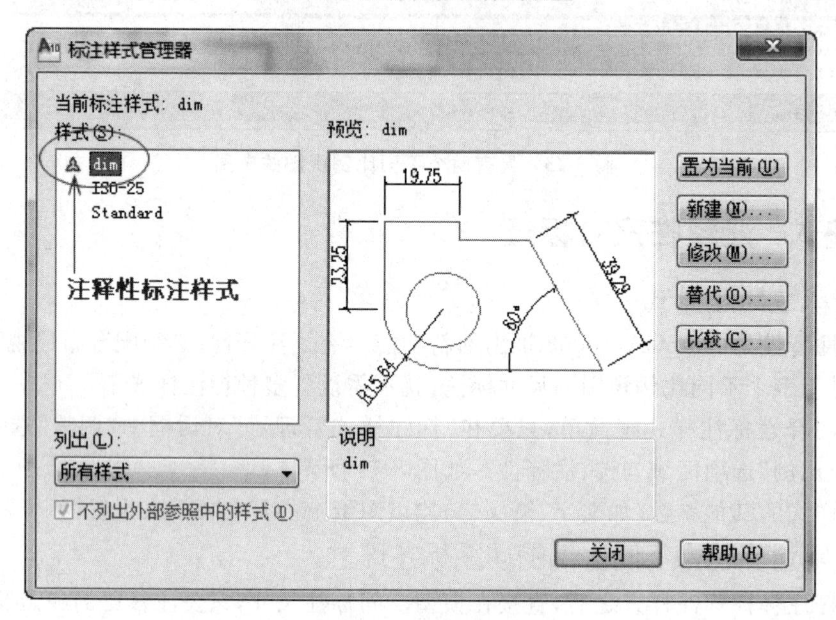

图 8-15　注释性标注样式

步骤 3:　以“构件标注”为当前层，标注立面图尺寸，参考图 8-16。

(1)状态栏选择 1∶30 注释比例。

(2)标注立面图形的尺寸。

步骤 4:　以“构件标注”为当前层，标注 1—1、2—2 断面图尺寸，参考图 8-17。

(1)状态栏选择 1∶10 注释比例。

(2)标注 1—1、2—2 断面的尺寸。

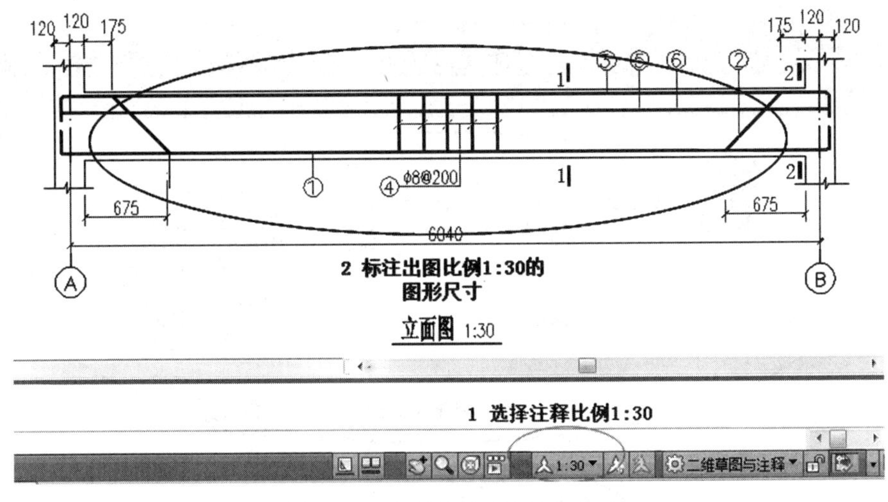

图 8-16　注释性尺寸标注步骤 1

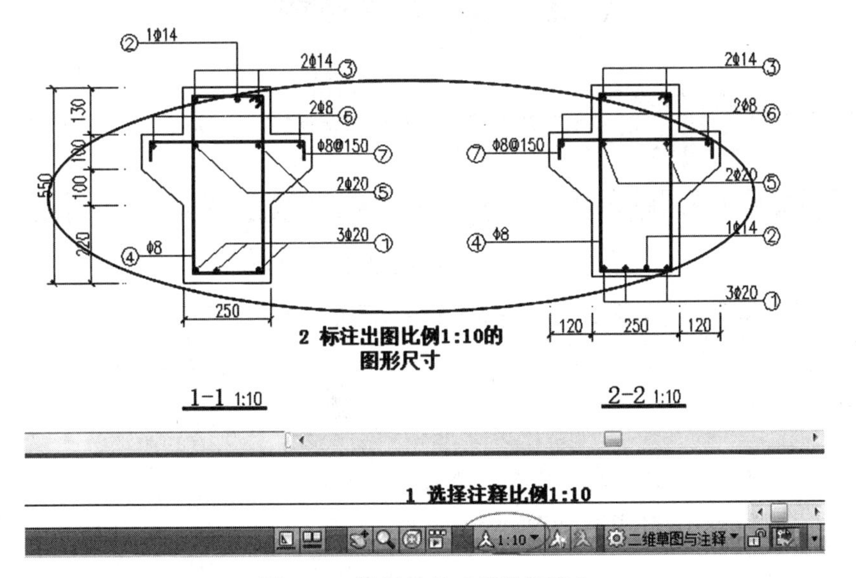

图 8-17　注释性尺寸标注步骤 2

模块 4　打印布局

图纸布局完成后,启动打印命令打印布局图纸。

【例 8-3】　在图纸空间打印钢筋图。

步骤 1:　打开"钢筋图_图纸空间打印.dwg"文件,如图 8-18 所示。

步骤 2:　修改"布局 1"标签为"钢筋图",并按图 8-19 修改页面设置。

步骤 3:　删除默认视口,新建图 8-20 所示两个视口。

命令:mv MVIEW　　;输入新建视口命令

指定视口的角点或[开(ON)/关(OFF)/布满(F)/着色打印(S)/锁定(L)/对象(O)/多边形(P)/恢复(R)/图层(LA)/2/3/4]<布满>:p　　;选择"多边形(P)"建立多边形视口

指定起点:　　;指定点 1

指定下一个点或[圆弧(A)/长度(L)/放弃(U)]:　　;指定点 2

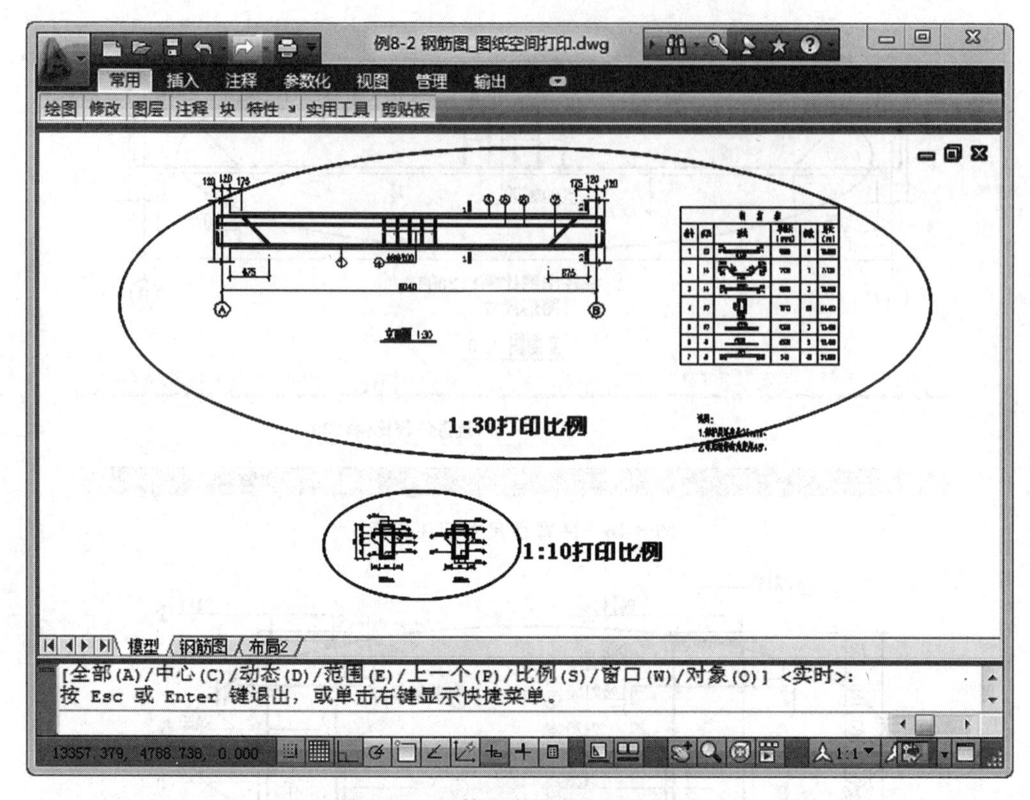

图 8-18　钢筋图在模型空间的显示

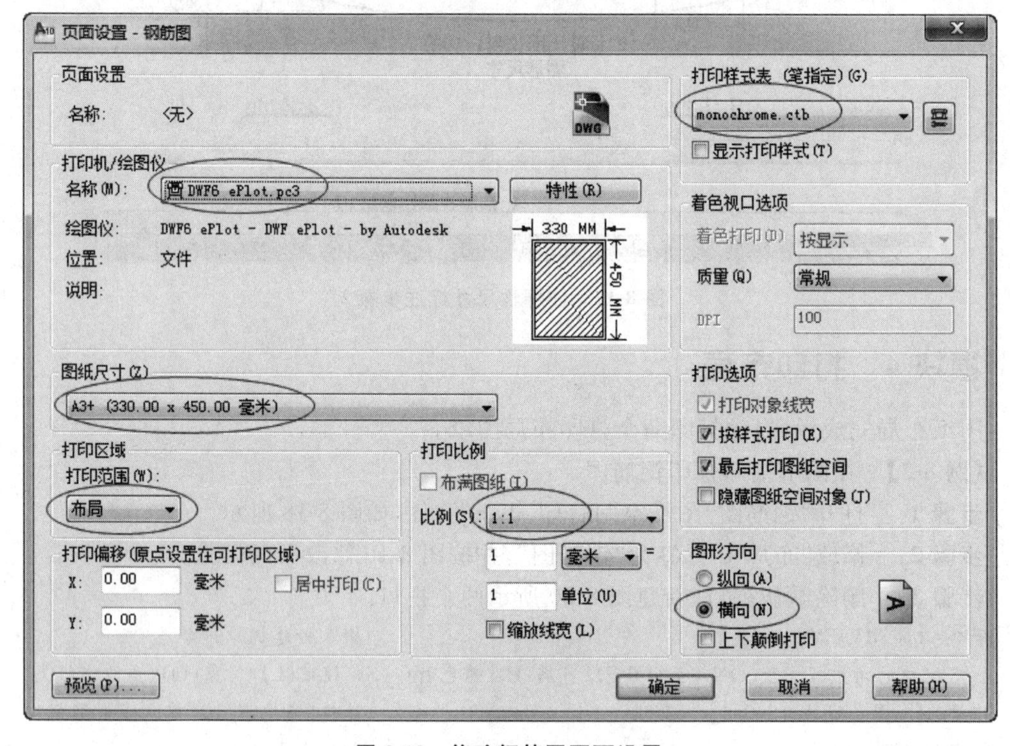

图 8-19　修改钢筋图页面设置

指定下一个点或［圆弧(A)/闭合(C)/长度(L)/放弃(U)］：　;指定点3
指定下一个点或［圆弧(A)/闭合(C)/长度(L)/放弃(U)］：　;指定点4
指定下一个点或［圆弧(A)/闭合(C)/长度(L)/放弃(U)］：　;指定点5
指定下一个点或［圆弧(A)/闭合(C)/长度(L)/放弃(U)］：　;指定点6
指定下一个点或［圆弧(A)/闭合(C)/长度(L)/放弃(U)］：c ;闭合

正在重生成模型。

命令：　MVIEW　　;重复视口命令，创建矩形视口

指定视口的角点或［开(ON)/关(OFF)/布满(F)/着色打印(S)/锁定(L)/对象(O)/多边形(P)/恢复(R)/图层(LA)/2/3/4］＜布满＞：　;指定点7

指定对角点：　;指定点8

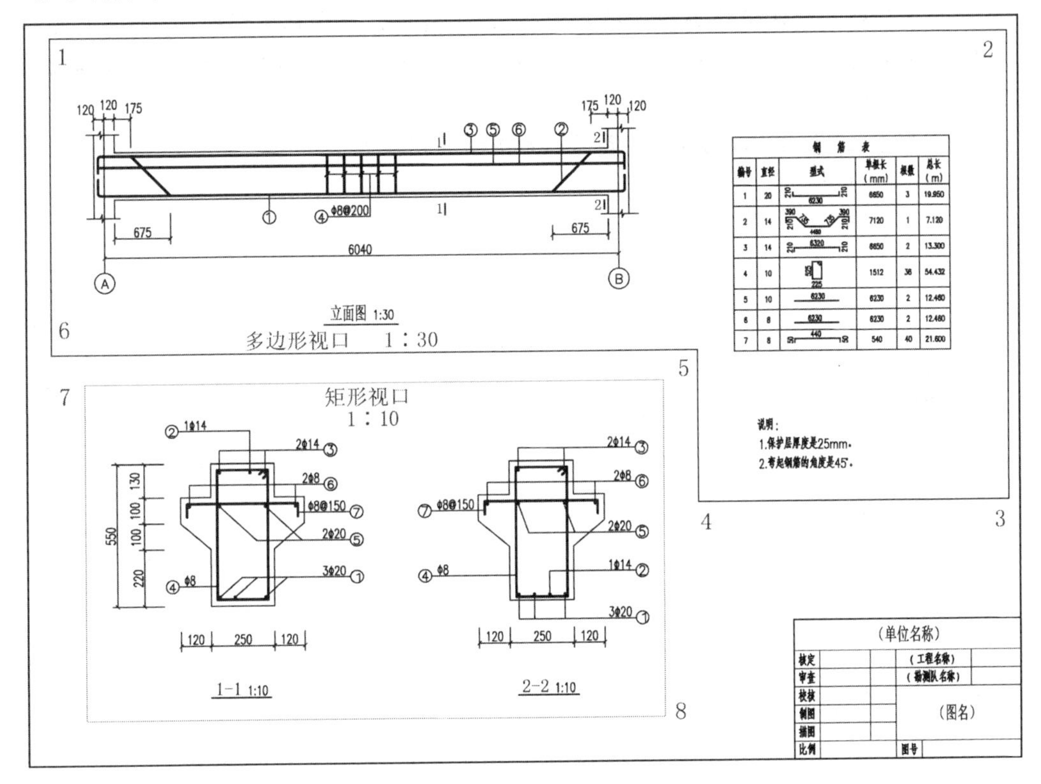

图 8-20　建立两个视口

步骤 4： 视口内双击，进入模型空间调整视口的显示图形，调整视口大小和位置，设置视口比例。

步骤 5： 关闭视口图层，打印布局。

思　考　题

1. 模型空间与图纸空间有何区别？图纸空间与布局有什么区别？
2. 一个图形文件可以有几个模型空间和图纸空间？
3. 在布局上如何编辑修改模型空间的图形？
4. 为了保证在视口内缩放或平移图形时，视口显示比例及视图不发生变化，应如何

操作？

5. 创建好布局视口后，在模型空间缩放或平移图形，布局视口内的视图有何变化？在模型空间移动图形，布局视口内的视图有什么变化？

6. 模型空间只用来设计建模，不可以打印，这种说法对吗？图纸空间只用来打印，不可以标注，这种说法对吗？

7. 虽然图形是彩色的，但使用的是黑白打印机，为什么打印的图纸有许多图线变成灰色或网点状，看不清楚，怎样解决这个问题？

8. 如何使视口边框在布局上可见，而不在图纸上打印出来？

9. 图层设置时没有指定线宽，如何打印出不同的线宽？

10. 在布局上标注多比例的视图尺寸时，为了保证标注特征比例的正确，应如何设置？

11. 在布局上标注尺寸时，发现标注出的尺寸不是模型空间对象的尺寸，而是纸面上的尺寸，这是为什么？

12. 普通 A4 打印机，能否打印标准 A4 图框的图纸？

参考文献

［1］ 武汉水利电力大学. 水利水电工程制图标准[S]. 北京:中国水利水电出版社，1995.

［2］ 晏孝才. AutoCAD 工程绘图[M]. 北京:中国电力出版社，2008.

［3］ 晏孝才. AutoCAD 实训教程[M]. 北京:中国电力出版社，2008.

［4］ 程绪琦，王建华，刘志峰，等. AutoCAD2012 中文版标准教程[M]. 北京:电子工业出版社，2012.